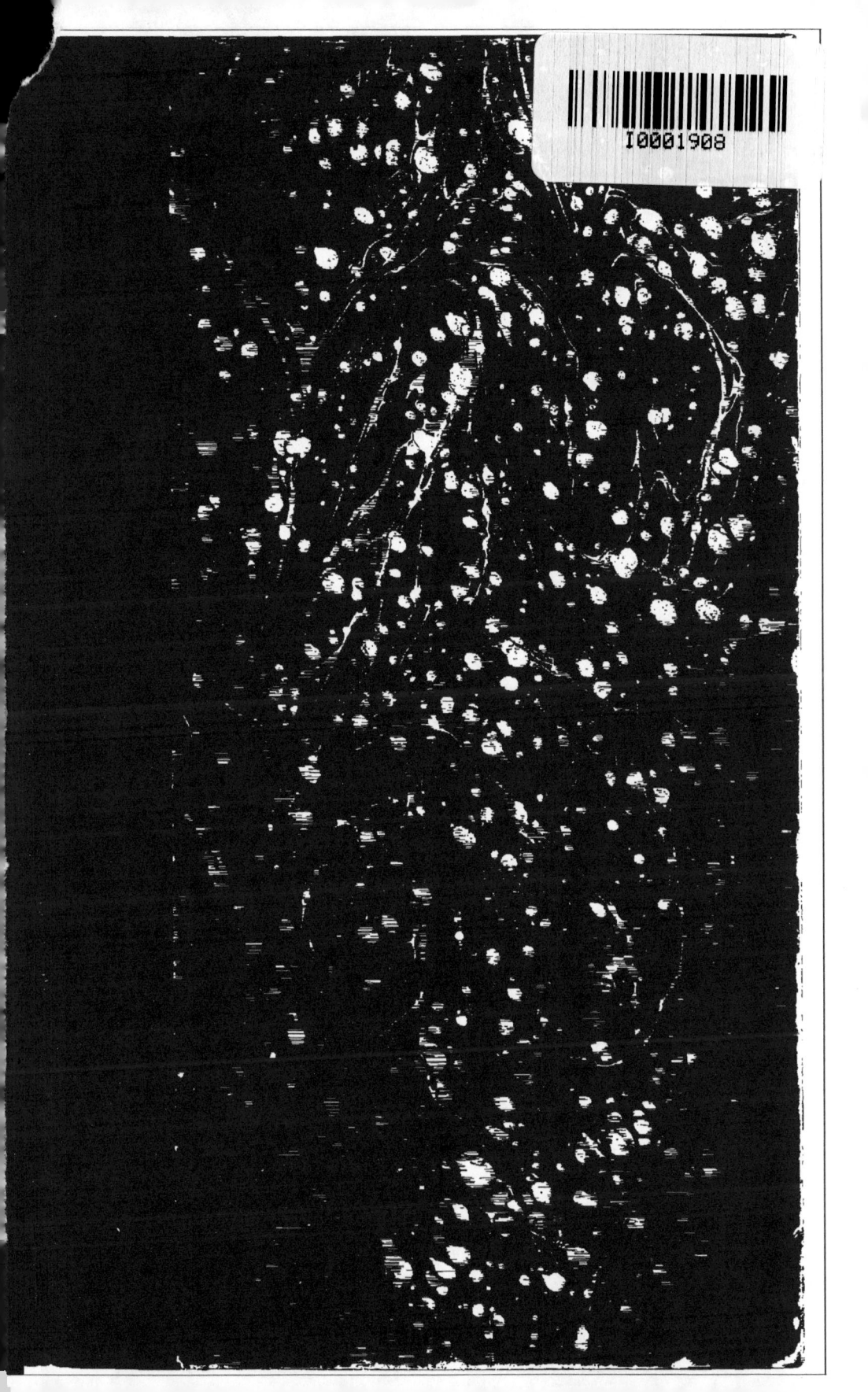

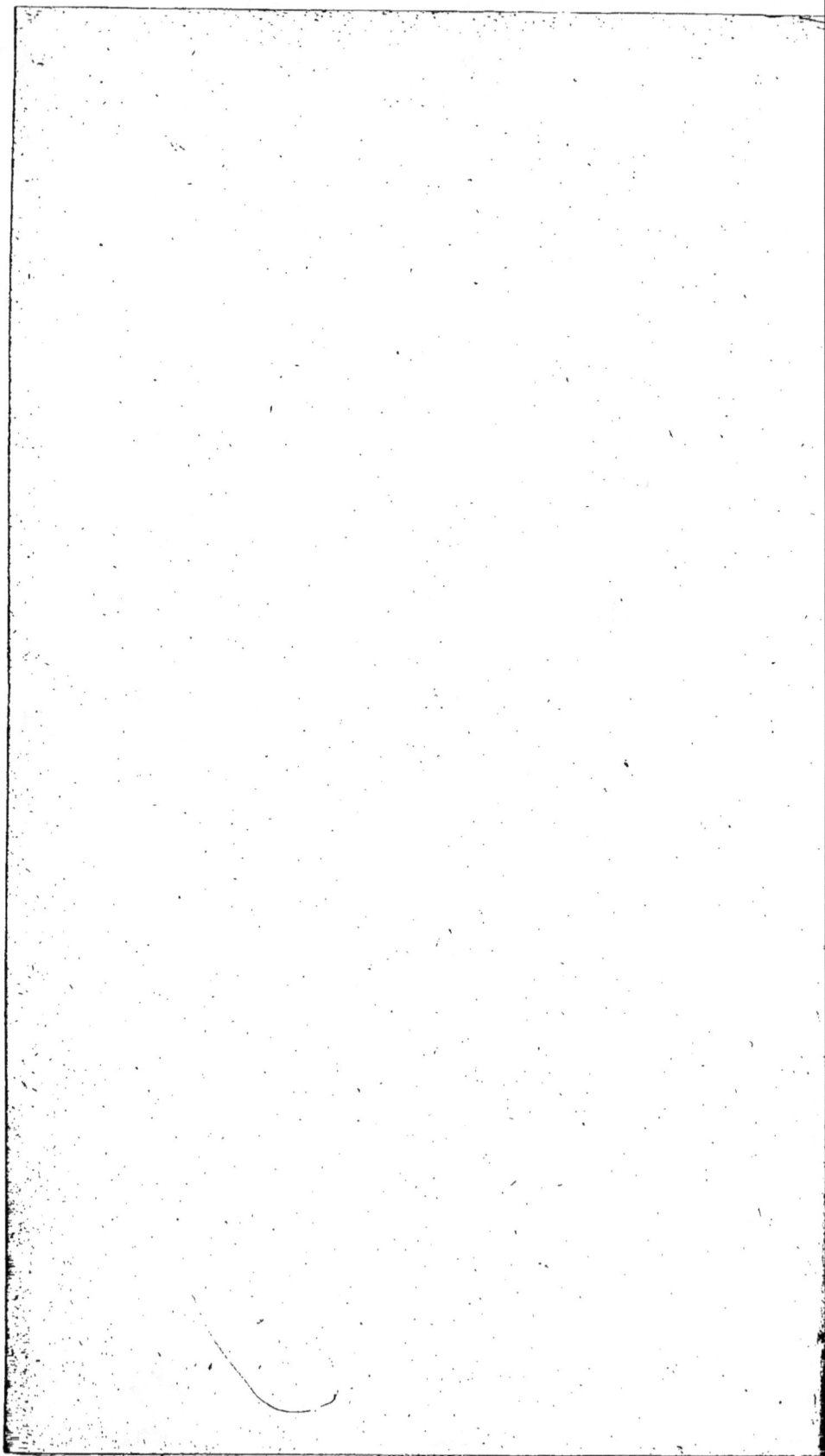

LA PLACE DE L'HOMME

DANS L'UNIVERS

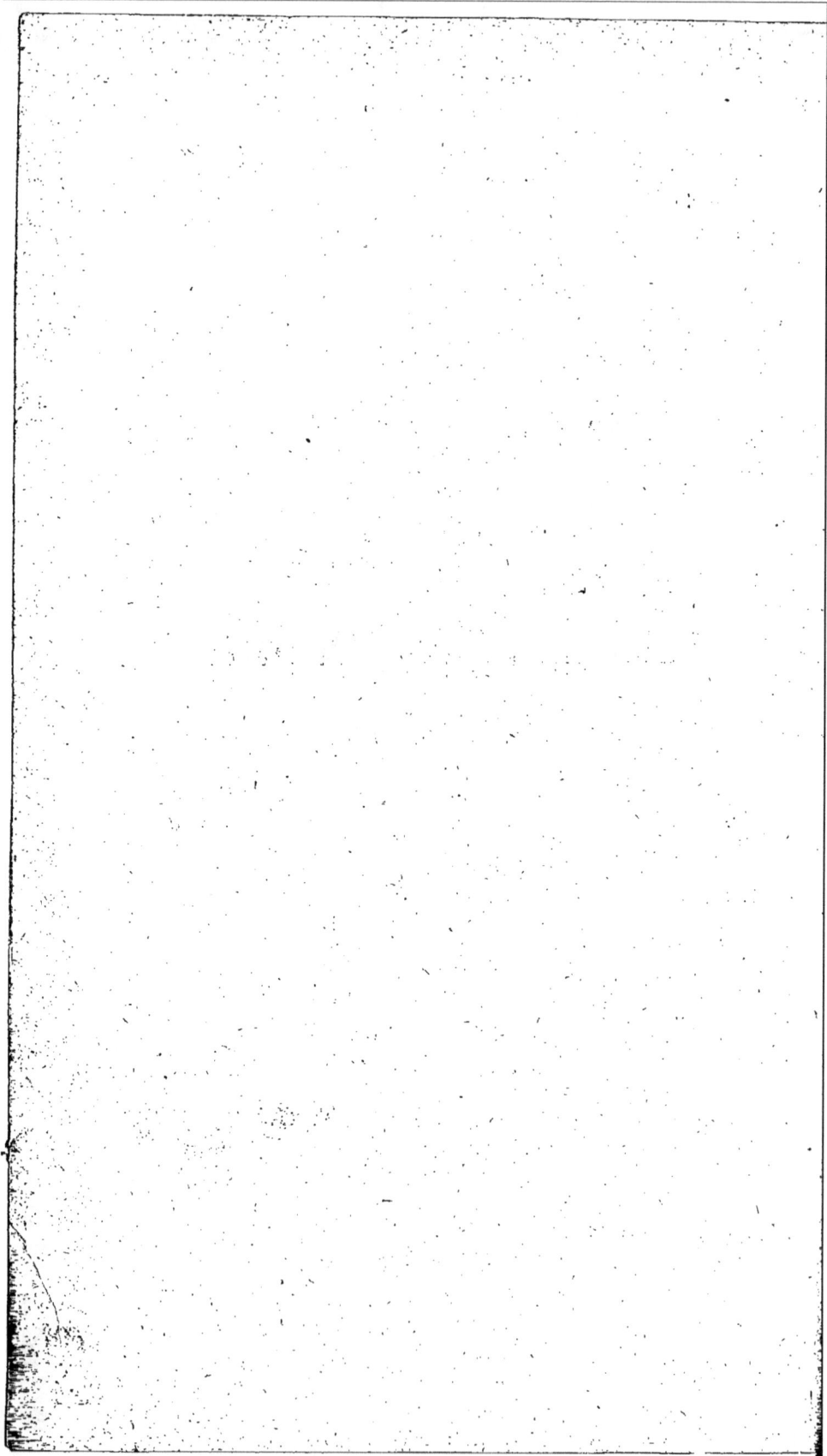

ALFRED RUSSEL WALLACE

LA PLACE DE L'HOMME

DANS L'UNIVERS

ÉTUDES SUR LES RÉSULTATS DES RECHERCHES SCIENTIFIQUES
SUR L'UNITÉ ET LA PLURALITÉ DES MONDES

OUVRAGE TRADUIT DE L'ANGLAIS

PAR MADAME C. BARBEY-BOISSIER

AVEC UNE INTRODUCTION

PAR THOMAS TOMMASINA

PARIS

SCHLEICHER FRÈRES, ÉDITEURS

61, Rue des Saints-Pères, 61

TOUS DROITS RÉSERVÉS

INTRODUCTION

Cette introduction n'est pas écrite pour rendre raison du plan de l'ouvrage, car le lecteur n'a qu'à parcourir la table des matières pour en être informé aussi clairement qu'il peut le désirer.

Pour démontrer la grande, la haute portée philosophique de cet ouvrage, j'ai cru utile de mettre en corrélation la *théorie wallacienne du but humain de l'univers* avec le principe de la création continue ; celle-ci se présentant actuellement comme une nécessité absolue pour l'explication mécanique de l'univers, doit être admise comme vérité fondamentale servant de point de départ à toute explication scientifique, philosophique ou religieuse de la nature.

L'on sait que Alfred Russel Wallace a découvert en même temps que Charles Darwin la théorie de l'origine des espèces. Né à Usk, dans le Monmouthshire, en 1822, il voyageait en naturaliste depuis quelques années, lorsque, en 1858, se trouvant aux îles Moluques (Océanie), il tomba malade ; pendant la convalescence de cette maladie, en lisant l'ouvrage de Malthus, se présenta nettement devant son esprit la théorie de l'évolution des espèces. Il écrivit un Mémoire qu'il envoya à Darwin. Celui-ci, étant occupé, depuis vingt ans, à documenter une théorie basée sur les mêmes principes, se décida, enfin, à en rédiger un résumé. Les deux mémoires furent présentés ensemble à la *Linnean Society*, de Londres. Wallace, reconnaissant loyalement la priorité de Darwin, lui en laissa tout l'honneur, content de voir peu à peu, après une lutte acharnée et opiniâtre, triompher la théorie qui était aussi la sienne. Mais à cette lutte, il avait participé par des travaux qui avaient paru dans les journaux périodiques et qui avaient été communiqués aux sociétés scientifiques. Ces travaux, recueillis par l'auteur, parurent en 1870 dans le volume *la Sélection naturelle*, dont la traduction française, faite par le savant génevois Lucien de Candolle, fut publiée deux ans après, en 1872.

Dans la préface de la première édition du volume qu'on vient de citer, Wallace disait : — « J'ose espérer que le présent ouvrage prouvera que j'ai compris dès l'origine la valeur et la portée de la loi que j'avais découverte, et que j'ai pu, depuis, l'appliquer avec fruit à quelques recherches originales. Mais ici s'arrêtent mes droits. J'ai ressenti toute ma vie, et je ressens encore avec la plus vive satisfaction, de ce que M. Darwin a été à l'œuvre longtemps avant moi, et de ce que la tâche difficile d'écrire l'*Origine des Espèces*, ne m'a pas été laissée. J'ai depuis longtemps fait l'épreuve de mes forces, et je sais qu'elles n'y auraient pas suffi. » — Mais il ajoutait : « Un autre motif m'a engagé à ne pas retarder cette publication : il est quelques points importants sur lesquels mes opinions diffèrent de celles de M. Darwin ».

Dans une exposition systématique du darwinisme, que Wallace publia en 1889 (1), il considère dans l'évolution générale du Cosmos, trois marches absolument distinctes, l'état inorganique, l'état organisé avec l'apparition de la sensibilité, et enfin celui de l'apparition du mental humain, et il trouve là l'indication claire de l'existence d'un univers invisible spirituel auquel le monde de la matière est complètement subordonné, et il déclare que les manifestations de la vie dépendent de différents degrés d'influx spirituel. Il ajoute ensuite cette affirmation qui est, selon moi, le principe fondamental de la théorie wallacienne ou du wallacisme, que : *Pour nous, le but ultime, la seule raison d'être du monde, est le développement de l'esprit*

(1) *Le Darwinisme*, trad. française. Lecrosnier et Babé, éditeurs. Paris, 1891.

humain associé au corps, c'est ce que j'ai appelé *le but humain de l'univers*. Wallace est convaincu que l'homme est un fait unique dans l'univers, et il voit en cela une Intelligence suprême coordinatrice de l'ensemble des phénomènes de l'univers, tous dirigés vers ce but unique, la manifestation de l'homme sur la terre.

Déjà, dans sa conclusion de l'ouvrage précédent, traduit par L. de Candolle, en 1872, Wallace avait écrit : — « Ces considérations sont en général tenues pour dépasser de beaucoup les limites de la science ; mais elles me paraissent être des déductions plus légitimes des faits scientifiques, que celles qui réduisent l'univers entiers à la matière ; bien plus à la matière entendue et définie de façon à être philosophiquement inconcevable. C'est certainement un grand progrès que de se débarrasser de l'opinion qui admet l'existence de trois choses distinctes : d'une part la matière, objet réel existant par lui-même, et qui doit être éternelle, puisqu'on la suppose indestructible et incréée ; d'autre part la force, ou les forces de la nature, données ou ajoutées à la matière, ou bien constituant ses propriétés nécessaires: enfin l'intelligence, qui serait, ou bien un produit de la matière et des forces qu'on lui suppose inhérentes, ou bien distincte, quoique coexistant avec elle. Il est bien préférable de substituer à cette théorie compliquée, qui entraîne des dilemmes et des contradictions sans fin, l'opinion bien plus simple et plus conséquente, *que la matière n'est pas une entité distincte de la force, et que la force est un produit de l'esprit.*

« La philosophie a depuis longtemps démontré notre incapacité de prouver l'existence de la matière, dans l'acception ordinaire de ce terme, tandis qu'elle reconnaît comme prouvée pour chacun sa propre existence consciente. La science a maintenant atteint le même résultat, et cet accord entre ces deux branches des connaissances humaines doit nous donner quelque confiance dans leur enseignement. *La manière de voir à laquelle nous sommes arrivés me paraît plus grande, plus sublime et plus simple que toute autre. Elle nous fait voir dans l'univers un univers d'intelligence et de volonté.* Grâce à elle, nous pouvons désormais concevoir l'intelligence comme indépendante de ce que nous appelions autrefois la matière, et nous entrevoyons comme possibles une infinité de formes de l'être, unies à des manifestations infiniment variées de la force, tout à fait distinctes de ce que nous appelons matière, et cependant tout aussi réelles.

« *La grande loi de continuité que nous voyons dominer dans tout l'univers, nous amène à conclure à des gradations infinies de l'être, et à concevoir tout l'espace comme rempli par l'intelligence et la volonté.* D'après cela, il n'est pas difficile d'admettre que dans un but aussi noble que le développement progressif d'intelligences de plus en plus élevées, cette *force de volonté primordiale et générale,* qui a suffi pour la production des animaux inférieurs, ait été guidée dans de nouvelles voies, convergeant vers des points définis. S'il en est ainsi, ce qui me paraît très probable, *je ne puis admettre que cela n'infirme en aucun degré la vérité générale de la grande découverte de M. Darwin.* Cela implique simplement que les lois du développement organique ont été appliquées à un but spécial, de même que l'homme les fait servir à ses besoins spéciaux. En montrant que l'homme n'est pas redevable de tout son développement physique et mental à la sélection naturelle, je ne crois pas réfuter cette dernière théorie; ce fait est aussi bien compatible avec elle que l'existence du chien barbet ou du pigeon grosse-gorge, dont le développement non plus ne peut pas être attribué à sa seule action.

« Telles sont les objections que je voulais opposer à l'opinion qui rapporte la supériorité physique et mentale de l'homme à la cause qui paraît avoir suffi pour la production des animaux. On essayera sans doute de les contester ou de les réfuter; j'ose penser cependant qu'elles résisteront à ces attaques, et qu'elles ne peuvent être vaincues que par la découverte de nouveaux faits ou de nouvelles lois, entièrement différentes de tout ce que nous connaissons aujourd'hui. (1) »

(1) *La Sélection naturelle.* Essai par Alfred Russel Wallace, trad. par Lucien de Candolle. Paris, C. Reinwald et Cⁱᵉ, libraires-éditeurs, 1872. pp. 388-390.

Ces conclusions ont été publiées en 1870 ; Wallace les a donc écrites il y a une quarantaine d'années. Pourtant les faits nouveaux que l'on a découverts et les nouvelles lois que l'on en a tiré leur sont favorables sans aucune exception. C'est pourquoi j'ai voulu les reporter ici, car elles mettent bien en évidence la base fondamentale de la théorie wallacienne sur laquelle est bâti l'édifice complété par l'ouvrage actuel.

Cette théorie mérite un examen critique sérieux, car, avec quelques restrictions et quelques larges interprétations, le wallacisme pourrait acquérir en philosophie scientifique une place analogue à celle qu'occupe le darwinisme en science expérimentale.

Combien de théories ne semblent-elles pas contradictoires dans la philosophie et dans les sciences ! Depuis l'antiquité la plus reculée jusqu'à nos jours, les hommes d'élite, les chercheurs infatigables de la vérité surent rarement se mettre d'accord, soit sur la manière d'envisager les choses, soit sur la direction qu'il faut donner aux recherches théoriques et aux discussions des principes, soit enfin sur le choix des définitions ! Pourquoi arrivent-ils si rarement à s'entendre ? La raison en est, que chacun donne une importance par trop exclusive à ses vues personnelles, ayant établi son propre système, chacun donne ostensiblement la moindre valeur possible aux problèmes déjà étudiés et résolus par d'autres, ne les traite qu'incidemment et réserve modestement la place meilleure pour ses propres recherches, en exagère l'importance des résultats et emploie tout son talent pour les mettre en évidence. Ainsi, chaque théorie est élaborée, étudiée, élargie, perfectionnée, généralisée, par son auteur, il est rare qu'un autre s'en occupe, s'il y en a un, il ne travaille pas pour la compléter et la défendre, mais pour en montrer les défauts et la démolir. Ce manque de collaboration dans le travail théorique est la cause principale de son énorme infériorité par rapport aux résultats merveilleux et à la marche si rapidement progressive des travaux pratiques.

Même les savants qui passent en revue, pour en faire l'histo-

rique, les principales théories, les choisissent de manière
qu'elles puissent se détruire mutuellement. Ils semblent heureux
de pouvoir amener la conclusion, qu'il n'y a de vrai que le doute
et le fait brutal. Si cette conclusion n'était pas trop artificiellement obtenue, ce ne serait pas très encourageant ! L'élimination
des erreurs est nécessaire, mais n'est pas suffisante ; il faut
compléter ce travail par une recherche désintéressée et consciencieuse des vérités qui se trouvent dans les œuvres des
autres, il faut collaborer pour les mettre en évidence, s'entr'aider pour les divulguer et les soutenir. C'est en suivant cette
méthode que j'ai écrit cette introduction, aussi je ne touche pas
aux points que je juge faibles de la théorie wallacienne, mais
j'appuie, par contre, avec toutes mes forces ceux qui donnent,
selon moi, une grande valeur à cette théorie que je considère
perfectible, apte à devenir générale et fondamentale pour toute
vraie science, pour toute vraie philosophie et pour toute vraie
religion.

La nécessité toujours plus manifeste d'une telle théorie n'a
pas besoin d'être démontrée, il suffit de faire la remarque du
grand nombre d'articles, de revues scientifiques, de conférences
et de toutes sortes de publications qui traitent ce sujet. Ce sont
des savants, des géologues, des zoologues, des médecins, des
chimistes, des mathématiciens et surtout des physiciens, ce sont
des philosophes, des psychologues, des sociologues, des écono-
mistes, des littérateurs, des romanciers, voire même des poètes.

La grande envergure de la théorie wallacienne se manifeste
immédiatement. En effet, dès que l'on pense à la place de
l'homme dans l'univers, l'on se demande qu'est-ce que
l'univers par rapport à l'homme dans la création, c'est-
à-dire par rapport à une œuvre qui a certainement un but.
Est-ce l'univers qui sert à l'homme ou *vice versa* ? Nous n'en
savons rien, mais ce qui est certain, c'est que l'homme seul a
conscience de l'univers, et qu'en outre, l'univers, tel qu'il est
connu par l'homme, n'existe que dans l'homme, tandis que
l'univers réel n'est qu'une complication inconnue de mécanis-

mes, tous absolument imperceptibles et inconnaissables directement, toujours et partout, pour les sens de l'homme.

L'univers est créé exclusivement pour l'homme. Pourquoi ? Parce que, comme on vient de le dire, uniquement l'homme, d'entre tous les êtres, peut en prendre possession consciemment, lui seul en connaît l'existence, sait de l'univers, de sa nature, observe, étudie et découvre les lois des phénomènes qui sont ses propres sensations.

L'intelligence, que la Raison divine accorde aux hommes qui doivent guider les autres, pénètre le champ ultrasensible et se guidant par des hypothèses que son intuition géniale sait imaginer, parvient à établir, à mesurer, à dessiner les trajectoires des mouvements moléculaires et atomiques, avec la même précision à laquelle elle est parvenue en établissant les trajectoires des planètes de notre système solaire. De cette façon, avançant toujours dans sa marche victorieuse, elle pose et trouve la solution des difficiles problèmes qui fournissent des notions toujours plus profondes de la connaissance de tout ce qui existe.

C'est ainsi que l'ancien concept de l'interprétation biblique d'une création qui eut lieu à une certaine époque, localisée dans le temps et dans l'espace, concept qui domine, sans y être mentionné, tout cet ouvrage de Wallace et qui lui a fait pousser trop loin certaines inductions scientifiques, va être remplacé par celui d'une création continue. Etant données les conséquences d'une importance capitale qui découlent de ce nouveau concept et placent sous un point de vue nouveau la théorie wallacienne, il sera discuté dans cette introduction, avec profit pour les lecteurs du volume.

La loi physique fondamentale, qui doit remplacer celle d'inertie et qui conduit à la nécessité d'une création continue du mouvement et de l'énergie, est celle-ci: « Tout déplacement dans l'espace est dû à une poussée continue, car il cesse avec elle ». Cela étant, les mouvements ultimes dans le vide absolu sont impossibles, ne pouvant pas se produire d'eux-mêmes, ni être produits. Comme l'on considère ici les mouvements ultimes des particules intégrantes de tout ce qui existe physiquement, nul mouvement autre existe pour produire la poussée nécessaire, il faut donc une cause surnaturelle qui crée incessamment ces mouvements avec l'énergie qu'ils possèdent, car dès qu'ils cessent d'être créés, ils cessent d'être, ne pouvant se déplacer eux-mêmes sans créer continuellement leur propre énergie. Ce qui est inadmissible. Seulement, une volonté peut être créatrice, celle de Dieu. Cette nécessité mécanique de l'action continue incessante d'un *fiat* créateur, constitue une démonstration scientifique de l'existence de Dieu. L'affirmation de l'existence de Dieu n'est donc plus une simple croyance mystique, elle est une certitude scientifique, aucune science ne pouvant refuser de l'admettre comme vérité fondamentale, comme le principe immuable que l'on doit adopter et sur lequel doivent nécessairement s'appuyer par leur base toutes nos connaissances.

Cette création continue des mouvements ultimes des unités élémentaires matérielles, fournit au mécanisme universel ce dont il manquait, et tout en plaçant l'existence de la nature à l'arbitre de Dieu, ne le fait pas intervenir directement dans chaque phénomène, l'énergie cinétique créée étant une entité à soi, ce sont des innombrables entités qui se succèdent instantanément et réalisent ainsi le mouvement, et dans leur ensemble l'activité universelle. Dieu est donc en dehors et au-dessus des choses, car il n'est pas possible de confondre ici le Créateur avec la chose créée. Tandis qu'en s'arrêtant, comme l'ont fait plusieurs philosophes, à la volition divine, sans tenir compte de son activité créatrice incessante, on tombait dans l'idée panthéiste du Dieu se confondant avec la nature, ou dans le matérialisme qui divinise l'inconscient.

D'autre part, les spiritualistes et les spiritualistes religieux, trouvent dans le nouveau concept de la création continue la réponse à plusieurs questions qui semblaient n'en admettre aucune. Celle, par exemple, du libre arbitre de l'homme, qui n'entrave plus en rien la liberté de Dieu, et la raison qui en dérive de la nécessité du bien et du mal. L'on a là, en effet, une explication qui admet l'action incessante de Dieu dans la nature, sans qu'il en fasse partie, du moment qu'elle n'est qu'une chose dont il crée à chaque instant le moteur qui la fait exister. La continuité de l'action divine n'est donc pas une liaison, car il ne peut pas y en avoir entre le Créateur et la chose créée, comme il y en a entre le producteur et la chose produite, qui a nécessairement en elle une partie de ce qui appartient au producteur.

Il y a donc une infinité d'univers qui se remplacent ou se superposent à chaque instant incessamment, chacun d'eux étant l'instant d'une création par un Créateur éternellement créant. Le concept transcendant d'une telle puissance semble bien répondre complètement au sentiment intime qu'éprouve l'homme de l'existence, non pas abstraite mais réelle, d'un Dieu personnel, sentiment qui ne peut nullement être expliqué comme un simple effet d'atavisme, car cette explication ne donne aucune raison de son origine.

Dans le texte que j'ai reporté plus haut du précédent ouvrage de Wallace, traduit par Lucien de Candolle, j'ai souligné ces quelques phrases : « que la matière n'est pas une entité distincte de la force et que la force est un *produit de l'esprit* ». « *Produit* », dit Wallace, mais il faut entendre *créé*, car l'esprit ne peut produire le matériel qu'en le créant. « La manière de voir à laquelle nous sommes arrivés me paraît plus grande, plus sublime, et plus simple que toute autre. Elle nous fait voir dans *l'univers un univers d'intelligence et de volonté*. » Et plus loin : « La grande loi de continuité que nous voyons dominer dans tout l'univers, *nous amène* à conclure à des gradations infinies de l'être et *à concevoir tout l'espace comme rempli par l'intelligence et la volonté* ». Volonté qu'il appelle : « *force de volonté primordiale et générale* ». L'on voit que si Wallace ne parle pas de création continue, c'est bien à celle-ci que sa théorie générale nous amène directement. Voici, en effet, un autre fragment du même ouvrage, qui confirme cette conclusion : « Quelque délicate que soit la construction d'une machine, quelque ingénieuses que soient les détentes qui servent à mettre en mouvement un poids ou un ressort avec le minimum d'effort, *un certain degré* de force extérieure sera toujours nécessaire. De même, dans la machine animale, si minimes que soient les changements qui doivent s'opérer dans les cellules et les fibres du cerveau, pour faire agir, par l'intermédiaire des courants nerveux, les forces tenues en réserve dans certains muscles, ici encore un certain degré de force est nécessaire. Si l'on dit que ces changements sont automatiques et provoqués par des causes extérieures, alors on annule une portion essentielle de notre sens intime, savoir, une certaine liberté dans la volonté, et l'on ne saurait concevoir comment, dans de tels organismes purement automatiques, il aurait pu naître un sens intime ou une apparence quelconque de volonté. S'il en était ainsi, ce qui semble être notre volonté serait une illusion, et l'opinion de M. Huxley, que « *notre volition compte pour quelque chose parmi les conditions qui déterminent le cours des événements* », serait erronée, car notre volition ne serait plus alors dans la chaîne des phénomènes qu'un anneau ni plus ni moins important que tout autre.

Ainsi, nous trouvons dans notre propre volonté, bien qu'en quantité minime, l'origine d'une force, tandis que nous ne constatons nulle autre part aucune cause élémentaire de force : il n'est donc pas absurde de conclure que toute force existante se ramène peut-être à la force de la volonté, et que, par conséquent, l'univers entier ne dépend pas seulement de la volonté d'intelligences supérieures, ou d'une Intelligence suprême, mais qu'il est cette volonté même (1). » C'est-à-dire qu'il est, par cette volonté, qu'il est une volition divine réalisée, donc une création. Car la volonté est la puissance par laquelle on veut, et l'univers ne peut pas être la puissance par laquelle Dieu veut, mais la chose voulue par Dieu.

En science comme en philosophie, il faut être précis dans

(1) *Loc. cit.*, p.p. 387-388

le langage, il faut énoncer exactement l'idée de façon que l'on
ne puisse se tromper dans l'interprétation. Leibniz l'avait bien
reconnu, lorsqu'il écrivait à Malebranche : « Si on donnait des
définitions, les disputes cesseraient bientôt ».

Voici comment Ad. Franck, dans son dictionnaire philosophique, définit la création : « On appelle ainsi l'acte par lequel la
puissance infinie, sans le secours d'aucune matière préexistante,
a produit le monde et tous les êtres qu'il renferme. La création
une fois admise, il est impossible que la définition que nous en
donnons ne le soit pas, car elle exclut précisément toutes les
hypothèses contraires à la création ; elle suppose que Dieu est
non pas la substance inerte et indéterminée, mais la cause de
l'univers, une cause essentiellement libre et intelligente ; *que
l'univers, d'un autre côté, n'est ni une partie de Dieu, ni l'ensemble de ses attributs et de ses modes, mais qu'il est son œuvre
dans la plus complète acception du mot ; qu'il est tout entier,
sans le concours d'aucun autre principe, l'effet de sa volonté et
de son intelligence suprème. C'est à ce titre que l'univers est
souvent appelé du même nom que l'acte même dont il est pour
nous la représentation visible* ». Et à propos de la création
continue, Ad. Franck écrivait : « *L'acte créateur*, indépendant
de toutes les conditions de l'espace et du temps, qui n'existent
que par lui, *doit être conçu comme éternel, ou il n'est rien*. Ce
résultat n'alarmera aucune conscience, quand on saura qu'il a
pour lui l'autorité de saint Clément d'Alexandrie, de saint Au-
gustin, de Leibniz. Enfin, il est exprimé de la manière la plus
précise et la plus claire, dans ces lignes de Fénelon (*Traité de
l'existence de Dieu*, IIᵉ partie, ch. V, art. 4) : « Il est (on parle
« de Dieu), il est éternellement créant tout ce qui doit être créé
« et exister successivement... »

La conclusion de l'article de M. Ad. Franck est frappante
aussi de netteté et de précision : « Tous sont également obligés
de croire que l'action divine est nécessaire à la conservation des
êtres. Or, qu'est-ce que la conservation des êtres, sinon, comme
on l'a dit, une *création continue* ? Enfin, si nous consultons notre

expérience, ne trouvons-nous pas en nous une multitude de phénomènes qui ne viennent ni de notre volonté, ni de l'action du monde extérieur ? D'où nous viendraient donc, si ce n'est de Dieu et d'une communication incessante de sa propre essence, l'amour du bien, l'horreur du mal, le désir du grand, du beau, du vrai et surtout cette divine lumière de la raison qui se montre à chacun de nous dans une mesure différente, qui se multiplie et se renouvelle en quelque sorte avec les individus de notre espèce, et cependant est toujours une, toujours la même, immuable, éternelle et infaillible ? Ainsi le fait de la création n'est pas seulement établi par l'absurdité des doctrines qui ont tenté de le nier ; il ressort directement des principes les plus évidents de la raison ; il tombe, en quelque sorte, sous l'œil de la conscience, et maintient, sans les sacrifier l'un à l'autre et sans les séparer par la barrière incompréhensible du néant, la distinction du fini et de l'infini, de Dieu et de l'Univers ». Un peu avant, il avait écrit : « La création est un fait que nous sommes obligés d'admettre, puisqu'il contient notre propre existence, mais qu'il nous est refusé d'expliquer et de comprendre. Faut-il donc nous en étonner, quand il n'en est pas autrement des faits les plus constants de l'ordre naturel ? Avons-nous une idée bien plus nette des phénomènes de la vie, de la génération et de la reproduction, de la sensibilité et, enfin, de cette volonté elle-même dont nous avons tant parlé ? Comprenons-nous davantage dans l'ordre intellectuel, les rapports de la substance aux phénomènes, et de la diversité, de la multiplicité de ces phénomènes, avec l'identité de l'être ? »

Voilà donc la création continue défendue philosophiquement et appuyée par des autorités religieuses. Mais il y a encore une autorité illustre qu'il ne faut pas oublier ici, celle de Descartes. M. Ed. Goblot le cite à propos de la création, qu'il appelle *continuée* : « Selon Descartes, l'imparfait, c'est-à-dire le monde, n'a pas en lui-même sa raison d'être : pour qu'il soit, il faut que l'être parfait veuille qu'il soit ; pour qu'il subsiste, il faut que l'être parfait continue à vouloir qu'il soit. L'acte créateur

n'est pas un *fiat* instantané, accompli à l'origine une fois pour
toutes, c'est un acte permanent. Et pour que le monde cessât
d'être, il ne faudrait pas que Dieu voulût l'anéantir, il suffirait
qu'il cessât de le créer. Le monde retomberait dans le néant, si
Dieu cessait seulement de le soutenir. L'acte créateur n'est pas
seulement pour l'être créé, la raison de *commencer*, *c'est la raison d'être* (1) ».

Ainsi, l'intuition géniale de ces grands penseurs avait entre-
vue une vérité que plusieurs siècles de progrès scientifiques
devaient finalement établir.

L'intelligence humaine n'est pas une puissance spirituelle
pure, vivant d'une vie propre indépendante, elle est le résultat
de la collaboration de deux agents hétérogènes irréductibles,
mais absolument inséparables dans le travail qu'ils font pour
la produire, la raison et l'organisme vivant. L'intelligence doit
donc posséder les facultés, qualités ou propriétés qui résultent
de cette liaison, celles qui peuvent coexister, c'est-à-dire qui
sont conciliables entre elles. Chacun des deux agents a une fonction propre franchement distincte de celle de l'autre, l'un agit
comme puissance l'autre comme moyen. La puissance est une,
identique en tous, c'est la raison, mais elle utilise un moyen
multiforme et très complexe dans ses limites matérielles, l'organisme individuel ; il en résulte une variété innombrable d'intelligences personnelles dont le caractère commun plus évident est
d'être bornées, toutes, indistinctement, quelles que soient les
différences des étendues individualisatrices.

Il y a donc une cause, inhérente à sa nature d'être organisé,
qui empêche que l'homme puisse se former un concept quelconque de l'essence intime réelle, soit de la matière en tant que
quid en mouvement changeant de place dans l'espace, soit de
l'énergie inhérente au mouvement de ce même *quid*, soit enfin
de toutes les formes cinéto-énergétiques que les groupements
et les modifications des mouvements font naître.

---

1) Edmond GOBLOT. — *Le Vocabulaire philosophique*. Paris, 1901. p. 158.

Ces formes cinéto-énergétiques sont celles des mécanismes physiques réels, producteurs des phénomènes, sont aussi celles des mécanismes physiologiques ou organiques qui réagissant aux actions des premiers, présentent à la raison les sensations phénoménales que celle-ci reçoit sous forme d'aperceptions intellectuelles ou d'idées dans la pensée.

Le *quid* matière est ce qui est *limité* dans l'espace vide *illimité*, sa propriété unique et essentielle est l'impénétrabilité absolue.

Le *quid* énergie est la pression que la matière en mouvement exerce, elle est donc la *tendance* que le mouvement a de continuer. Or, aucune mécanique, aucune physique, ne peut expliquer la nature de cette tendance. Son essence et son origine sont donc en dehors du champ des sciences expérimentales. Mais comme cette tendance est certaine, étant mesurable, et elle est en outre nécessaire, la science est forcée de reconnaître l'existence d'une cause première d'ordre métaphysique de ce mouvement, sans lequel aucune science de la nature n'est possible, cette cause ne peut être qu'une création continue.

Il y a donc un fait d'ordre métaphysique qui doit être admis scientifiquement comme vérité fondamentale, car ce fait est le point de départ nécessaire pour toute explication physico-mécanique, soit des phénomènes partiels, soit de l'ensemble de l'univers et des lois qui le régissent.

L'univers est donc le résultat d'une énergie continuellement créée, car dans le vide absolu le mouvement ne peut ni se produire, ni se conserver, c'est-à-dire subsister un seul instant. On peut résumer ces explications en disant :

Le mouvement est ce qui est continuellement produit ou créé.

Le monde est une énergie continuellement renouvelée par création.

Certainement, cette puissance créatrice incessamment active, créant l'énergie physique sous forme de mouvement matériel, doit le diriger à un but, elle est donc volontaire, intelligente et consciente. C'est la démonstration scientifique de l'existence nécessaire d'un Dieu personnel, dont l'activité éternelle est incessamment créatrice et dont la volonté est la loi de l'univers.

Le principe de la création continue fournit à la science un point de départ qui brille d'une vive lumière au milieu des ténèbres de l'inconnaissable mystère, et qui possède une qualité précieuse, pour un point de départ, celle de sa fixité absolue.

La traduction de cet ouvrage d'Alfred Russel Wallace est donc un vrai et éminent service rendu au public instruit de langue française, d'autant plus qu'elle est très bien faite. Mme William Barbey a su rendre toute la pensée de l'illustre auteur, tout en lui conservant, dans une langue qui a une allure si différente, cette spéciale fluidité de style qui entraîne et charme le lecteur. Tous ceux qui cherchent la vérité dans ces hautes régions de la science et de la philosophie, s'uniront à moi pour présenter des hommages reconnaissants à la studieuse et habile traductrice.

Champel, près Genève,   Thomas TOMMASINA.
    Septembre 1907.

NOTE DE LA TRADUCTRICE

Nous ne pouvons terminer ce travail sans offrir ici l'expression de notre plus vive gratitude à M. le docteur Pidoux, de l'Observatoire de Genève.

Notre collaborateur a consenti à relire notre manuscrit et à revoir les épreuves. Sa parfaite compétence en ces matières donne à sa collaboration une valeur qui n'est dépassée que par son extrême obligeance.

                                C. BARBEY-BOISSIER.

Valleyres, ce 17 septembre 1907.

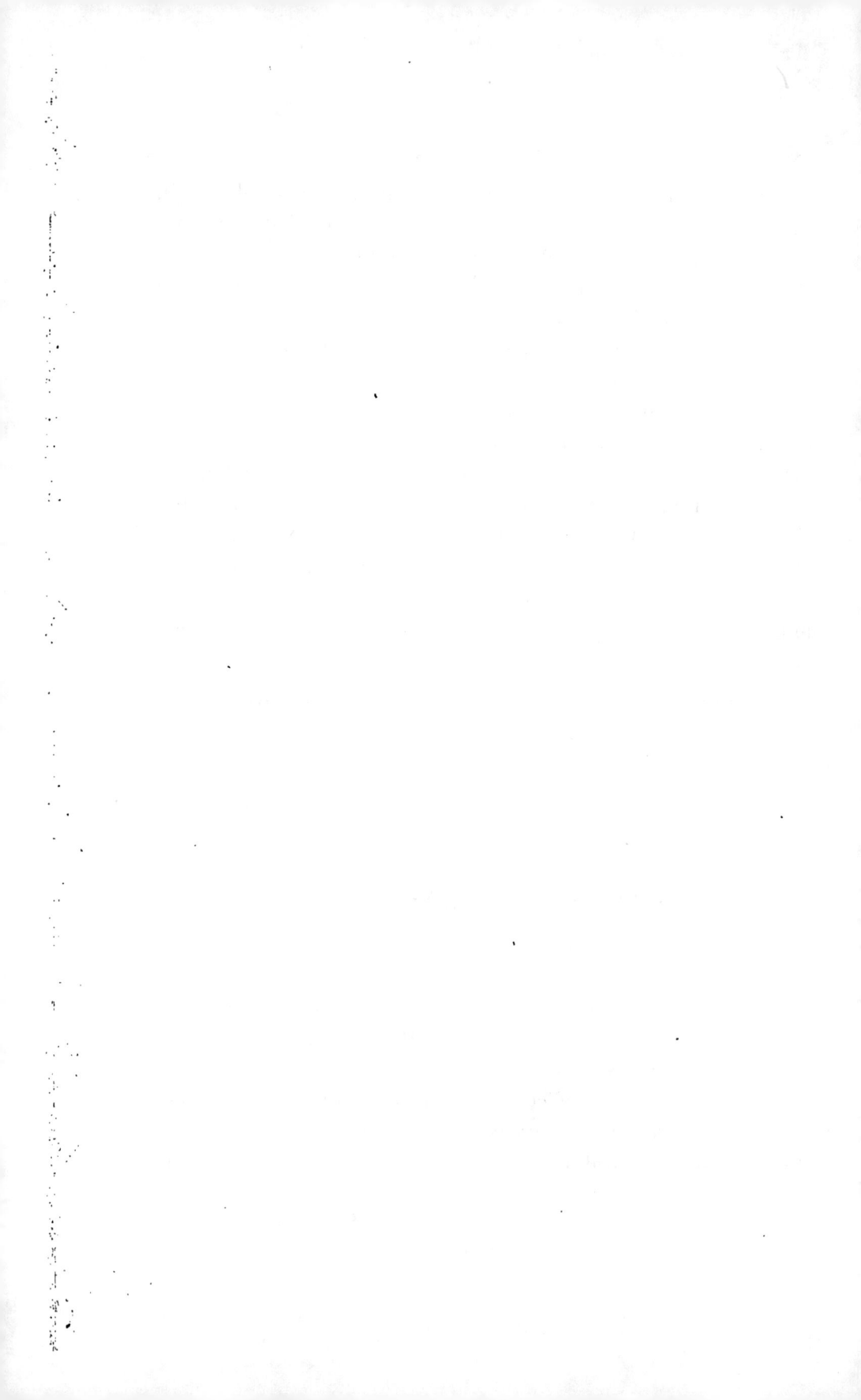

PRÉFACE

Cet ouvrage a suivi de près un article sur le même sujet, que je fis paraître simultanément dans la *Fortnightly Review* et dans le *New-York Independant*.

Je fus amené à traiter mon sujet, en composant quatre nouveaux chapitres sur l'Astronomie, pour une nouvelle édition du *Wonderful Century* (*Le Siècle merveilleux*). Je découvris alors ceci, c'est que la plupart des auteurs qui ont traité de l'astronomie générale, en commençant par sir John Herschel, jusqu'au professeur Simon Newcomb et sir Norman Lockyer, ont déclaré, comme étant un fait indéniable, que notre soleil est situé dans le plan du grand anneau de la Voie lactée, et qu'il est également très rapproché du centre de cet anneau.

Les recherches les plus récentes ont également montré que l'on ne peut prouver l'existence d'aucune étoile ou nébuleuse située fort au delà de la Voie lactée, laquelle, dans cette direction tout au moins, paraît constituer la limite du monde stellaire.

Revenant à la Terre et aux autres planètes du système solaire, je constatai que les recherches les plus récentes conduisent à la conclusion suivante, à savoir qu'aucune autre planète ne paraît être le siège de la vie organique, si ce n'est peut-être d'un ordre très inférieur. J'avais étudié durant de longues années le problème du calcul des temps géologiques, ainsi que celui des climats tempérés, et des conditions généralement uniformes qui ont prédominé durant toutes les époques géologiques. En remarquant le grand nombre de causes qui concourent à maintenir une telle uniformité, ainsi que l'équilibre si délicat des conditions requises, je fus de plus en plus convaincu de l'hypothèse probable ou possible de la non-habitabilité des autres planètes.

Ayant lu un grand nombre d'ouvrages concernant la question dite « la pluralité des mondes », j'étais fort au courant de la façon superficielle dont ce sujet avait été traité jusqu'alors, même de la part d'auteurs éminents, et cette étude m'amena à faire ressortir avec évidence les points de vue astronomique, physique et biologique, afin de montrer clairement ce qui était prouvé, et jusqu'où l'on pouvait conclure.

Le présent ouvrage est le résultat de mes efforts, et j'ose espérer que les lecteurs attentifs estimeront qu'il valait la peine d'être écrit. Il est presque entièrement basé sur le merveilleux édifice des faits et des conclusions de l'astronomie nouvelle, unis aux travaux des physiciens, chimistes et biologistes modernes.

Son originalité réside dans le fait qu'il résume les différents résultats de la science moderne en un tout bien lié, destiné à mettre en lumière le grand problème, si rempli d'intérêt pour tous. Il s'agit en effet de démontrer si, oui ou non, les résultats variés de la science moderne tendent à prouver que notre terre est la seule planète habitée, non seulement dans le système solaire, mais dans tout l'univers stellaire. Il est évident, disons-le d'emblée, qu'il est impossible de démontrer d'une façon absolue, dans un sens ou dans l'autre, ce que nous avançons. Mais, privés tels que nous le sommes de toute preuve directe, il est rationnel de rechercher les probabilités, et celles-ci doivent être déterminées, non point par nos sympathies en faveur de tel ou tel point de vue particulier, mais par l'examen absolument impartial et sans prévention des faits mis en évidence.

Mon livre étant écrit pour les gens du monde, dont la plupart n'ont aucune notion ni du sujet ni des merveilleux progrès de l'astronomie nouvelle, j'ai cru devoir donner le résumé de toutes les branches qui peuvent se rapporter au point spécial ici en cause.

Cette partie de l'ouvrage comprend les six premiers chapitres. Ceux qui possèdent une idée générale de la littérature astronomique moderne, telle qu'elle est traitée dans les ouvrages populaires, peuvent commencer au chapitre *sept*, qui renferme le début de l'important assemblage de faits et d'arguments que j'ai pu réunir.

Je dois avertir ceux de mes lecteurs qui auraient pu être influencés par des critiques contraires à mon point de vue, que, dans tout le cours de mon travail, qu'il s'agisse de faits, ou des conclusions que l'on peut tirer de ces faits, je ne les donne jamais de ma propre autorité, mais bien d'après les meilleurs astronomes, mathématiciens, et autres savants, dont j'ai pu étudier les travaux, et dont je cite les noms, ainsi que les références, aussi souvent qu'il m'est possible de le faire. Ce que je crois avoir mis en lumière, c'est le lien qui coordonne les différents faits et phénomènes qu'ils ont étudiés; c'est d'avoir exposé clairement les hypothèses par lesquelles ils les appuient, ou les résultats que l'évidence semble indiquer; d'avoir fixé la ligne de démarcation entre des opinions ou des théories opposées, et, enfin, en combinant les résultats des différents domaines

de la science si largement séparés jusqu'ici, d'avoir montré
combien ils se rapportent tous au grand problème que j'ai
cherché, dans une certaine mesure, à élucider.

Après avoir accumulé une masse considérable de
faits et d'arguments tirés de sciences fort distinctes, j'ai dû
donner un résumé assez volumineux de tout le débat, en
terminant par l'exposé final de mes conclusions en six
courtes thèses. Puis, je discute brièvement les deux points
de vue du problème total, le point de vue matérialiste et
le spiritualiste; enfin, je conclus par quelques observations
générales sur les problèmes insondables évoqués par l'aspect de l'Infini, problèmes que quelques-uns de mes adversaires m'accusent d'avoir voulu résoudre, mais qui, je tiens
à le dire, restent au-dessus et au delà des questions ici
débattues, ainsi que des plus hautes conceptions de l'intelligence humaine.

Broadstone Dorset.   *Septembre 1903.*

TABLE DES MATIÈRES

LA PLACE DE L'HOMME DANS L'UNIVERS

CHAPITRE PREMIER

Idées primitives au sujet de l'Univers et de ses relations avec l'Homme.

Lorsque l'homme eut l'intelligence suffisamment développée pour pouvoir méditer sur sa propre nature, ainsi que sur celle de la terre qu'il habitait, il dut être profondément impressionné par le spectacle nocturne des cieux étoilés.

L'éclat intense et étincelant de Sirius et de Véga, la lumière plus condensée, plus douce, de Jupiter et de Vénus, l'étrange groupement des étoiles brillantes en constellations, pour lesquelles il trouva des noms fantastiques, indiquant leur ressemblance avec divers animaux ou formes terrestres; l'existence d'un nombre apparemment infini d'étoiles plus ou moins brillantes, éparpillées dans toute l'étendue des cieux, plusieurs d'entre elles n'étant visibles que durant les nuits les plus claires et avec une vue perçante, toutes ces merveilles, dis-je, inaccessibles à cette époque aux recherches de l'homme, durent ouvrir un champ d'une étendue infinie à son imagination.

Les relations entre les mouvements des étoiles, d'une part, et ceux du soleil et de la lune de l'autre, furent l'un des premiers problèmes posés à l'astronome, problème qui ne fut résolu qu'à la suite d'observations minutieuses et persévérantes; elles démontrèrent que l'invisibilité des étoiles durant le jour est uniquement due à l'éclat de la lumière du soleil, et ce fait fut prouvé, à une époque reculée, par l'observation des étoiles brillantes vues du fond d'un puits et en plein jour. On découvrit aussi que, durant les éclipses totales de soleil, les étoiles les plus brillantes devenaient visibles; cette remarque, jointe à celle de la position fixe de l'étoile polaire, ainsi qu'au trajet des étoiles circumpolaires qui ne se couchent jamais, sous les latitudes de la Grèce, de l'Egypte et de la Chaldée, amenèrent l'homme à concevoir l'hypothèse suivante: la terre est suspendue dans l'espace; une sphère de cristal, séparée d'elle par une distance inconnue, évolue sur un axe indiqué par l'étoile polaire, et entraîne avec elle l'armée tout entière des corps célestes.

Ce fut là la théorie d'Anaximandre (540 av. J.-C.); elle servit de point de départ aux théories plus complexes, lesquelles, avec diverses variantes et modifications, eurent cours jusqu'à la fin du xvie siècle.

On présume que les anciens Grecs reçurent quelques notions astronomiques des Chaldéens, lesquels paraissent avoir été les premiers observateurs systématiques des corps célestes au moyen d'instruments. On leur attribue la découverte du cycle de dix-huit ans et dix jours, qui ramène le soleil et la lune, vus de la terre, dans la même position relative.

Il est possible que les Egyptiens aient tiré leurs connaissances de la même source, mais il n'est point prouvé qu'ils aient été de grands observateurs, et l'orientation, les proportions, les angles si exacts des grandes Pyramides et de leurs corridors intérieurs, paraissent indiquer qu'ils sont l'œuvre d'un architecte chaldéen.

Toute la vie terrestre est sous la dépendance évidente du soleil, qui lui dispense la chaleur et la vie, d'où l'origine de la conviction que la terre n'est qu'un simple satellite du soleil; et de même que la lune éclaire la nuit, que les étoi-

les, considérées dans leur ensemble, donnent une proportion appréciable de lumière, il semblait tout à fait rationnel
d'admettre que tous ces luminaires, le soleil, la lune, les
étoiles et les planètes, ne fussent que des auxiliaires du
système terrestre, créés uniquement pour le plus grand
avantage de ses habitants.

Empédocle (444 av. J.-C.), passe pour avoir, le premier,
séparé les planètes des étoiles fixes, en observant leurs
mouvements très particuliers, tandis que Pythagore et ses
disciples déterminèrent exactement l'ordre de leurs distances à partir de Mercure jusqu'à Saturne.

Aucun effort ne fut tenté pour expliquer ces mouvements
jusqu'au siècle suivant, époque à laquelle Eudoxus, de
Cnide, un contemporain de Platon et d'Aristote, vint rési-
der quelque temps en Egypte, où il devint un habile astronome. Il observa et expliqua le premier, d'une façon systématique, les divers mouvements des corps célestes,
d'après l'hypothèse d'un mouvement circulaire et uniforme
autour de la terre, prise comme centre, et cela au moyen
d'une série de sphères concentriques, évoluant chacune
avec une vitesse propre et sur un axe différent, tout en
restant assez unies entre elles pour participer à la rotation
commune autour de l'axe polaire.

La lune, par exemple, fut censée être supportée par trois
sphères; la première évoluant sur une ligne parallèle à
l'équateur, et causant ainsi le mouvement diurne; la seconde évoluant parallèlement à l'écliptique et produisant
les différentes phases de la lune pendant un mois; la troisième enfin tournant avec la même rapidité, mais dans une
position plus oblique, et démontrant l'inclinaison de l'orbite
de la lune sur celle de la terre.

De même, chacune des cinq planètes possédait quatre
sphères, deux d'entre elles évoluant de la même façon que
les deux premières de la lune; la troisième, se mouvant
dans le plan de l'écliptique, devait expliquer le mouvement

rétrograde des planètes; la quatrième, enfin, par sa position oblique sur l'écliptique, était nécessaire pour expliquer les mouvements divergents résultant de l'obliquité différente de l'orbite de chaque planète comparée à celle de la terre. C'était là le célèbre système de Ptolémée, réduit à sa forme la plus simple, afin de faire comprendre à l'esprit humain les mouvements les plus importants des corps célestes. Mais il arriva, dans la suite des âges, que les astronomes grecs et arabes découvrirent de légères divergences, dues aux différentes variations excentriques des orbites de la lune et des planètes, ainsi que les différences de mouvement qui en résultaient. Il fallut alors, pour expliquer celles-ci, ajouter d'autres sphères, ainsi que des anneaux de moindre dimension, évoluant parfois sur un plan excentrique. A la fin, il n'y eut pas moins de soixante de ces sphères, épicycles et excentriques, imaginés pour expliquer les divergences observées par les instruments primitifs, ainsi que les vitesses déterminées par les clepsydres bien imparfaits employés dans ces temps reculés.

Et, quoique de grands penseurs eussent, à différentes époques, rejeté ce système encombrant, cherchant à le remplacer par des notions plus correctes, leurs idées n'eurent aucune influence sur le public, ni même sur les astronomes et mathématiciens de leur temps, si bien que le système de Ptolémée obtint gain de cause jusqu'à Copernic, et ne fut définitivement mis de côté que lors de la publication des *Lois de Képler* et des *Dialogues de Galilée*, ouvrages qui forcèrent l'opinion publique à adopter des théories plus simples et plus intelligibles.

De nos jours, nous sommes tellement habitués à considérer les principaux faits astronomiques comme de simples notions élémentaires, que nous avons peine à nous représenter l'état d'ignorance qui prévalait parmi les peuples les plus civilisés durant l'antiquité et le moyen âge.

Tout au début, la forme sphérique de la terre ne fut

admise que par un petit nombre d'hommes; elle n'arriva ensuite à être assez bien démontrée qu'à une époque plus récente.

La mesure approximative des dimensions de notre globe eut lieu tôt après; enfin, lorsqu'on eut perfectionné les observations instrumentales, la distance et les dimensions de la lune furent mesurées avec assez d'exactitude pour prouver qu'elle était de beaucoup plus petite que la terre.

Mais ce fut là, avant la découverte du télescope, l'extrême limite et le dernier effort des mesures et des observations astronomiques.

Jusqu'alors, on ne savait rien de la distance et de la grandeur réelles du soleil, sinon qu'il était beaucoup plus éloigné de nous et bien plus grand que la lune; il est intéressant, cependant, de constater que, durant le siècle qui précéda l'ère chrétienne, Posidonius évalua la circonférence de la terre à 240.000 stades, équivalant environ à 45.160 kilomètres, appréciation remarquablement exacte, si l'on tient compte des données si imparfaites qu'il avait à sa disposition.

Il passe pour avoir calculé la distance du soleil, ne la réduisant que d'un tiers de ses dimensions réelles; mais ceci ne doit avoir été qu'une coïncidence fortuite, car il ne possédait aucun moyen de mesurer les angles avec une approximation supérieure au degré; tandis que, pour déterminer la distance du soleil, l'emploi d'instruments mesurant l'arc d'une seconde est indispensable.

Avant l'invention du télescope, les dimensions des planètes étaient totalement inconnues, tandis que la seule certitude que l'on possédait à l'égard des étoiles, c'est qu'elles étaient situées à une grande distance de notre terre.

Telle était la limite de la connaissance des anciens, quant aux dimensions et à la constitution de l'univers à l'époque où ils vivaient; cet univers, il faut s'en souvenir, avait comme centre la terre; nous ne devons donc pas être sur-

pris de la croyance universelle qu'il existait seulement
pour la terre et pour ses habitants.

Dans les temps antiques, l'univers était considéré comme
étant à la fois la demeure des dieux et la demeure accordée
aux hommes; même après l'avènement du christianisme, cette
conviction ne subit que très peu de changements. Durant
ces deux périodes, on considérait comme un impie celui
qui aurait affirmé que les planètes et les étoiles n'existaient
pas pour le seul bien et avantage de l'homme, mais qu'elles
possédaient d'autres habitants, qui pouvaient, dans certains cas, lui être supérieurs sous le rapport de l'intelligence.

Mais apparemment, durant la période entière dont
nous parlons, personne n'eût été assez hardi pour suggé-
rer qu'il existât d'autres mondes peuplés, et ce fut sans
nul doute à cause de l'opinion prédominante que nous oc-
cupions le monde entier, centre par excellence de tout
l'univers ambiant, qui n'existait que pour nous, que les
découvertes de Copernic, de Tycho-Brahé, de Képler et de
Galilée excitèrent un tel antagonisme, et furent considérées
comme inadmissibles et impies. Elles semblaient boulever-
ser de fond en comble tout l'ordre de choses établi et tendre
à diminuer l'homme, en déplaçant la terre, sa demeure, de
la position centrale et prédominante qu'elle avait possédée
jusqu'alors.

CHAPITRE II

Les Idées modernes concernant les relations de l'Homme avec l'Univers.

Les notions qui régnaient généralement jusqu'au temps de Copernic, sur la position subordonnée du soleil, de la lune et des étoiles vis-à-vis de la terre, commencèrent à faiblir, lorsque les découvertes de Képler, et les révélations du télescope démontrèrent que notre terre ne se distingue des autres planètes ni par sa grandeur, ni par sa position.

L'idée que les autres planètes pourraient bien être habitées, naquit alors d'emblée; et lorsque la puissance croissante du télescope et des instruments astronomiques en général révéla les merveilles du système solaire, et le nombre indéfini des étoiles fixes, la croyance à l'habitation des mondes devint aussi générale qu'avait été l'opinion contraire dans les siècles précédents; elle subsiste encore de nos jours sous des formes quelque peu modifiées.

Mais l'on peut affirmer que cette croyance, tant ancienne que récente, puise sa source bien plus dans des idées censées religieuses, que dans l'examen scientifique et sérieux de l'ensemble des faits, qu'il s'agisse d'astronomie, de physique ou de biologie, et nous sommes d'accord avec le défunt docteur Whewell, qui affirme que la croyance à l'habitation des autres planètes a été généralement affirmée, non point comme une conséquence de raisons physiques, mais en dépit de ces dernières. Et il ajoute: « Il fut tenu pour certain que Vénus, ou que Saturne, étaient habitées, non point parce que l'on y constatait quelque structure organique qui pouvait convenir à l'existence animale à la surface de ces planètes, mais parce que l'on estimait que la grandeur, la bonté, la sagesse du Créateur, ou quelque autre de ses attributs, seraient manifestement imparfaits, si ces planètes n'étaient pas habitées par des êtres vivants ».

Les gens qui de nos jours s'appuient sur le fait que bien des astronomes éminents ont déclaré croire à « la pluralité des mondes », supposent tout naturellement qu'il existe de puissants arguments en faveur de cette thèse, et qu'elle doit être appuyée par des faits très concluants. Leur surprise sera probablement grande, lorsqu'ils apprendront qu'il n'en est rien, et que les arguments desdits astronomes sont, pour la plupart, aussi faibles que superficiels. Il est vrai que, depuis quelques années, divers auteurs ont osé signaler les nombreuses difficultés qui s'élèvent contre cette croyance, mais ceux-là même n'ont point étudié sous toutes ses faces la question, comme elle le méritait, ce qui fait que telle qu'elle est exposée de nos jours, l'on se contente de dire que, pour ce qui concerne certaines planètes, la vie peut y être considérée comme probable.

On suppose encore que les millions de systèmes planétaires, censés exister, sont peuplés d'animaux de toutes espèces, de créatures humaines, et peut-être supérieures à l'homme.

Ayant l'intention de prouver, dans le présent ouvrage, que toutes les probabilités tendent à une conclusion absolument contraire, je désire passer rapidement en revue les auteurs qui ont traité ce sujet, en parlant des arguments dont ils se sont servis, et des faits qu'ils ont exposés.

Pour ce qui concerne les plus anciens d'entre eux, j'emprunterai le texte du docteur Whewell, lequel, dans son *Dialogue sur la pluralité des mondes,* — qui sert de supplément à son ouvrage bien connu sur le sujet, — cite tous les auteurs importants qui lui sont familiers.

Les premiers sont les grands astronomes Képler et Huyghens, avec le savant évêque Wilkins, lesquels croyaient que la lune pouvait ou devait être habitée, et, parmi ceuxci, Wilkins, au dire de Whewell, passe bien pour avoir été le plus sérieux dans son argumentation.

Puis vient Isaac Newton, qui a abondamment argué en faveur de l'habitabilité du soleil. Mais le premier ouvrage de fond écrit sur le sujet est celui dû à Fontenelle, secrétaire de l'Académie des sciences à Paris, qui publia, en 1686, ses *Conversations sur la pluralité des mondes*. L'ouvrage se compose de cinq chapitres; le premier explique la théorie de Copernic; le second affirme que la lune est un monde habitable; le troisième donne des détails sur la lune, et déclare que les autres planètes sont également habitées; le quatrième décrit en détail les mondes des cinq planètes; le cinquième, enfin, affirme que les étoiles fixes sont des soleils, et que chacune d'elles éclaire un monde.

Ce livre était si bien écrit et le sujet paraissait si attrayant, qu'il fut traduit dans la plupart des langues de l'Europe, et que l'astronome Lalande publia l'une des éditions françaises. Il parut trois traductions anglaises, et l'une d'elles eut six éditions, jusqu'à l'an 1737.

L'influence de cet ouvrage fut considérable et contribua sans doute à faire accepter cette théorie par des savants tels que sir William Herschel, le docteur Chalmers, le docteur Dick, le docteur Isaac Taylor et M. Arago, malgré que tout le système fût basé sur une pure hypothèse, et qu'aucun fait ne pût être prouvé dans un sens ou dans l'autre.

Tel était l'état de l'opinion publique, lorsqu'en 1853 parut un ouvrage anonyme, sous le titre quelque peu équivoque de : *la Pluralité des mondes. Un Essai*.

Dans cet écrit, le docteur Whewell émettait pour la première fois des doutes sur la théorie généralement adoptée, et démontrait que toute la somme des preuves que nous possédons tendait à conclure que quelques planètes ne sont certainement pas habitables, que d'autres ne le sont probablement pas, tandis que, dans aucune d'entre elles, l'on ne découvre cette similitude étroite avec les conditions terrestres, qui paraissent si essentielles à l'existence des hommes ou des animaux supérieurs.

Le livre, bien écrit, dénotait pour le temps une connaissance approfondie de la science, mais il était fort diffus, et l'auteur s'efforçait surtout d'y démontrer que ses vues n'étaient point opposées à la religion. L'un de ses plus solides arguments était basé sur la proposition suivante, à savoir que « l'orbite terrestre est située dans la zone tempérée du système solaire », et que ce n'est que là qu'il est possible de retrouver les variations modérées de la chaleur et du froid, de la sécheresse et de l'humidité qui conviennent à la vie animale.

Il suppose que les planètes extérieures du système ne contiennent que de l'eau, des gaz et des vapeurs, ainsi que l'indique leur faible densité, ce qui les rend par cela même tout à fait impropres à la vie terrestre; de même, celles qui sont plus rapprochées du soleil sont également inhabitables, la forte chaleur solaire les privant d'eau à leur surface.

Le docteur Whewell consacre beaucoup de pages pour prouver qu'il n'existe point de vie animale sur la lune, et, tenant le fait pour avéré, il l'emploie comme argument contre ses adversaires. Car ceux-ci insistent toujours sur l'idée que la terre étant habitée, les autres planètes le sont aussi, à quoi il répond : « Nous savons que la lune est inhabitée, malgré qu'elle ait tous les avantages de la proximité du soleil que possède la terre; pourquoi donc les autres planètes ne seraient-elles pas également inhabitées ? »

Il considère Mars, et admet que cette planète est, autant que nous pouvons en juger, très semblable à la terre; il est donc possible qu'elle soit habitée, ou, selon l'expression de l'auteur, « qu'elle ait été jugée digne de posséder des êtres humains de par le Créateur ».

Mais, d'autre part, il insiste sur les petites dimensions de Mars, sur la rigueur de son climat, provenant de sa distance du soleil, et aussi sur le fait que la fonte annuelle de ses deux calottes polaires glacées doit la maintenir froide toute l'année.

Si des animaux existent sur cette planète, ils appartiennent probablement à un type inférieur, tels les sauriens et les iguanodons de nos mers, durant la période crétacée. « Mais, ajoute-t-il, si même pour notre globe, il fallut une longue préparation, qui dura des millions d'années, pour arriver à l'homme, nous ne pouvons songer à discuter sur l'existence d'êtres intelligents dans la planète Mars, jusqu'à ce que nous soyons absolument certains qu'il y existe des êtres vivants. »

Whewell consacre plusieurs chapitres à adoucir les perplexités de certaines personnes pieuses oppressées par l'immensité et la complexité de l'univers matériel, tel qu'il est révélé par l'astronomie moderne; elles le sont peut-être davantage par l'insignifiance presque complète de l'homme et de la terre, sa demeure, petitesse qui s'accentue encore, s'il est vrai que, non seulement les planètes du système solaire, mais encore celles qui évoluent autour de myriades de soleils sont également des foyers de vie. Cesdites personnes sont encore troublées par le fait que ces mêmes théories sont exploitées par les sceptiques, dans leurs attaques contre le christianisme.

Ces auteurs insistent sur la folie et l'absurdité qu'il y a à supposer que le Créateur de cette masse incommensurable de soleils et de systèmes, remplissant des espaces infinis, puisse s'intéresser spécialement à une créature aussi misérable et infime qu'est l'homme, ce spécimen incomplet d'un des mondes inférieurs, satellite d'un soleil de second ou de troisième ordre. Bien plus, l'histoire de cet être humain n'est qu'une longue série de guerres, de tyrannie, de torture et de mort. Pour en revivre l'horreur, il suffit de lire l'*Histoire des Juifs*, de Josèphe; la *Décadence et la Chute de l'empire romain*, ou encore le *Martyre de l'humanité*, ou enfin ces deux-vers, dans lesquels un poète plein de sens et de cœur a résumé la pensée suprême de son âme : « La cruauté de l'homme envers l'homme cause des lamentations infinies ».

Et ce serait, disent-ils, pour un être pareil que Dieu aurait spécialement révélé sa volonté il y a des milliers d'années ? Après quoi, constatant que ses ordres étaient méconnus, il aurait décidé, à son profit, le sacrifice suprême de son Fils unique, afin de sauver une petite partie de ces « misérables pécheurs » du châtiment bien mérité de leurs crimes sans nom ?

« En vérité, disent ces raisonneurs, une telle croyance est trop ridicule pour être adoptée par aucun être raisonnable, et elle le paraît encore davantage, si nous gardons l'opinion que beaucoup d'autres mondes sont habités. »

Il est fort malaisé à l'homme pieux de répondre de façon concluante à de telles attaques; plusieurs même y ont renoncé, et ont perdu par là même toute foi aux dogmes de la chrétienté orthodoxe. L'esprit de ces infortunés se sent réellement acculé à un dilemme. Car, s'il existe des myriades d'autres mondes, il semble impossible d'admettre que chacun d'eux soit l'objet d'une révélation et d'un sacrifice spécial. Si, d'autre part, nous sommes les seuls êtres intelligents créés dans l'univers matériel, le seul produit supérieur émanant de la Toute-Sagesse, ces hommes ne peuvent comprendre la disproportion apparente entre le Créateur et la créature, et sont parfois poussés vers l'athéisme, incapables qu'ils sont de concilier un résultat aussi lamentable avec la puissance infinie de Dieu.

Whewell raconte que le grand orateur Chalmers s'efforça, dans ses *Discours astronomiques*, de résoudre ces difficultés, mais sans y parvenir d'une façon satisfaisante. Lui-même cherche à atteindre le même but dans son ouvrage. Son idée dominante, c'est que nos connaissances de l'univers sont trop imparfaites, pour que nous puissions résoudre le sujet en question, et que toute notion basée sur les desseins du Créateur, à l'égard du vaste système qui nous entoure, est forcément erronée.

Il faut donc prendre notre parti de cette ignorance forcée, et admettre que le Créateur poursuit un but, malgré qu'il nous reste inconnu. Et, à ceux qui rétorquent que, dans les autres mondes, il règne peut-être des lois naturelles qui peuvent les rendre aussi habitables pour des êtres intelligents que notre monde l'est pour nous, Whewell répond ce qui suit : « S'il faut supposer de nouvelles lois naturelles, afin de rendre chaque planète habitable, il faut renoncer à toute enquête rationnelle, et admettre et croire que les animaux peuvent vivre sur la lune sans eau et sans air, de même que sur le soleil, où règne une chaleur qui vaporise même les minéraux et les métaux ».

Il conclut par un argument qui nous paraît assez fort, étant basé sur la dignité de l'homme, laquelle communique une vraie supériorité à la planète qui l'a produit. « Si, dit-il, l'homme n'est pas seulement capable de vertu et de responsabilité, d'amour et de dévouement universel, mais s'il est aussi immortel; si son âme doit durer éternellement et ne jamais mourir; alors, certainement, nous pouvons dire qu'une seule âme surpasse en valeur la création tout entière. »

Puis, s'adressant au public religieux, il insiste sur le fait que s'il croit que Dieu a racheté l'homme par le sacrifice de son Fils et lui a révélé sa volonté, une seule conclusion s'impose, à savoir, que l'homme est le meilleur résultat de l'univers.

« L'élévation des millions de créatures morales, religieu-

ses et spirituelles, à une destinée ainsi préparée, consommée et développée, est digne de Celui qui possède toutes
les capacités du temps, de l'espace et de la matière.

Suit un chapitre sur l' « Unité du monde », puis un dernier sur le « Futur », qui n'ajoute pas grand'chose à la
force de son argument.

La publication de ce livre remarquable, quoique un peu
diffus, qui venait heurter les croyances populaires, fut suivie d'une protestation indignée, et cela de la part d'un
savant fort érudit dans les sciences physiques, sir David
Brewster; ce dernier, disons-le cependant, était, sous le
rapport de la culture générale et du talent littéraire, fort
inférieur à l'auteur qu'il attaquait.

Le livre qu'il lui opposa porte ce titre suggestif :
Il n'existe pas seulement un Monde; le Crédo du philosophe et l'Espérance du chrétien.

Tout en étant écrit avec force et conviction, il fait principalement appel aux préjugés religieux, et affirme que
chaque planète et chaque étoile sont des créations spéciales, et que les particularités de chacune furent créées pour
un but différent.

« Si, dit-il, la lune devait simplement servir de lampe à
la terre, quelle nécessité y avait-il de varier sa surface par
des montagnes et des volcans éteints, et de l'avoir formée
de larges continents, qui réflètent la lumière, puis de mers
intérieures ? Si elle eût été un simple bloc, elle eût bien
mieux rempli son but. » Donc, pense-t-il, elle est préparée
pour des habitants, et il en infère que tous les autres satellites sont également habités. Sir Brewster dit encore:
« Lorsqu'on découvrit que Vénus était de mêmes dimensions que la terre, ayant des montagnes et des vallées, des
jours et des nuits, des années semblables aux nôtres, l'absurdité de nier son habitabilité, alors qu'aucun autre but
rationnel ne pouvait expliquer sa raison d'être, devint patente. On fut alors forcé de croire que, comme la terre,

elle était le siège d'une vie animale et végétale. Puis, lorsqu'on découvrit que Jupiter était assez colossal pour nécessiter la lumière de quatre lunes, l'argument par analogie de son habitabilité fut renforcé par le fait qu'il s'étendait à deux planètes ».

De cette façon, chaque nouvelle planète, présentant quelque rapport avec les précédentes, ajoute un nouveau poids à l'argument précité, ce qui fait, dit-il, « que si nous prenons en considération toutes les planètes munies d'une atmosphère, de nuages, de neiges arctiques et de vents alizés, la probabilité de leur habitation devient très forte. Quant à supposer, d'autre part, que des planètes puissent avoir des lunes et point d'habitants, des atmosphères et aucune créature pour y vivre, des courants d'air ne pouvant rafraîchir aucun vie, l'idée est si absurde qu'elle ne peut être soutenue ».

L'ouvrage contient encore plus d'un argument d'une insigne faiblesse. Par exemple, après avoir décrit les étoiles doubles, il ajoute : « Personne ne voudra croire que des soleils aient été placés dans le ciel, pour le seul but d'évoluer autour d'un centre de gravité commun ». Puis, au moment de clore son chapitre sur les étoiles, il dit : « Partout où règne la matière, là doit régner la vie : vie physique pour jouir de sa propre plénitude, vie morale pour adorer son Créateur, et vie intellectuelle pour annoncer sa sagesse et son pouvoir ».

Et encore : « Une maison sans locataires, une ville sans citoyens, présente à nos esprits la même idée qu'une planète sans vie et qu'un univers sans habitants, c'est-à-dire une absurdité sans nom ».

De pareils arguments, qui ne sont que des pétitions de principe, abondent dans ce livre, à la surprise du lecteur. Il va jusqu'à citer les Psaumes, dans l'Ancien Testament, pour étayer ses vues : « Lorsque je contemple les cieux, ouvrage de tes mains, la lune et les étoiles que tu a dispo-

sées, qu'est-ce que l'homme, que tu te souviennes de lui ? »
texte qui lui suggère la remarque suivante : « Nous ne pouvons douter qu'il — David — n'ait été inspiré par l'étendue, les distances et les origines des sphères glorieuses
qui fixèrent son admiration ».

Après d'autres citations tirées des prophètes, qui lui
semblent appuyer ses dires, il émet la curieuse théorie que
les planètes, ou plusieurs d'entre elles, tout au moins, doivent servir de futures demeures à l'homme. « Car, dit-il,
l'homme, dans son existence future, possédera, comme
actuellement, une nature spirituelle renfermée dans un
corps matériel. Donc, il doit habiter une planète matérielle, sujette à toutes les lois de la nature. »

Et il conclut ainsi : « Si donc il n'y a pas assez de place,
sur notre globe, pour les millions et millions d'êtres qui
ont vécu et qui sont morts à sa surface, nous ne pouvons
douter que leur future demeure ne doive être sur quelques-
unes des planètes primaires ou secondaires du système
solaire dont les habitants n'existent plus, et qui attendent
depuis longtemps, ainsi que le fit jadis notre globe, l'avènement de la vie intellectuelle ».

Quittons sans regret ces rêveries pour mentionner les
seuls ouvrages modernes qui traitent ce sujet, à savoir :
D'autres Mondes que le nôtre, du défunt Richard A. Proctor, ainsi qu'un livre publié cinq ans plus tard, sous ce titre :
Notre Place parmi les infinis.

Ecrit par l'un des astronomes les plus éminents de son
temps, aussi remarquable par l'exactitude de son raison-
nement que par la clarté de son style, nous restons toujours sous le charme, quoique nous ne puissions pas sous-
crire à toutes les conclusions de l'auteur.

Dans son premier ouvrage, il affirme, comme sir David
Brewster, la probabilité fondamentale de l'habitation des
planètes, et cela d'après les mêmes raisons théologiques.

M. Proctor est tellement sûr de son fait qu'il parle sans

cesse des planètes comme devant être habitées jusqu'à preuve du contraire, cherchant à rejeter la négation sur ses adversaires, tandis qu'il n'essaie pas de prouver son assertion, si ce n'est par de pauvres hypothèses sur les intentions du Créateur.

Partant de ce point, il essaie de démontrer comment les difficultés signalées par Whewell peuvent être surmontées, et se sert dans ce but de faits astronomiques et physiques bien contrôlés. Mais il est parfaitement loyal, et arrive à la conclusion que Jupiter et Saturne, Vénus et Neptune, ne peuvent être habitables; il affirme tout simplement le fait. Mais il suppose que les satellites de Jupiter et de Saturne pourraient l'être. Une grande erreur de son argumentation, c'est qu'il se contente de vouloir prouver que la vie existe actuellement, tout en passant sous silence la question de savoir si la vie aurait pu se développer à partir de ses rudiments les plus primitifs, jusqu'aux plus hauts vertébrés et jusqu'à l'homme; cela, comme je l'indiquerai plus tard, est le nœud de tout le problème.

Pour ce qui concerne les autres planètes, après les avoir soigneusement examinées, il arrive à la conclusion que si Mercure est protégé par une atmosphère chargée de vapeurs d'une espèce particulière, il est possible, mais non probable, qu'elle renferme des types supérieurs de vie animale.

Il trouve, en Vénus et en Mars, tant d'analogies avec notre terre, qu'il en conclut qu'elles ne sauraient être privées d'habitants.

Passons aux étoiles fixes. Nous savons maintenant, par le moyen des observations spectroscopiques, que ce sont des soleils, tout pareils au nôtre, et, comme lui, émettant de la lumière et de la chaleur. M. Proctor dit ceci:

« Les vastes réservoirs de chaleur, ainsi constitués par les étoiles, suggèrent non seulement l'idée de l'existence de mondes circulant le long de leurs orbites, et pour lesquels sont préparés ces foyers de chaleur, mais ils indiquent les diverses formes d'énergie dans laquelle cette chaleur peut se transformer. Nous savons que les rayons solaires recueillis par la terre se retrouvent dans les formes animales et végétales de la vie; qu'ils existent dans tous les phénomènes de la nature, dans le vent, la pluie et les nuages, dans le tonnerre et la foudre, la tempête et la grêle; et que, les travaux humains eux-mêmes sont accomplis aux dépens de l'énergie fournie par ces mêmes rayons. Donc, le fait que les étoiles rayonnent de la chaleur sur les mondes qui évoluent autour d'elles, suggère de suite la pensée que, sur les mondes, la vie animale et végétale doit aussi exister ».

Remarquons ceci, c'est qu'au début de ce passage, la présence des mondes ou des planètes est « supposée », tandis que, plus loin, l'auteur parle « des mondes ou des planètes qui tournent autour des étoiles » comme d'un fait certain, entraînant avec lui l'existence d'une vie végétale et animale.

Une suggestion dépendant d'une suggestion précédente n'est pas une base bien sérieuse pour une conclusion aussi grave.

Dans le second ouvrage mentionné plus haut, se trouve un chapitre intitulé : « Une nouvelle théorie de la vie dans les autres mondes », où l'auteur donne ses opinions raisonnées sur la question, qu'il résume dans sa préface, en disant : « L'évidence favorise ma théorie au sujet de la rareté relative des mondes ».

S'occupant tout d'abord de la terre, il montre que la période durant laquelle la vie y existe, est bien minime, comparée au temps qu'il lui a fallu pour se former et se refroidir, afin que l'atmosphère s'y condensât suffisamment pour constituer la terre et l'eau à sa surface.

Et si nous considérons la durée pendant laquelle la terre a été occupée par l'homme, nous voyons qu'elle atteint à

peine la millième partie de la période de son existence en
tant que planète. Il s'ensuit que si nous étudions seulement
les planètes qui nous paraissent susceptibles de posséder
des êtres vivants, il y a peut-être une chance sur cent
pour qu'elles se trouvent dans la phase spéciale où la vie
a commencé à se développer, et où elle a atteint un degré
d'avancement pareil au nôtre.

Pour ce qui concerne les étoiles, l'argument atteint
encore plus de force, parce que la durée requise pour leur
formation nous est inconnue, ainsi que les conditions nécessaires pour la formation des systèmes planétaires qui
les entourent.

A cela j'ajoute que nous ignorons également si lesdits
soleils peuvent produire des planètes, lesquelles seraient
capables, par leur position, leurs dimensions, leur atmosphère, et par d'autres conditions physiques, de devenir des
centres de vie animale. Comme nous le verrons plus loin,
ce point spécial a été omis par tous les auteurs, y compris
M. Proctor. Sa conclusion est donc celle-ci, c'est que, malgré que les mondes animés de même façon que notre terre
puissent être de nombre restreint, étant donné cependant
que l'univers est infini comme étendue, ils doivent être
réellement très nombreux.

Il a fallu donner cette esquisse des auteurs qui ont spécialement traité de la pluralité des mondes, parce que lesdits ouvrages ont été beaucoup lus, et ont influencé l'opinion des gens cultivés dans le monde entier.

Bien plus, M. Proctor, dans son dernier ouvrage sur le
sujet, parle de cette théorie comme « faisant partie de l'astronomie moderne », et, en effet, les ouvrages populaires
la discutent encore.

Mais tous suivent la même argumentation que celle dont
nous avons parlé, et, chose curieuse, tandis qu'ils omettent
plusieurs conditions essentielles, ils en introduisent d'autres sans valeur, telles que celle-ci : c'est que l'atmosphère

doit renfermer la même proportion d'oxygène que la nôtre.

Ces auteurs s'imaginent que si quelqu'un de nos quadru-
pèdes ou de nos oiseaux, transporté sur une autre planète,
ne pouvait pas y vivre, aucun animal d'organisation spéciale ne pourrait y exister également. Ils ignorent absolument ce fait certain, c'est que, étant donné que l'oxygène
est nécessaire à la vie, quelle que soit la proportion dudit
oxygène sur ces planètes, les créatures vivantes qui s'y
trouveraient seraient organisées en vue de cette proportion, laquelle pourrait être, soit très inférieure, soit très
supérieure à celle de la terre.

Ce volume montrera combien cette question a été insuf-
fisament traitée, malgré qu'elle abonde en considérations
importantes qui auraient dû être étudiées avec soin. Le fait
qu'elles aboutisent toutes à la même conclusion — conclusion qu'aucun auteur, à ma connaissance, n'a encore indiquée, — mériterait l'examen consciencieux de tous les penseurs non prévenus.

Il n'est pas possible de prouver l'entière évidence de ce
sujet, mais j'ose croire que la convergence de tant de probabilités vers une théorie pleinement définie, intimement
unie qu'elle est avec la nature et la destinée de l'homme,
rend cette théorie bien plus certaine que les vagues possibilités et les suggestions théologiques, suprême argument
des auteurs précédents.

Afin de rendre intelligible à tous mes lecteurs cultivés
chaque degré de son argumentation, il sera nécessaire
de m'en référer continuellement à l'extension merveilleuse
de notre connaissance de l'univers, obtenue durant le dernier demi-siècle, et appelée la Nouvelle Astronomie. Le
chapitre suivant sera donc consacré à l'exposé populaire
des nouvelles méthodes, afin que les résultats obtenus,
dont nous parlerons dans la suite de l'ouvrage, soient non
seulement acceptés mais clairement démontrés.

CHAPITRE III

Astronomie moderne.

On a fait dans la seconde partie du XIXᵉ siècle des découvertes qui ouvrent des horizons tout nouveaux sur le monde astronomique, et que l'on ne peut comparer, comme importance, qu'à la découverte du télescope, il y a plus de deux siècles.

Pendant plus de deux mille ans, l'ancienne astronomie fut simplement mécanique et mathématique, restant limitée à l'observation et au mesurage des mouvements apparents des corps célestes, ainsi qu'à l'essai de déduire, à l'aide de ces mouvements apparents, les mouvements réels, et, par suite, la structure actuelle du système solaire.

Le progrès commença lorsque Képler établit ses trois fameuses lois; et, plus tard, lorsque Newton montra que ces lois étaient les conséquences nécessaires de la loi de la gravitation; les savants et mathématiciens prouvèrent, à leur tour, que chaque nouvelle irrégularité dans le mouvement des planètes s'explique par l'application plus exacte des mêmes lois; ce fut alors que cette branche de l'astronomie atteignit son apogée et ne laissa, pour ainsi dire, plus rien à désirer.

Puis, à mesure que le télescope se perfectionna, l'intérêt se fixa sur la surface des planètes et de leurs satellites, qui furent examinés avec la plus grande attention, afin d'arriver à connaître leur constitution physique et leur histoire passée. Une étude également minutieuse fut consacrée aux étoiles et aux nébuleuses, à leur distribution et à leur groupement; on fit des cartes célestes et des astronomes enthousiastes répandirent dans le monde entier des catalogues compliqués.

D'autres se vouèrent à la tâche laborieuse de déterminer les distances des étoiles, et arrivèrent, au milieu de ce siècle, à le faire pour plusieurs d'entre elles.

Ainsi, au milieu du dix-neuvième siècle, il devint probable que l'astronomie future reposerait surtout sur les progrès du télescope, ainsi que sur les différents instruments de mesure, au moyen desquels on pourrait obtenir des déterminations de distances plus exactes.

L'auteur de la *Philosophie positive*, Auguste Comte, fut lui-même si fort persuadé de ce qui précède, qu'il critiqua tout examen futur des étoiles, en disant que ce n'était qu'un gaspillage de temps, incapable d'amener un résultat utile ou intéressant. Il ajoute que les étoiles, ne nous étant accessibles que par la vue, nous resterons toujours imparfaitement connues; de ce fait, un problème aussi simple que celui de leur température ne pourra jamais être résolu. Notre connaissance des étoiles restera négative, en ce sens que nous ne pourrons jamais que constater qu'elles n'appartiennent pas à notre système.

En dehors de ce système, il n'existe, en astronomie, que de l'obscurité et de la confusion, et il conclut ainsi : « C'est donc en vain que l'on a cherché, pendant un demi-siècle, à distinguer deux astronomies, l'une *solaire*, l'autre *sidérale*.

« Chez ceux pour qui la science consiste en lois réelles et non en faits incohérents, la seconde n'existe que de nom, la première seule constitue une véritable astronomie, et je ne crains pas de dire qu'il en sera toujours ainsi. »

M. Comte ajoute encore : « Tous les efforts tentés dans ce sens depuis un demi-siècle n'ont fait qu'accumuler un tas de faits empiriques et *sans cohésion* qui ne peuvent séduire qu'une curiosité irraisonnée ». Et cependant, une

éclatante découverte survenue trois ans après la mort de
Comte, en 1860, allait donner le démenti à ses assertions.

Je veux parler de la méthode de l'analyse spectrale,
laquelle, appliquée aux étoiles, a révolutionné l'astronomie, et nous a fourni précisément cette connaissance que
Comte déclarait être pour toujours hors de notre portée.

Par ce moyen, nous avons acquis des notions exactes
sur la physique et la chimie des étoiles et des nébuleuses,
de telle façon qu'actuellement nous connaissons mieux la
nature, la constitution et la température des soleils énormément éloignés de nous, et que nous désignons sous le
nom d'étoiles, que nous ne connaissons les planètes de
notre propre système.

Cette découverte a également révélé l'existence de nombreuses étoiles invisibles, et nous a permis de déterminer
leurs orbites, leur durée de révolution, et même, approximativement, leur masse relative.

L'astronomie stellaire est devenue, de nos jours, la plus
captivante partie de cette grande science, et celle qui permet d'espérer le plus grand nombre de découvertes
futures.

Comme je devrai m'en référer souvent aux résultats
obtenus par ce puissant instrument, il importe de donner
ici un court résumé de sa nature et des principes sur lesquels il repose.

Qu'est-ce que le spectre solaire ? C'est une bande de
lumière colorée que l'on voit dans l'arc-en-ciel et partiellement dans la goutte de rosée, mais plus complètement
encore lorsqu'un rayon de soleil passe au travers d'un
prisme, c'est-à-dire d'un fragment de verre de section trian-
gulaire.

Il en résulte, qu'au lieu d'une tache blanche, nous avons
une bande étroite de couleurs brillantes qui se succèdent
dans un ordre régulier, allant du violet au bleu, puis au
vert, puis au jaune et enfin au rouge. Nous voyons ainsi

que la lumière n'est pas une simple et uniforme radiation du soleil, mais qu'elle est formée d'un grand nombre de rayons séparés, chacun d'eux produisant à notre œil la sensation d'une couleur distincte.

On explique maintenant l'origine de la lumière comme étant due aux vibrations de l'éther, cette substance mystérieuse qui, non seulement pénètre tous les corps, mais qui remplit l'espace, en tous cas jusqu'aux étoiles visibles les plus lointaines et jusqu'aux nébuleuses.

Les vagues ou vibrations extrêmement ténues de l'éther produisent tous les phénomènes de chaleur, de lumière et de couleur, aussi bien que les actions chimiques auxquelles la photographie doit ses étonnants résultats.

On a mesuré par d'ingénieux procédés les dimensions et la durée de vibration de ces vagues, et il se trouve qu'elles diffèrent considérablement; la lumière rouge, par exemple, qui est la moins réfractée, possède une longueur d'onde d'environ 778 millionièmes de millimètre, tandis que les rayons violets, à l'autre extrémité du spectre, n'atteignent que la moitié de cette longueur, soit 403 millionièmes de millimètre.

Le taux de la vitesse des vibrations est de 302 millions de millions par seconde pour les rayons rouges les plus accentués, et de 757 millions de millions pour le rayon violet à l'autre extrémité du spectre.

Nous donnons ces chiffres pour montrer la merveilleuse délicatesse et la rapidité de ces ondes de lumière et de chaleur, dont dépendent, non seulement toute notre vie terrestre, mais celle de bien d'autres mondes et d'autres soleils.

Mais les couleurs du spectre n'en sont pas la partie la plus importante.

Dès le début du XIXe siècle, un examen attentif prouva que ce spectre était sillonné partout de lignes noires, d'épaisseurs diverses, parfois seules, parfois groupées ensemble.

Plusieurs savants les étudièrent, les reproduisirent sur des dessins ou des cartes ; en combinant plusieurs prismes, de manière à ce que le rayon solaire pût les traverser successivement, l'on obtint un spectre de plusieurs mètres de longueur, sur lequel on peut compter jusqu'à 3.000 de ces traits noirs. Mais leur composition et leur cause restaient un mystère, lorsqu'en 1860, le physicien Kirchhoff découvrit le secret et fournit aux chimistes et aux astronomes un instrument de recherches tout à fait inattendu.

L'on avait déjà remarqué que les éléments chimiques et leurs composés, lorsqu'ils sont chauffés jusqu'à incandescence, produisaient des spectres consistant en bandes et en lignes colorées, toujours constantes pour chaque élément, de telle façon qu'on pouvait toujours les reconnaître par leur spectre caractéristique; et l'on remarquait aussi que certaines de ces bandes, par exemple la jaune, produite par le sodium, correspondait comme position à certaines lignes noires du spectre solaire.

Kirchhoff découvrit que, lorsque la lumière d'un corps incandescent passe à travers la même substance à l'état de vapeur ou de gaz, une partie de la lumière est assez absorbée pour rendre noires les lignes ou bandes colorées. Le mystère qui durait depuis plus d'un demi-siècle fut enfin résolu; les milliers de lignes noires du spectre solaire furent reconnues être causées par le fait que la lumière, émanant de la surface incandescente du soleil, traversait les vapeurs surchauffées régnant au-dessus d'elle, transformant par là les bandes colorées de leur spectre en lignes sombres.

Chimistes et physiciens se mirent immédiatement à analyser le spectre des divers éléments, fixant la position des bandes colorées au moyen de mesures exactes, et les comparant avec les lignes noires du spectre solaire. Les résultats furent des plus satisfaisants. Pour un grand nombre d'éléments les bandes colorées correspondirent exactement avec un groupe de lignes noires dans le spectre solaire, prouvant ainsi que les mêmes éléments terrestres existent dans cet astre. Parmi les corps découverts de cette façon, les premiers furent l'hydrogène, le sodium, le fer, le cuivre, le magnésium, le zinc, le calcium, ainsi que beaucoup d'autres.

On a découvert jusqu'ici près de quarante éléments dans le soleil, et il est plus que probable que tous nos éléments s'y trouvent représentés, mais comme quelques-uns d'entre eux sont très rares et n'y figurent qu'en très faible quantité, l'on ne peut pas les retrouver dans le spectre solaire.

Certaines des lignes noires constatées dans le soleil ne purent être identifiées avec aucun élément connu, et comme cette circonstance paraissait indiquer l'existence d'un élément particulier au soleil, on le désigna sous le nom de *Hélium*. Mais tout récemment, on l'a trouvé dans un minéral d'espèce rare.

Un grand nombre d'éléments sont représentés par une quantité de lignes, d'autres par un petit nombre. C'est ainsi que le fer en compte plus de 2.000, tandis que le plomb et le potassium n'en comptent qu'une chacun.

Le spectroscope fut aussi précieux pour le chimiste, comme moyen de découvrir de nouveaux éléments, que pour l'astronome, en lui permettant de déterminer les corps célestes. Il devint alors capital de fixer avec un soin extrême la position de toutes les lignes noires sur le spectre solaire, aussi bien que celles des lignes brillantes représentant tous les éléments, et ceci afin de pouvoir établir une comparaison exacte entre les différents spectres.

Au début, cela fut fait au moyen de dessins à une grande échelle, montrant la position exacte de chaque ligne brillante ou sombre. Mais ce moyen fut jugé incommode et insuffisant, et l'on décida alors d'adopter l'échelle naturelle des longueurs d'onde des différentes parties du spectre solaire, au moyen des réseaux de diffraction.

Un réseau de diffraction consiste en une surface polie de métal dur sillonnée de lignes parallèles et rapprochées atteignant parfois le chiffre de 20.000, sur une largeur de 2 centimètres et demi. Lorsque la lumière solaire vient à tomber sur l'une de ces tablettes, elle s'y réflète et par le mélange des rayons provenant des espaces entre les sillons, cette lumière s'étale en un magnifique spectre, lequel, lorsque les lignes sont très serrées, atteint plusieurs mètres de longueur.

Dans ce spectre de diffraction l'on peut discerner bien des lignes noires qui ne s'aperçoivent pas autrement, et elles produisent un spectre bien plus uniforme que celui formé par des prismes de verre, dans lequel de minimes différences dans la composition du verre sont cause que quelques rayons sont réfractés davantage et d'autres moins.

Le spectre produit par les réseaux de diffraction est double, c'est-à-dire qu'il est étalé des deux côtés de la ligne centrale du rayon qui reste blanche; les lignes colorées et les lignes noires sont si nettement reproduites, qu'elles peuvent être projetées à grande distance sur un écran, donnant ainsi au spectre une longueur considérable.

Les longueurs d'onde sont obtenues en calculant la distance entre les lignes, la distance de l'écran et la distance de la première paire de lignes noires de chaque côté de la ligne colorée centrale.

Toutes ces distances peuvent être mesurées avec une extrême exactitude, au moyen de microscopes munis de micromètres et d'autres adjonctions; il en résulte une exactitude qui ne peut être égalée par aucun autre procédé de mesure.

Les longueurs d'onde étant si minimes, il a semblé opportun de fixer une unité encore inférieure de mesure, et, le millimètre étant la plus petite unité de système métrique, on a adopté, pour l'unité de mesure des longueurs d'onde, le dix-millionième de millimètre, de sorte que, dans cette nouvelle unité, les longueurs d'onde des lignes bleues et rouges (de l'hydrogène) sont 4861 et 6563.

L'échelle infiniment exiguë des longueurs d'onde, une fois déterminée par la mesure la plus exacte, est de grande importance. Une fois déterminée, la longueur d'ondulation de deux lignes quelconques d'un spectre, l'espace qui les sépare peut être reproduit sur un diagramme de n'importe quelle longueur, et toutes les lignes qui se reproduisent dans tout autre spectre entre ces deux lignes, peuvent être marquées exactement dans leurs positions respectives.

Maintenant, étant donné que le spectre visible compte environ 300.000 raies, chacune possédant sa longueur d'onde et par cela même une réfrangibilité différente, ledit spectre doit être étendu sur une assez vaste échelle pour atteindre la longueur de 75 millimètres, espace suffisant pour être discerné à l'œil nu.

La possession d'un instrument d'une délicatesse aussi parfaite et en même temps d'une puissance assez grande pour pénétrer dans la constitution intime des astres les plus reculés de l'espace, permit, durant le dernier quart de siècle, l'établissement d'une nouvelle science, la physique des astres, autrement dit, de la « Nouvelle Astronomie ». Indiquons maintenant les principaux résultats qu'elle a obtenus.

La première grande découverte faite par l'analyse spectrale, après l'interprétation du spectre solaire, fut la nature réelle des étoiles fixes. Les astronomes les avaient considérées pendant longtemps comme des soleils, mais c'était là une hypothèse dont l'exactitude ne pouvait être basée sur aucune preuve. Cette opinion était fondée sur deux faits : l'énorme distance qui nous en sépare est si considérable que le diamètre entier de l'orbite terrestre ne produit aucun changement apparent dans leurs positions relatives; leur éclat intense ne peut provenir, à de pareilles distances, que du fait d'une dimension et d'un rayonnement comparables à ceux de notre soleil.

Le spectroscope prouve d'emblée la justesse de cette opinion. Après un examen successif de tous les astres, les spectres obtenus parurent être du même type général que celui du soleil : une bande colorée sillonnée de lignes noires. Les premières étoiles examinées par Sir William Huggins démontrèrent l'existence de neuf ou dix de nos éléments. Bientôt les principales étoiles des cieux furent étudiées au moyen du spectre, et l'on se décida à les répartir entre trois ou quatre groupes. Le premier est le plus nombreux; il contient plus de la moitié des étoiles visibles, et une proportion plus forte encore d'étoiles brillantes, telles que Sirius, Véga, Régulus et Alpha de la Croix du Sud.

Elles sont caractérisées par une lumière blanche ou bleuâtre, riche en rayons ultra-violets, et leur spectre se distingue par l'étendue et l'intensité de quatre bandes sombres dues à l'absorption de l'hydrogène, tandis que les lignes noires indiquant des vapeurs métalliques, sont relativement rares, malgré qu'un examen attentif en fasse découvrir des centaines.

Le groupe suivant, auquel appartiennent Capella et Arcturus, est aussi très nombreux, et forme le type solaire des étoiles. Leur lumière est jaunâtre et leur spectre est partout sillonné d'innombrables lignes noires correspondant plus ou moins avec celles du spectre solaire.

Le troisième groupe consiste en étoiles rouges et variables, caractérisées par des spectres cannelés.

Lesdits spectres se présentent sous forme de colonnes doriques cannelées vues en perspective, le côté rouge étant le plus illuminé.

Le dernier groupe consiste en étoiles peu nombreuses et relativement petites, avec un spectre également cannelé, mais dont la lumière paraît venir d'une direction opposée.

Ces groupes furent créés par le Père Secchi, l'astronome romain, en 1867, et ont été adoptés avec certaines modifications par M. Vogel, de l'Observatoire astrophysique de Postdam.

L'interprétation exacte de ces différents spectres et quelque peu incertaine, mais l'on ne peut douter que ces différences coïncident, soit avec des différences de température, soit avec des variations dans la composition et l'étendue des atmosphères ambiantes. Les étoiles à spectre cannelé indiquent la présence de vapeurs métalloïdes ou résultant de leurs combinaisons, tandis que les cannelures renversées indiquent la présence du carbone ou des hydrocarbures.

Ces conclusions résultent d'expériences soigneusement faites au laboratoire; on les fait actuellement marcher de concert avec l'examen spectral des étoiles et d'autres corps célestes; de sorte que, quelles que soient les anomalies que puissent présenter parfois leurs spectres, celles-ci s'expliquent toujours par le fait de certaines conditions de température ou de composition chimique. Même en admettant que dans l'étude des détails, l'on se heurte à des difficultés, un fait capital demeure, à savoir que les étoiles sont de véritables soleils, différant sans doute en dimensions, leurs phases de développement étant indiquées par la couleur et par l'intensité de leur lumière ou de leur chaleur, mais toutes possédant une photosphère ou une surface émettant de la lumière entourée d'une atmosphère de composition et de densité variées.

Bien d'autres détails, tels que les couleurs souvent opposées des étoiles doubles, la variabilité occasionnelle de leurs spectres, leurs rapports avec les nébuleuses, les différents stages de leur développement, et d'autres problèmes d'intérêt égal, ont sollicité l'attention des astronomes, des spectroscopistes et des chimistes: mais il n'y a pas lieu de s'attacher ici à ces questions difficiles.

L'esquisse que nous donnons ici sur la nature de l'analyse du spectre, appliquée aux étoiles, est destinée à rendre intelligible, pour tout lecteur cultivé, son principe et sa méthode d'observation, ainsi que les résultats merveilleusement précis obtenus par cette voie. Les astronomes sont tellement convaincus de cette exactitude, qu'il ne leur faut pas moins que la parfaite concordance dans les lignes colorées du spectre d'un élément au laboratoire, avec les lignes noires du spectre du soleil ou d'une étoile, pour que la présence de cet élément soit acceptée par eux d'une façon décisive. Ainsi que le dit si bien Miss Clarke : « Les coïncidences spectroscopiques n'admettent aucun compromis. Elles sont, ou absolues ou sans valeur ».

MESURE DU MOUVEMENT SUIVANT LA LIGNE DE VISION

Il nous faut maintenant décrire une autre application du spectroscope, plus remarquable encore. C'est la méthode qui consiste à mesurer la vitesse de tous les corps célestes visibles, soit qu'ils s'éloignent ou se rapprochent de nous, vitesse désignée sous le nom de « mouvement radial » ou par l'expression « suivant la ligne de vision ».

Et ce qui est le plus extraordinaire, c'est que cette faculté de mensuration est indépendante de la distance, de telle façon que la valeur de la vitesse, en kilomètres par seconde, de la plus éloignée des étoiles fixes, si elle est suffisamment brillante pour émettre un spectre distinct, peut être mesurée avec autant d'exactitude qu'une étoile ou une planète beaucoup plus rapprochée.

Afin de démontrer la possibilité de la chose, il nous faut revenir à la théorie des ondes lumineuses; ici, l'analogie avec d'autres mouvements ondulatoires nous aidera à mieux saisir le principe d'où ces calculs dépendent.

Si, par un jour calme, nous comptons le nombre des vagues qui passent chaque minute à côté d'un vapeur à l'ancre, et si nous nous avançons ensuite dans la direction d'où viennent ces vagues, nous verrons que leur nombre augmente dans le même espace de temps donné. De même, si, placé à côté d'une voie ferrée, nous voyons arriver en sifflant une locomotive, nous remarquons que ce sifflet change de son en approchant de nous; en s'éloignant, le son sera plus faible, malgré que la locomotive soit exactement à la même distance qu'elle était de nous avant son arrivée. Cependant, à l'oreille du mécanicien, il n'y a aucune différence de son, la cause de la variation étant due au fait que les ondes sonores nous arrivent en succession plus rapide, lorsque nous nous rapprochons de la source desdites ondes, que lorsque nous nous en éloignons.

Maintenant, de même que le degré d'acuité d'une note dépend de la rapidité avec laquelle les vibrations de l'air se succèdent à notre oreille, de même la couleur d'une portion spéciale du spectre dépend de la vitesse avec laquelle les ondes éthérées produisant la couleur atteignent notre nerf optique; cette rapidité augmentant d'autant plus que l'on se rapproche de la source de la lumière, tandis qu'elle diminue lorsqu'on s'en éloigne, il en résultera une légère déviation des bandes colorées, et par là même, des lignes noires, lorsqu'elles seront comparées à leur position dans le spectre solaire ou dans tout autre foyer de lumière fixe; il faut pour cela qu'il survienne un ébranlement suffisant pour produire une légère déviation.

Un tel changement de coloration devait nécessairement se produire; cela a été démontré par le professeur Doppler, de Prague, en 1842, et par Fizeau, à Paris; dès lors, ce changement a été désigné sous le nom de « principe Doppler-Fizeau ». Mais les changements de coloration étaient dans ce temps là si minimes que l'impossibilité de les mesurer leur enlevait toute importance pratique en astronomie.

Mais lorsque les lignes noires eurent été soigneusement

reproduites, et que leurs positions eurent été exactement
déterminées, l'on vit qu'il y avait moyen de mesurer les
changements produits par le mouvement dans la ligne de
vision, puisque la position de l'une quelconque des lignes
noires ou colorées du spectre des corps célestes pouvait
être comparée avec celle des lignes correspondantes produites artificiellement dans le laboratoire. Cela fut effectué,
en premier lieu, en 1868, par sir William Huggins. A l'aide
d'un très puissant spectroscope construit dans ce but, il
découvrit l'existence de ces variations dans bien des étoiles, permettant de calculer la vitesse de leur mouvement
radial.

La distance actuelle de certaines de ces étoiles ayant été
mesurée, et leur mouvement propre étant actuellement
déterminé, le mouvement radial vient compléter les données nécessaires pour établir leur mouvement réel dans
l'espace.

L'exactitude de cette méthode, obtenue dans des conditions favorables et au moyen des meilleurs instruments, est
très grande. Elle peut être vérifiée, chaque fois que nous
pourrons, par une autre méthode, calculer le mouvement
réel. Ainsi, la vitesse avec laquelle Vénus se rapproche ou
s'éloigne de nous se calcule très exactement, si, d'autre
part, nous pouvons calculer le mouvement réel au moyen
d'autres preuves.

Or, le mouvement radial de Vénus fut déterminé à l'Observatoire de Lick, en août et septembre 1890, par des
observations spectroscopiques, ainsi que par des calculs,
et donnèrent les résultats suivants :

OBSERVATIONS	CALCULS
Août 16 — 12,1 kilomètres par seconde.	13,5 kilomètres par seconde.
— 22 — 14,9 — —	13,7 — —
— 30 — 15,1 — —	13,8 — —
Sept. 3 — 13,9 — —	13,9 — —
— 4 — 13,7 — —	13,9 — —

résultats montrant ainsi que l'erreur maximum n'atteignait pas 2 kilomètres par seconde.

Pour ce qui concerne les étoiles, la sûreté de cette méthode a été éprouvée par des observations de la même étoile, faites à six mois de distance, lorsque la terre se meut dans deux directions opposées. Le mouvement de la terre dans son orbite étant connu, il doit se retrouver, en sens contraire, dans le mouvement apparent de l'étoile le long de la ligne de vision.

Des observations du même genre furent faites par le Dr Vogel, directeur de l'Observatoire astrophysique de Potsdam, démontrant, dans le cas de trois étoiles, pour lesquelles il fut pris dix observations, une simple erreur d'environ 3 kilomètres par seconde; mais les mouvements stellaires étant plus rapides que ceux des planètes, l'erreur proportionnelle n'est pas plus grande que dans l'exemple cité plus haut.

Ce qui donne son importance à se mode de déterminer le mouvement réel des étoiles, c'est qu'il nous fait connaître la valeur de ces diverses vitesses; leur variation, dans la suite des temps, nous permettra de connaître quelque peu la nature de ces changements, ainsi que des lois dont ils dépendent.

ÉTOILES INVISIBLES ET MOUVEMENTS IMPERCEPTIBLES

Mais il existe un autre résultat de la détermination du mouvement radial, encore plus imprévu et plus merveilleux que le précédent, et qui a plongé dans une direction toute nouvelle notre connaissance des étoiles. Il est devenu possible, de ce chef, de déterminer l'existence d'étoiles invisibles et de mesurer leurs mouvements, autrement inappréciables. Il s'agit d'étoiles qui sont invisibles avec les puissants télescopes modernes, et dont les orbites sont si étroites qu'aucun télescope ne peut les découvrir.

Nous devons à sir W. Herschel la découverte d'étoiles doubles ou binaires, formant des systèmes évoluant autour de leur centre commun de gravité, et l'on en connaît un grand nombre; mais, la plupart du temps, leur période d'évolution est longue, la plus courte étant d'environ douze ans, tandis qu'un grand nombre atteignent plusieurs centaines d'années.

Ce sont, il va sans dire, toujours des étoiles doubles visibles, mais l'on en connaît actuellement beaucoup dont une seulement est visible, tandis que la seconde, ou bien n'est pas lumineuse, ou se trouve si rapprochée de sa compagne qu'elles paraissent ne former *qu'une seule et même étoile, même à l'aide des plus puissants télescopes.*

Plusieurs des étoiles variables appartiennent à la classe précédente, comme, par exemple, Algol, dans la constellation de Persée, dont l'éclat diminue de la seconde à la quatrième grandeur, en quatre heures et demie, et reprend son ancien éclat dans le même laps de temps, jusqu'à la nouvelle période d'obscurcissement, qui revient régulièrement tous les deux jours et vingt et une heures. Le nom d'Algol dérive de l'Arabe: « Al Ghoul, le ghoul familier des Mille et une Nuits arabes, ainsi nommé *le démon* », d'après sa façon d'agir étrange et fantasque.

On supposa pendant longtemps que cet obscurcissement était dû à un compagnon sombre, qui éclipsait partiellement l'étoile brillante à chaque révolution prouvant que le plan de l'orbite du couple était presque exactement dirigé suivant notre vision.

L'application du spectroscope fit de cette conjecture une certitude. Pendant une même période de temps, avant et après l'obscurcissement, on trouva un mouvement radial, soit en deçà, soit au delà de nous, au taux d'environ 42 kilomètres par seconde.

Au moyen de ces quelques rares données et des lois de gravitation qui fixent la période de révolution des planètes

à des distances variables de leurs centres de révolution,
le professeur Pickering, de l'Observatoire de Harward,
put arriver aux chiffres suivants, qui ne doivent pas s'éloi-
gner beaucoup de la réalité :

Diamètre d'Algol	1.697.600 kilomètres.
Distance entre leurs centres	5.168.000 —
— de son compagnon	1.328.000 —
Vitesse orbitale d'Algol	42 kilomètres par seconde.
— — de son compagnon. .	88,6 — —
Masse d'Algol	4/9 de la masse de notre soleil.
— de son compagnon	2/9 — — .

Si l'on tient compte du fait que ces chiffres ont trait à
une paire d'étoiles, dont l'une seulement a été vue jusqu'ici,
et que l'on ne peut pas même découvrir à l'aide des plus
puissants télescopes le mouvement orbital de l'étoile visible; si, de plus, nous faisons entrer en ligne de compte les
énormes distance qui nous séparent de ces corps, ces
beaux résultats de l'observation spectroscopique seront
hautement appréciés.

A côté d'une découverte merveilleuse, effectuée par
d'aussi simples moyens, les faits découverts sont en eux-
mêmes étonnants.

Tout ce que nous savions jusqu'ici des étoiles, au moyen
de l'observation télescopique, c'est que, malgré qu'elles
parussent semées avec abondance dans les cieux, de grandes distances les séparaient les unes des autres.

Il en est ainsi des étoiles doubles, vues au télescope, et
cela, par le fait de leur énorme éloignement de nous. On
estime actuellement que, même les étoiles de première
grandeur sont, dans la moyenne, distantes de quatre-
vingts millions de kilomètres.

Il est avéré actuellement que, même lorsqu'il s'agit
d'étoiles de première grandeur, celles-ci sont distantes de
nous d'environ 132 billions de kilomètres, tandis que les

étoiles doubles les plus rapprochées l'une de l'autre, telles que les plus grands télescopes peuvent séparer, sont distantes d'une demi-seconde. Ces dernières, à cette distance, sont séparées par un espace de 2.400 millions de kilomètres.

Or, dans le cas d'Algol et de son compagnon, nous avons deux corps plus grands que notre soleil, qui ne sont séparés que par une distance de 3.600.000 kilomètres, distance qui ne dépasse guère leurs diamètres réunis.

Nous n'avions point prévu une rotation si rapprochée de ces grands corps, et sachant maintenant que le voisinage de notre soleil — et probablement de tout l'univers — est rempli de substances météoriques et cométaires, il paraît probable que, dans le cas d'une grande proximité entre deux soleils, la somme de ces matières deviendrait considérable et produirait, par des collisions répétées, une augmentation de leur masse, puis leur fusion définitive en un corps gigantesque. On dit qu'un astronome persan donna, au x° siècle, le nom d'étoile rouge à Algol, tandis que de nos jours, elle est devenue blanche, ou tout au moins jaunâtre. Cela tend à indiquer une augmentation de température causée par la collision ou par la friction, et peut-être par le rapprochement de cette paire d'étoiles.

Un nombre considérable d'étoiles ayant un compagnon obscur ont été découvertes à l'aide du spectroscope, malgré que leur rotation ne soit pas dans notre plan visuel, et que, par conséquent, il n'y ait pas d'obscurcissement périodique. Afin de découvrir ces couples d'étoiles, le spectre d'un grand nombre d'entre elles est pris sur des plaques photographiques, chaque soir, pendant une ou plusieurs années. Ces plaques sont ensuite soigneusement examinées avec un fort grossissement, pour y découvrir un déplacement périodique des lignes; il est étonnant de constater le nombre de fois où l'on a trouvé, et où l'on a pu déterminer la période de révolution d'un couple d'étoiles.

Mais, outre la découverte d'étoiles doubles, dont l'une est sombre et l'autre brillante, bien des groupes d'étoiles brillantes ont été constatés par les mêmes procédés; cependant, dans ce dernier cas, la méthode sera un peu différente.

Chaque étoile constituante étant lumineuse, donnera un spectre distinct, et les meilleurs spectroscopes sont si puissants qu'ils peuvent séparer ces spectres, lorsque leurs étoiles sont à leur distance maxima, alors qu'aucun télescope connu, ou possible, ne peut séparer les étoiles constituantes.

La division obtenue par le spectre se montre généralement par le fait que les lignes les plus visibles deviennent d'abord doubles, puis simples, indiquant que le plan de révolution est plus ou moins oblique par rapport à nous, de telle sorte que si les deux étoiles étaient visibles, elles sembleraient s'écarter l'une de l'autre, puis se rapprocher à chaque révolution. Ensuite, à mesure que chaque étoile se rapproche ou s'éloigne de nous, la vitesse parallèle de chacune d'elles peut être déterminée, la masse relative nous étant indiquée de ce fait. On a découvert de la sorte des systèmes non seulement doubles, mais encore triples et multiples. Les étoiles constatées doubles au moyen de ces deux méthodes sont si nombreuses, que l'un des meilleurs observateurs estime qu'une étoile environ sur treize montre des inégalités dans son mouvement radial, et qu'elle est, par conséquent, une étoile double.

LES NÉBULEUSES

Un autre grand résultat de l'analyse spectrale, et peut-être le plus grand de tous, est la démonstration du fait qu'il existe de véritables nébuleuses, et qu'elles ne sont point, comme on le supposait autrefois, des amas d'étoiles, trop serrées pour être séparées. Elles possèdent des spectres gazeux, ou gazeux et stellaires tout à la fois, et cela, joint au fait que les nébuleuses sont fréquemment groupées autour d'étoiles nébuleuses ou de réunions d'étoiles, prouve que les nébuleuses ne sont point séparées dans l'espace stellaire, mais qu'elles constituent des parties essentielles d'un vaste univers étoilé.

De plus, nous avons de sérieuses raisons de croire qu'elles constituent réellement la matière primitive des étoiles, et que nous pouvons, dans leurs agrégations et leurs condensations, suivre le véritable cours de l'évolution des étoiles et des soleils.

ASTRONOMIE PHOTOGRAPHIQUE

L'astronomie nouvelle possède un autre instrument de recherches, lequel, employé seul ou combiné avec le spectroscope, a produit et produira à l'avenir une somme de connaissances, au sujet de l'univers stellaire, impossible à acquérir par d'autres moyens.

Nous avons déjà indiqué comment il a été possible de découvrir les étoiles nouvelles et doubles, au moyen des plaques photographiques sur lesquelles, soir après soir, vient s'enregistrer au moyen de leur spectre, chaque ligne, sombre ou colorée, dans sa position exacte, de façon à pouvoir être agrandie et comparée avec d'autres de séries diverses, permettant la constatation et la mesure des plus petits changements. Sans la conservation de ces documents, la plus grande partie des découvertes spectroscopiques n'auraient pu être faites.

Mais il existe deux autres emplois de la photographie, lesquels, malgré leur nature toute différente, pourront, comme résultat final, acquérir une importance capitale.

Le premier consiste à obtenir, par l'usage de la pla-

que photographique, qui leur permet de se reproduire
elles-mêmes, avec une grande exactitude, la position précise de dizaines, de centaines et même de milliers d'étoiles;
un nombre indéfini de copies peuvent être tirées de ces
cartes stellaires.

Ce mode d'agir supprime du coup l'ancienne méthode
consistant à fixer la position de chaque étoile par des calculs répétés, au moyen d'instruments compliqués, ainsi
que leur inscription dans de longs et coûteux catalogues.

On estime la chose si importante que l'on construit maintenant des appareils spécialement destinés à la photographie stellaire; ceux-ci, montés sur des supports équatoriaux, tournent lentement de telle façon que l'image de
chaque étoile puisse rester stationnaire sur la plaque pendant plusieurs heures.

Il y a maintenant un accord conclu entre tous les grands
observatoires du monde entier, pour exécuter la photographie complète de l'espace céleste avec des instruments
identiques, et cela, afin d'obtenir des cartes à la même
échelle de tout le système stellaire. Ces dernières serviront
de point de repère fixe aux futurs astronomes, qui pourront, par ce moyen, déterminer les mouvements propres
des étoiles de toute grandeur avec une exactitude impossible à atteindre autrement.

Le second usage important de la photographie dépend
du fait qu'en augmentant la durée de pose, nous renfor-
çons le pouvoir lumineux des étoiles faibles, en intégrant
leur lumière pendant assez longtemps pour impressionner
la plaque.

Vous apprendrez avec surprise qu'une bonne chambre à
portraits, munie d'une lentille de dix ou douze centimètres
de diamètre, et montée de telle façon qu'elle puisse subir
une exposition de plusieurs heures, montrera des étoiles si
petites qu'elles sont même invisibles avec le grand télescope de Lick.

De cette façon, la plaque révélera souvent des étoiles doubles ou de petits groupes d'étoiles invisibles par d'autres moyens.

Les ouvrages d'astronomie reproduisent constamment de semblables photographies d'étoiles, que, malgré leur fidélité, plusieurs personnes n'apprécient pas à leur juste valeur; cela provient de ce que chaque étoile est représentée par un cercle lumineux, parfois assez considérable, ayant un contour plutôt vague, et non comme un simple point lumineux, tel que l'indique un bon télescope.

Mais le point capital, dans ces photographies, ne consiste pas tant dans la petitesse, que dans la rondeur de ces reproductions d'étoiles; cela prouvant l'extrême précision avec laquelle l'image de chaque étoile a été conservée par le mouvement d'horlogerie de l'instrument, sur le même point de la plaque, durant toute l'exposition.

On peut voir, par exemple, dans la photographie de la belle nébuleuse d'Andromède, prise le 29 décembre 1888, par le docteur Isaac Roberts, au moyen d'une exposition de quatre heures environ, à peu près mille étoiles, grandes et petites, chacune d'elles étant représentée par une tache circulaire blanche d'une dimension correspondant à la grandeur de l'étoile.

Ces taches rondes peuvent être divisées très exactement par les fils en croix du micromètre, ce qui fait que, soit la distance qui sépare les centres de n'importe quelle paire d'étoiles, soit la direction de la ligne joignant leurs centres, peuvent être déterminées avec autant d'exactitude que si chacune d'elles était représentée par un seul point. Mais comme un point blanc serait presque invisible sur les cartes, et ne pourrait fournir aucune donnée certaine de la dimension probable de l'étoile, des erreurs seraient très fréquentes, et obligeraient l'observateur d'entourer chaque étoile d'un cercle, pour indiquer sa grandeur, et pour la rendre plus visible. Il faut donc admettre que le défaut supposé n'est qu'un avantage de plus. La photographie sus-mentionnée est superbement reproduite dans l'*Astro-nomie ancienne et moderne*, de Proctor, publiée avant sa mort.

Mais, outre la somme de connaissances obtenue par les moyens brièvement indiqués ci-dessus, la lumière s'est faite, et largement, sur la distribution des étoiles dans leur ensemble, et, de là, sur la nature et l'étendue de l'univers stellaire, par l'étude consciencieuse des documents obtenus par les anciennes méthodes et par l'application de la doctrine des probabilités quant aux faits observés. C'est par ce moyen seulement, que des résultats très frappants ont été acquis, ceux-ci étant confirmés par les méthodes plus récentes, ainsi que par l'emploi d'instruments nouveaux dans la mesure des distances stellaires.

Les faits concernant très spécialement le sujet capital de ce livre seront étudiés de près dans le chapitre suivant.

CHAPITRE IV

La Distribution des Etoiles.

Lorsque nous regardons les cieux par une nuit claire et sans lune, du haut d'un lieu élevé, d'où nous pouvons découvrir l'horizon, le spectacle est infiniment grandiose.

L'éclat intense de Sirius, Capella, Véga et d'autres étoiles de première grandeur, leur groupement remarquable en constellations, dont Orion, la Grande-Ourse, Cassiopée et les Pléiades offrent des exemples familiers; l'espace qui les sépare, rempli par un réseau scintillant de myriades de points lumineux, qui vont s'éteignant jusqu'aux limites de l'horizon, paraît, de prime abord, rendre impossible leur classement méthodique.

Cette entreprise fut cependant accomplie par Hipparque 134 ans av. J.-C.); il dénombra et fixa la position de plus de *mille* étoiles, et c'est là, jusqu'à la cinquième grandeur, le nombre des étoiles visibles, sous la latitude de la Grèce.

Une énumération récente de toutes les étoiles visibles à l'œil nu, dans les circonstances les plus favorables, a été faite par l'astronome américain Pickering. Leur total, pour l'hémisphère nord, atteint 2.509, et pour l'hémisphère sud, 2.824, indiquant, pour ce dernier, une richesse un peu supérieure.

Mais cette différence est entièrement due à une prédominance d'étoiles entre la grandeur 5 1/2 et 6, c'est-à-dire à la limite de la vision, tandis que celles inférieures à la grandeur 5 1/2 dépassent de 85 celles de l'hémisphère nord. Le professeur Newcomb estime qu'en réalité le nombre d'étoiles visibles d'un hémisphère ne dépasse pas l'autre.

En résumé, le nombre total des étoiles visibles, d'après les calculs ci-dessus, est de 5.333, comprenant les étoiles jusqu'à la grandeur 6,2, tandis que l'on s'accorde généralement pour fixer la limite de la vision à 6.

En récapitulant tous ces documents, l'astronome italien Schiaparelli conclut que le nombre total d'étoiles, jusqu'à la sixième grandeur, est de 4.303; elles lui paraissent assez régulièrement réparties entre les hémisphères nord et sud.

LA VOIE LACTÉE

Outre les étoiles, nous avons dans le ciel une bande lumineuse traversant les deux hémisphères, et qui, pareille à une écharpe déployée, porte le nom de Voie lactée ou Galaxie. Elle s'étale à travers les cieux comme une arche magnifique, surtout durant les mois d'automne, sous notre latitude. Cette arche qui, à première vue, ressemble à un grand anneau de lumière faisant le tour du ciel, est fort irrégulière, vue en détail; tantôt simple, tantôt double, émettant parfois des branches latérales, et souvent lacérée en son milieu par des fentes, des trous noirs, des vides, à travers lesquels on peut apercevoir le ciel sans aucune étoile.

Lorsqu'on observe la Voie lactée avec une jumelle d'opéra ou avec un petit télescope, l'on aperçoit sur le fond lumineux une quantité d'étoiles, dont le nombre va croissant avec le calibre du télescope, jusqu'à ce que, au moyen des plus grands et des plus modernes de ces instruments, l'on puisse se rendre compte que la Voie lactée fourmille d'étoiles; elle est très irrégulière : ici parsemée d'amas d'étoiles, là, au contraire, déchirée de trous et de fentes, mais présentant toujours un fond quelque peu nébuleux, comme s'il y avait encore là des myriades d'étoiles visibles seulement pour une puissance optique encore supérieure.

Les rapports existant entre cette vaste écharpe d'étoiles et le reste du système stellaire excitent depuis longtemps l'intérêt des astronomes, et plusieurs en ont recherché la solution.

Au moyen du jaugeage, c'est-à-dire en comptant combien d'étoiles passent dans le champ du télescope en un temps déterminé, sir William Herschel le premier, par un effort systématique, essaya de déterminer la forme de l'univers stellaire. Il trouva que le nombre des étoiles augmente rapidement, lorsqu'on se rapproche de la Voie lactée, venant de n'importe quelle direction. Dans la Voie lactée elle même, le nombre des étoiles visibles devenant au moins double, il eut alors l'idée que la forme du système était celle d'un grand anneau, fortement comprimé, mais moins dense près du centre où notre soleil est situé. Pour emprunter une image familière, il comparait la Voie lactée à un disque plat, ou à une meule de moulin d'épaisseur irrégulière, et fendue en deux parties du côté où elle paraît double.

La quantité énorme d'étoiles qui la composent est censée être due au fait que nous l'examinons de champ ou par la tranche, au travers d'une énorme épaisseur d'étoiles; tandis que si, placés à angle droit par rapport à sa direction, nous regardons vers ce que l'on nomme le pôle de la Voie lactée, et de même, si nous la regardons obliquement, nous découvrons l'espace à travers une couche d'étoiles bien plus mince, lesquelles paraissent alors être plus distantes les unes des autres.

Mais, dans les dernières années de sa vie, sir William Herschel se rendit compte que ce n'était point là la véritable explication des particularités constatées dans la Voie lactée.

Ses taches et ses lignes brillantes, ses ouvertures et fentes noires, ses étroits rayons lumineux, souvent bordés de bandes foncées, rendent inadmissible la théorie par laquelle cet anneau lumineux aurait la forme d'un disque comprimé, qui s'étendrait dans un plan, sur un espace beaucoup plus grand que son épaisseur apparente.

En examinant un groupe très lumineux, Herschel estima que son télescope avait pénétré jusqu'à des régions vingt fois plus éloignées que les étoiles les plus brillantes qui forment les portions avoisinant de près la Voie lactée.

Maintenant, prenons l'exemple des nuées de Magellan, dans l'hémisphère sud, deux taches nébuleuses et arrondies, à quelque distance de la Voie lactée, dont elles semblent avoir été détachées. Sir John Herschel lui-même a montré que l'interprétation sus-indiquée ne peut leur convenir, parce que, dans ce cas, il nous faudrait supposer que ces nuées ne sont point des masses arrondies, mais bien de très longs cônes ou cylindres, situés de telle façon que nous les voyons de pointe.

Tout au plus, admet-il exceptionnellement cette hypothèse, mais jamais pour un nombre considérable de corps lumineux. Or, dans la Voie lactée, il existe des centaines et même des milliers d'amas de matière ou très lumineux ou très sombres; si donc la forme de la Voie lactée est celle d'un disque beaucoup plus large qu'épais, et que nous voyons de profil, il faut admettre que toutes ces taches, que tous ces sillons tortueux soit de lumière intense, soit d'un noir foncé, ne sont en réalité que de très longs cylindres, ou des tunnels, ou des lames profondément recourbées, ou d'étroites fissures. De plus, chacune de celles que l'on retrouve, disséminées sur toute l'étendue de ce vaste cercle de lumière, devrait être arrangée de telle façon qu'elle se présente à nous par sa pointe, ou que son axe fût dirigé exactement vers le soleil.

Cet argument, admirablement exposé par feu M. A.-R.

Proctor, dans son très instructif volume, *Notre Place dans l'infini*, est maintenant généralement admis par les astronomes, et la conclusion logique en est que la Voie lactée a la forme d'un vaste anneau irrégulier, dont la section est à peu près circulaire dans toutes ses parties; tandis que les fentes ou déchirures innombrables qui nous permettent de voir l'obscurité de l'au delà, au travers de la Voie lactée, font supposer que, dans cette direction, son épaisseur est moindre au lieu d'être supérieure à son étendue apparente, c'est-à-dire que nous la voyons à sa partie large au lieu de l'étroite.

Avant d'étudier les relations qui existent entre l'ensemble des étoiles disséminées dans toute la voûte des cieux et cette grande écharpe d'étoiles télescopiques, nous voulons donner une description un peu complète de la Voie lactée, tout d'abord, parce qu'elle n'est pas suffisamment indiquée sur les cartes célestes, puis, pour montrer sa structure merveilleuse et compliquée, puis enfin, parce qu'elle constitue le phénomène fondamental sur lequel repose l'argumentation du présent volume.

Je me servirai, dans ce but, de la description donnée par sir John Herschel dans ses *Éléments d'astronomie*, soit parce que, de tous les astronomes au siècle dernier, il l'a étudiée dans les deux hémisphères avec le plus de soin, à l'œil nu, aussi bien qu'à l'aide des meilleurs télescopes, soit parce que, parmi la foule d'ouvrages modernes parus dans les trente dernières années, son remarquable livre est relativement peu connu.

Cette description soignée et précise sera également utile à ceux de mes lecteurs qui désirent faire plus intime connaissance avec ce magnifique corps céleste, en examinant les formes étranges et les beautés de sa structure, soit à l'œil nu, soit à l'aide d'une bonne jumelle de théâtre, ou d'un petit télescope muni d'une lentille de bonne qualité.

Description de la Voie lactée

Voici la déclaration de sir John Herschel à ce sujet:

La forme de la Voie lactée, telle qu'elle apparaît à l'œil nu dans le ciel, en laissant de côté ses déviations locales et en suivant la ligne de sa plus grande intensité, pour autant que sa largeur, son éclat variable et ses limites mal définies, peuvent le permettre, cette forme est, dis-je, celle d'un grand cercle incliné d'un angle d'environ 63° sur l'équinoxe, et coupant ce cercle en ascension droite vers 6 heures 47 minutes, et vers 18 heures 47 minutes, de telle sorte que ses pôles nord et sud ont pour ascension droite 0 heure 47 minutes, et pour distance du pôle nord, 63° pour l'un, et 117° pour l'autre.

A travers la région dans laquelle il se subdivise, de façon si frappante, ce grand cercle occupe une position intermédiaire entre les deux grands courants; il se rapproche cependant davantage du plus brillant et du plus continu que du plus faible et du plus irrégulier des deux. Si nous remontons le cercle en ascension droite, nous le voyons traverser la constellation de Cassiopée, sa partie brillante passant à environ deux degrés au nord de l'étoile Delta de cette constellation. Passant ensuite entre Gamma et Epsilon Cassiopée, il envoie une branche dans la direction du sud, un peu avant Alpha Persei, ramification très marquée jusqu'à cette étoile, et prolongée faiblement vers Eta, de la même constellation, et pouvant être reconnue jusqu'aux environs des Hyades et des Pléiades. Cependant, le courant principal, très faible ici, passe à travers Auriga, au-dessus des trois remarquables étoiles, Epsilon, Zeta, Eta, qui, avec Capella, figurent la Chèvre du Cocher. Il passe ensuite entre le pied des Gémeaux et les cornes du Taureau, où il coupe l'écliptique tout près du point solsticial. Il se dirige

ensuite par-dessus le groupe d'Orion, vers le cou du Monocéros (Licorne), coupant à angle droit l'équinoxe par
6 heures 54 minutes d' A R (ascension droite).

A partir de la branche qu'il envoie dans Persée, jusqu'à ce point, sa lumière est faible et mal définie, mais il
reçoit ensuite une augmentation croissante de lumière, et
lorsque le cercle traverse l'épaule du Monocéros, passant
sur le Grand-Chien, il présente à l'œil nu un courant de
lumière diffuse, uniforme et sans étoiles, jusqu'au point où
il entre dans la proue du navire Argo, près du tropique sud.
Ici, se subdivisant à nouveau, près de l'étoile M (Puppis),
poupe, la Voie lactée détache un rameau étroit et tortueux
sur le côté précédent, jusqu'à Gamma Argus, où elle se termine brusquement.

Le courant principal poursuit sa course au sud, vers le
123e parallèle de distance du pôle nord, où il s'étale et se
subdivise à nouveau, s'ouvrant en un large éventail de près
de 20 centimètres de diamètre, formé de branches entrelacées, lesquelles se terminent toutes brusquement en une
ligne traversant, pour ainsi dire, Lambda et Gamma
Argus.

A cet endroit, la continuité de la Voie lactée est interrompue par un vaste espace; elle reprend de l'autre côté,
reproduisant le même réseau de branches étalé en éventail,
lequel converge vers la brillante étoile Eta Argus.

Dès lors, traversant le pied postérieur du Centaure, elle
forme une concavité limitée demi-circulaire, mais à contours très nets, et pénètre dans la Croix du Sud par un
isthme brillant, large à peine de trois à quatre degrés; c'est
ici la dimension la plus étroite de la Voie lactée. Immédiatement après, elle se dilate en une masse brillante, entourant les étoiles Alpha et Beta Crucis, et Beta Centauri,
s'étendant presque jusqu'à Alpha de cette dernière constellation.

Au milieu de cette masse brillante, enveloppé par elle de

tous côtés, et remplissant environ la moitié de son diamètre, apparaît un singulier trou noir en forme de poire, assez
remarquable pour attirer l'attention du plus superficiel des
observateurs, si bien que les anciens navigateurs l'ont bap-
tisé de la rude mais expressive désinence : « Le sac à charbon ».

Dans cet espace, qui compte 8° en longueur et 5° en
largeur, malgré qu'il ne soit point dénué d'étoiles télescopiques, une seule petite étoile se présente, visible à l'œil nu;
la couleur noire de ce vide est simplement due au fait du
contraste qu'il offre avec le fond brillant qui l'entoure de
tous côtés. C'est ici que la Voie lactée se rapproche le plus
du pôle sud.

Dans toute cette région, son éclat est merveilleux, et si
nous la comparons, avec sa partie septentrionale, déjà
parcourue, elle donne l'impression d'une plus grande
proximité. Nous serions presque tentés de croire, nous, les
spectateurs, que nous sommes séparés de tous les côtés par
un espace énorme de la masse dense des étoiles, formant
proximité. Nous, les spectateurs, serions presque tentés de
croire que nous sommes séparés de tous les côtés par
la Voie lactée, laquelle, jugée à ce point de vue, pourrait
être considérée comme un anneau plat, au sein duquel nous
serions excentriquement placés, plus près de la partie sud
que de la partie nord de son contour.

Vers Alpha du Centaure, la Voie lactée se ramifie de
nouveau; une grande tranche, de la moitié de sa largeur
totale, s'élance en s'amincissant rapidement, formant un
angle d'environ 20°, dans la direction générale d'Eta et
Delta Lupi, au delà desquels elle se perd en un filet imperceptible. Le grand bras augmente jusqu'en Gamma Nor-
mae, où, faisant un coude aigu, il se ramifie en deux, à
savoir en un courant principal et continu de largeur et
d'éclat très irrégulier, joint à un système compliqué de
raies et de masses entrelacées, qui couvrent la queue du

Scorpion et se termine en un vaste et faible effluve par-dessus la grande région occupée par les jambes étendues d'Ophiochus, et se continuant jusqu'au parallèle de 103° de distance polaire. Au delà, on ne retrouve plus la Voie lactée et, pendant un intervalle de 14°, il n'existe aucune lumière nébuleuse; puis on arrive à la grande branche du côté nord de l'équinoxe, dont elle est généralement censée représenter la continuation.

Revenant au point où la grosse branche se sépare du courant principal, suivons ce dernier dans sa course. Décrivant une courbe brusque vers le côté suivant, il passe par-dessus les étoiles Iota, Arae, Theta, Iota Scorpii et Gamma Tubi vers Gamma Sagittarii, où il se condense soudain en une brillante masse ovale de 6° de longueur et 4° de largeur, tellement fournie d'étoiles, qu'un calcul très modéré fait monter leur chiffre total à 100.000, pour le moins. Au nord de cette masse, ce courant traverse l'écliptique par environ 276° de longitude, et, continuant le long de l'arc de Sagittarius, vers Antinoüs, se partage en trois larges concavités, séparées l'une de l'autre par de curieuses protubérances, dont la plus frappante forme la tache la plus apparente dans la partie sud de la Voie lactée, visible sous nos latitudes.

Traversant l'équinoxe à la 19e heure d'ascension droite, la Voie lactée se dirige en un courant irrégulier et tortueux à travers Aquila, Sagitta et Vulpecula, jusqu'au Cygne. Arrivée à l'étoile Epsilon de cette constellation, sa continuité est interrompue, et son cours devient très confus et irrégulier, caractérisé par un large espace noir, assez semblable au « sac à charbon » de l'hémisphère sud, lequel occupe l'espace entre Epsilon, Alpha et Gamma du Cygne. Il est le centre d'où divergent les trois grands courants. Nous avons déjà indiqué le premier; un second suit au début le premier, mais se dirige d'Alpha vers le Nord, entre Lacerta et la tête de Céphée, pour arriver à Cassiopéc, d'où nous sommes partis. Un troisième, enfin, assez lumineux, se détache de Gamma du Cygne et se dirige à travers Beta du Cygne et Delta Aquilae jusque dans la région de l'équinoxe, où il s'évanouit dans une région pauvrement fournie d'étoiles; là, sur quelques cartes, se trouve placée la constellation moderne du Taureau de Poniatowski. C'est ici la branche qui, prolongée à travers l'équinoxe, serait censée s'unir avec la grande expansion méridionale en Ophiochus, déjà mentionné. Un appendice ou rameau considérable est aussi émis par le courant nord, qui va de la tête de Céphée directement vers le pôle, occupant la majeure partie du quadrilatère formé par Alpha, Beta, Iota et Delta de cette même constellation.

Pour compléter cette description minutieuse de la Voie lactée, il sera bon de citer quelques extraits du même ouvrage sur son apparence et sur sa structure télescopiques.

« Si l'on examine à l'aide de télescopes puissants la constitution de cette zone étrange, elle ne paraîtra pas moins variée dans son aspect qu'elle est irrégulière à l'œil nu.

« Dans certaines régions, les étoiles qui la composent sont répandues sur d'immenses espaces, avec une uniformité remarquable; ailleurs, leur distribution irrégulière est tout aussi frappante, montrant une succession rapide d'amas lumineux et serrés, séparés par des intervalles relativement vides, et, à la vérité, parfois, par des espaces absolument noirs, absolument dénués d'étoiles, même de la plus faible dimension télescopique.

« Par places, l'on ne rencontre, en moyenne, que 40 à 50 étoiles sur un champ d'observation de 15', alors qu'ailleurs le même calcul donnerait un résultat de 400 et même de 500 étoiles.

On rencontre la même diversité dans la nature de ces différentes régions, aussi bien en ce qui concerne la grandeur des étoiles qu'elles présentent, et le nombre proportionnel des étoiles petites et grandes associées entre elles, que dans les rapports entre leur nombre total. En certaines places, par exemple, de très petites étoiles paraissent en nombre si restreint que nous sommes forcément amenés à la conclusion qu'à cet endroit nous voyons au travers de la couche étoilée, puisqu'il est impossible autrement, que le nombre des plus petites étoiles n'aille pas sans cesse en augmentant.

« De plus, dans le cas présent, le fonds du ciel est presque toujours complètement noir, ce qui ne serait de nouveau pas le cas, si d'innombrables multitudes d'étoiles, trop exiguës pour être distinguées une à une, existaient au delà. Dans d'autres régions, nous rencontrons le phénomène d'un éclat presque uniforme des étoiles individuelles, accompagné d'une répartition très égale de celles-ci sur le fond du ciel, les plus grandes et les plus petites grandeurs étant étrangement absentes. Dans ce cas, il est impossible de ne pas supposer que nous regardons au travers d'un tissu d'étoiles de grandeur uniforme, et que le tissu n'est pas fort épais, comparé à la distance qui les sépare de nous. S'il en était autrement, nous serions amenés à croire que les étoiles les plus lointaines sont uniformément les plus grandes, afin de compenser par leur éclat intrinsèque supérieur leur plus grande distance, supposition contraire à toutes les probabilités.

« A travers la majeure partie de la Voie lactée, et dans les deux hémisphères, l'obscurité générale du fond du ciel, sur lequel se projette la lumière stellaire, l'absence de cette multitude d'agglomérations successives des plus petites étoiles visibles, et du rayonnement produit par toutes ces lumières réunies, tout cela, dis-je, doit prouver indubitablement que la Voie lactée n'est pas seulement limitée dans les directions où elle prédomine, mais que le pouvoir pénétrant de nos télescopes suffit pleinement à la transpercer de part en part. »

Dans les passages ci-dessus, remarquons que les italiques sont de la main même de sir John Herschel, nous montrant qu'il tira des faits décrits les mêmes conclusions et pour les mêmes raisons que celles de M. Proctor, et cela d'après les observations même de sir William Herschel. Nous verrons plus loin que les plus grands astronomes de nos jours sont arrivés au même résultat, soit par les faits nouveaux dont ils disposent, soit encore par suite d'arguments récents.

Les Etoiles dans leurs Relations avec la Voie lactée

Sir John Herschel fut si fort impressionné par la forme, la structure et l'immensité du cercle galactique, comme il le désigne parfois, qu'il s'exprime en ces termes dans un renvoi (page 575, 10e édition):

« Ce cercle est à l'astronomie sidérale ce que l'écliptique invariable est à l'astronomie planétaire, — un plan définitif de référence, la raison d'être du système sidéral ».

Il faut maintenant étudier les rapports du corps céleste tout entier avec ce cercle galactique, ce plan de référence absolu pour tout l'univers stellaire.

Si nous contemplons le ciel par une nuit étoilée, la voûte tout entière paraît abondamment parsemée d'étoiles d'éclat varié, de telle sorte que nous ne pouvons décider quelle est la région, qu'il s'agisse du nord, de l'est, du sud ou de l'ouest, ou de la région qui s'étend verticalement au-dessus de nous, qui renferme le plus grand nombre d'étoiles.

Dans toute l'étendue des cieux, se trouve une belle proportion d'étoiles des trois premières grandeurs, tandis que, là où elles sont absentes, un groupe d'étoiles plus petites vient les remplacer.

Mais l'étude approfondie des étoiles visibles montre qu'il y a une grande irrégularité dans leur distribution, et que les étoiles de toutes grandeurs sont réellement plus nombreuses près de la Voie lactée qu'à une certaine distance, malgré que le fait ne soit pas assez marqué, pour être très frappant à l'œil nu.

La superficie totale de la Voie lactée ne peut pas être estimée au-dessus du septième de la sphère entière, tandis que quelques astronomes ne la déclarent être qu'un dixième. Si des étoiles de n'importe quelle grandeur étaient uniformément distribuées, l'on trouverait, dans les limites de la Voie lactée, un septième tout au plus du nombre total. Mais M. Gore a trouvé que, sur 32 étoiles plus brillantes que celles de la 2ᵉ grandeur, 12 d'entre elles sont dans la Voie lactée, c'est-à-dire en nombre double de ce que donnerait une répartition uniforme. Puis, dans le cas des 99 étoiles qui dépassent en éclat la 3ᵉ grandeur, 33 d'entre elles sont dans la Voie lactée, c'est-à-dire un tiers, au lieu d'un septième. M. Gore, ayant également compté toutes les étoiles de l'Atlas de Heis, situées dans la Voie lactée, trouve qu'elles arrivent au chiffre de 1.186, sur un total de 5.356, proportion du quart et du cinquième, au lieu du septième.

Feu M. Proctor reproduisit, en 1872, sur une carte de 60 centimètres de diamètre, toutes les étoiles, jusqu'à la grandeur 9 1/2, indiquées dans les quarante grandes cartes d'Argelander, pour les étoiles visibles dans l'hémisphère nord.

Elles atteignaient le chiffre total de 324.198, et indiquaient, par leur densité supérieure, non seulement l'orbite entière de la Voie lactée, mais aussi les portions plus lumineuses de celles-ci, ainsi que plusieurs de ces fentes et déchirures étranges dans lesquelles les étoiles n'existent pas.

Plus tard, le professeur Seeliger, de Munich, fit une recherche sur les relations entre plus de 135.000 étoiles jusqu'à la 9ᵉ grandeur et la Voie lactée, en divisant toute l'étendue céleste en neuf régions. Les numéros 1 à 9 figurant des calottes de 20° de largeur, autour des deux pôles de la Voie lactée; la région moyenne, représentée

par le n° 5, dans une zone de 20°, renfermant la Voie lactée elle-même, les six autres zones intermédiaires comptant
chacune 20° de largeur.

La table suivante montre les résultats donnés par le professeur Newcomb, qui a fait quelques changements dans la
dernière colonne de la « densité des étoiles », afin de compenser les différences dans l'estimation des grandeurs, suivant les différents auteurs.

RÉGIONS	SUPERFICIE EN DEGRÉS	NOMBRE DES ÉTOILES	DENSITÉ
I	1398,7	4.277	2,78
II	3146,9	10.185	3,03
III	5126,6	19.488	3,54
IV	4589,8	24.292	5,32
V	4519,5	33.267	8,17
VI	3971,5	23.580	6,07
VII	2954,4	11.790	3,75
VIII	1796,6	6.376	3,21
IX	468,2	1.644	3.14

N. D. — L'inégalité des superficies nord et sud provient
de ce que le dénombrement des étoiles ne dépassait pas le
24°. décl. S., et, par conséquent, ne renfermait qu'une portion des régions VII, VIII et IX.

Voici ce que remarque le professeur Newcomb, au sujet
de ce tableau :

La densité des étoiles dans les différentes régions augmente continuellement, à partir de chaque pôle (régions I
et IX), jusqu'à la Voie lactée elle-même (région V). Si cette
dernière consistait en un simple rang d'étoiles entourant
un système sphérique stellaire, la densité serait à peu près
la même dans les régions I, II et III, ainsi que dans les
numéros VII, VIII et IX, mais augmenterait soudain aux
numéros IV et VI, en approchant de la limite de l'anneau.

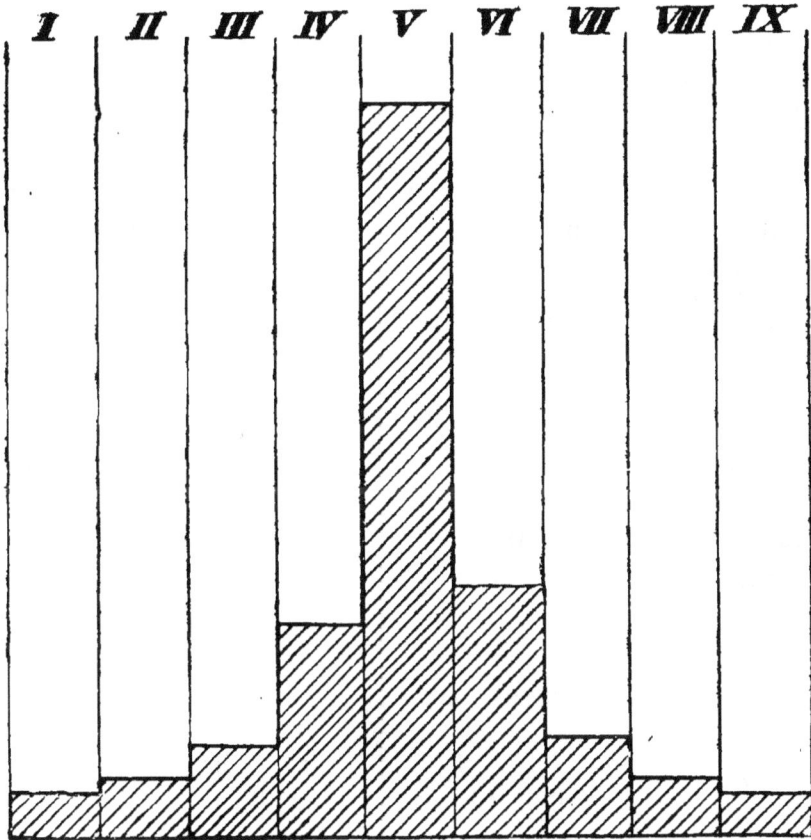

Tiré des Observations de Herschel, par le prof. Newcomb, p. 251.

Au contraire, les nombres 2,73, 3,03, et 3.54, au nord, et 3,14, 3,21, et 3,71, au sud, indiquent une augmentation progressive à partir du pôle galactique jusqu'à la Voie lactée elle-même.

La conclusion à en déduire est d'une importance capitale. L'univers, ou du moins sa partie la plus dense, est réellement comprimé entre les pôles de la Voie lactée, ainsi que le soutiennent Herschel et Struve.

Mais si je considère les séries de chiffres indiqués dans la table et cités par le professeur Newcomb, ceux-ci me paraissent prouver, dans une certaine mesure, ce qu'il déclare lui-même qu'ils ne démontrent pas. J'ai donc reproduit le diagramme ci-dessus, d'après les chiffres de la table, et il prouve certainement que la densité des régions I, II, III, d'une part, et des régions VII, VIII et IX, de l'autre, peut être indiquée comme pareille, c'est-à-dire qu'elle augmente très lentement. Elle augmente, au contraire, rapidement, avec les numéros IV et VI, à mesure que l'on se rapproche de la Voie lactée. Cela peut être expliqué, soit par un aplatissement du côté des pôles de la Voie lactée, soit par la diminution des étoiles dans cette région.

Afin de démontrer l'énorme différence de densité dans la Voie lactée et dans ses pôles, le professeur Newcomb donne la table ci-jointe, tirée des sondages de Herschel. Il remarque à ce sujet qu'elles indiquent une densité énormément accrue dans la région galactique, grâce à ce que MM. Herschel ont compté, dans ces régions, bien plus d'étoiles que les autres savants.

RÉGIONS . .	I	II	III	IV	V	IV	VII	VIII	IX
DENSITÉS. .	107	154	281	560	2019	672	261	154	111

Mais le caractère important de ces chiffres, c'est que les Herschel seuls ont étudié toute l'étendue des cieux, du nord au pôle sud, avec des instruments de même taille et de même qualité; d'après notre longue expérience dans ce travail, ils restent sans rivaux comme puissance de calcul rapide et sûr des étoiles qui passaient sur le champ d'observation de leurs télescopes.

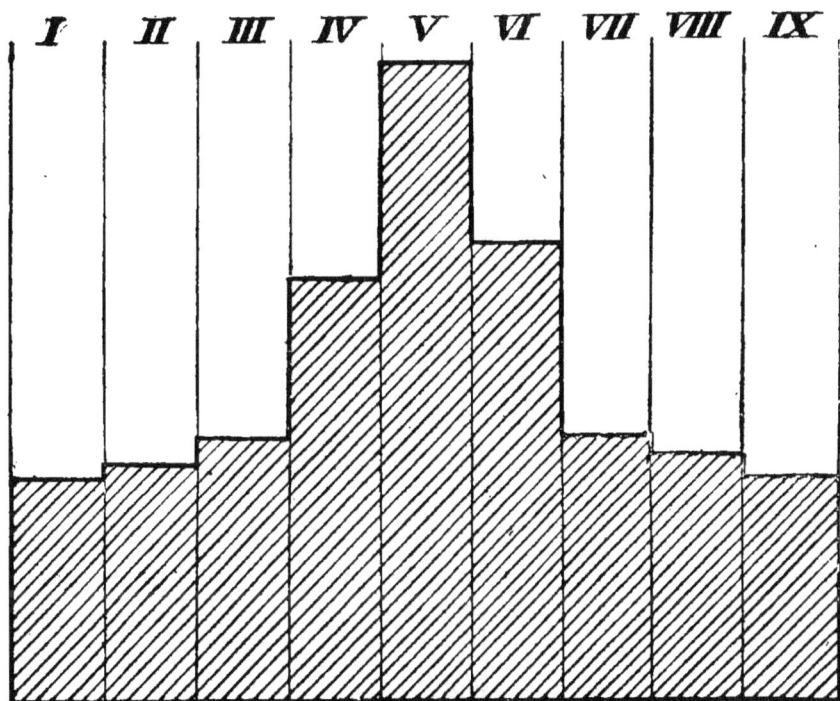

Tiré d'une Table de l'ouvrage : *les Étoiles*, p. 249.

Leurs résultats doivent donc avoir une valeur compara-
tive bien supérieure à celle de tout autre observateur ou
combinaison d'observateurs. C'est pourquoi il m'a paru
indiqué de tracer un diagramme d'après leurs chiffres; on
le verra concorder de façon frappante avec le premier diagramme, dans l'accroissement très lent du nombre d'étoiles des trois premières régions nord et sud, puis leur
accroissement subit dans les régions IV et VI, à mesure
que nous approchons de la Voie lactée. La seule différence
appréciable réside dans la richesse énormément supérieure
de la Voie lactée, phénomène indubitablement réel, puisqu'il est le résultat des observations des deux plus grands
astronomes, dans ce domaine spécial.

Nous verrons plus loin que le professeur Newcomb lui-même est arrivé, par une recherche toute différente, à un résultat qui coïncide avec ces diagrammes, auxquels nous reviendrons plus tard. Le sujet étant fort captivant, il nous paraît utile de donner un autre diagramme de deux tables de densité stellaire, contenues dans le volume déjà cité de sir John Herschel. Les tables sont comme suit:

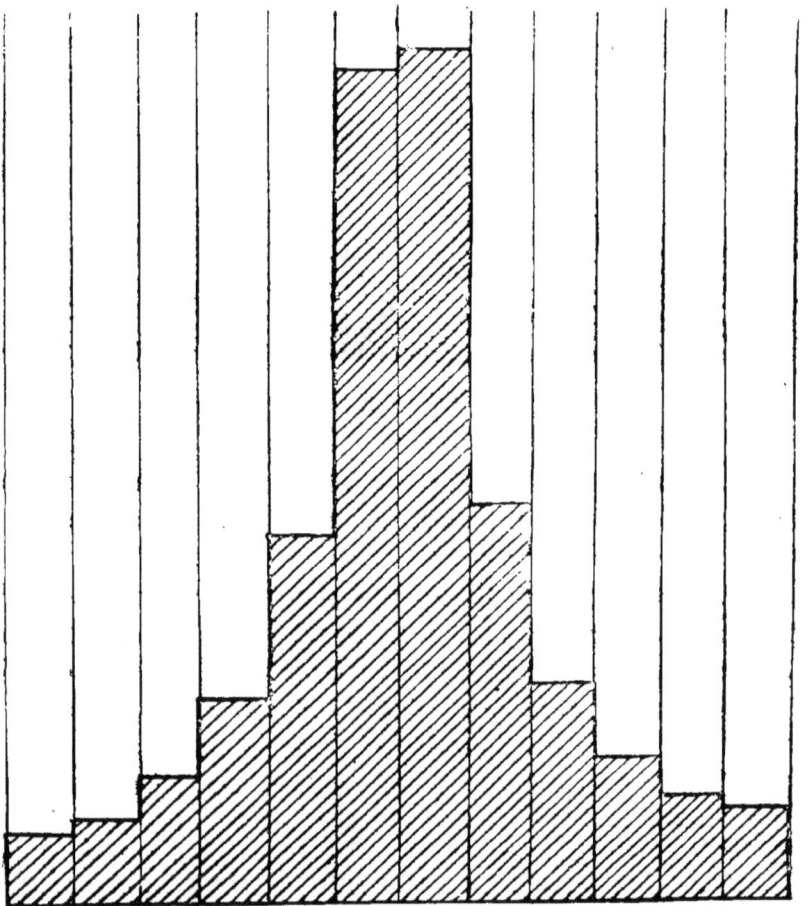

Densité stellaire.

Dans ces tables, la Voie lactée elle-même est indiquée comme occupant deux zones de 15° chacune, au lieu d'une seule de 20°, comme dans les tables du professeur New-comb, ce qui fait que l'excès du nombre d'étoiles, comparé à d'autres zones, n'est pas si considérable. Elles montrent aussi une légère prépondérance dans toutes les zones de l'hémisphère sud, mais peu accentuée, et attribuable peut-être à l'atmosphère plus claire du cap de Bonne-Espérance, comparée avec celle d'Angleterre.

Remarquons, en passant, que ce diagramme montre les mêmes traits généraux que ceux donnés jusqu'ici : une aug-mentation continue de densité des étoiles, à partir des pôles de la Voie lactée, mais plus rapide vers cette dernière, à mesure que l'on s'en rapproche.

L'assertion de ce fait doit donc être acceptée comme indiscutable.

Groupes d'Etoiles ou Nébuleuses en Rapport
avec la Voie lactée

La distribution dans l'espace des deux sortes de corps connus sous le nom d'amas et de nébuleuses, fournit un important élément dans la structure des cieux. L'on peut former une série presque non interrompue de groupes composés d'étoiles de plus en plus nombreuses, depuis les doubles, qui évoluent autour de leur centre de gravité com-mun, jusqu'aux étoiles triples et quadruples; l'on arrive ainsi à des groupes et des agrégations de plus en plus considérables, tels que les Pléiades, et leurs six étoiles, visibles à l'œil nu; le télescope, ici, en montre également des centaines, et les épreuves photographiques de trois heures de durée en indiquent plus de 2.000.

Cependant, disons-le bien, aucune de ces dernières agglomérations ne correspond à la grande classe dénommée amas, tant globulaires qu'irréguliers, qui se trouvent en nombre assez grand, puisque 500 d'entre eux ont été relevés par sir John Herschel, il y a plus de cinquante ans. Plusieurs de ces amas superbes sont visibles à l'aide d'un petit télescope ou d'une bonne lunette d'approche.

Telle est la tache lumineuse nommée Praesepe, ou la Ruche, dans la constellation du Cancer, ainsi qu'une autre sur la poignée de l'épée de Persée.

On aperçoit, dans l'hémisphère sud, une étoile de quatrième grandeur, Oméga du Centaure, laquelle, observée au moyen d'un bon télescope, devient un magnifique amas, atteignant presque les deux tiers du diamètre de la lune. Sir John Herschel la décrit comme augmentant très graduellement d'éclat jusqu'au centre, et composée d'innombrables étoiles de 13e et 14e grandeur, formant le spécimen le plus brillant et le plus grand de ce genre de formation stellaire. Une bonne photographie montre actuellement plus de 6.000 étoiles dans ce groupe; d'autres savants en comptent jusqu'à 10.000.

Dans l'hémisphère nord, l'un des plus beaux amas d'étoiles est placé dans la constellation d'Hercule; il est connu sous le nom de 13 Messier (n° 13 du catalogue de Messier). A l'œil nu, ou à l'aide d'une lunette de théâtre, il apparaît comme une étoile nébuleuse de 6e grandeur, mais un bon télescope le montre comme étant un amas globulaire, et le grand télescope de Lick résout sa portion centrale en étoiles distinctes, que sir John Herschel estime au nombre de plusieurs milliers. Ces deux remarquables amas sont figurés dans plusieurs ouvrages modernes d'astronomie populaire, et ils illustrent fort bien cette importante catégorie de corps célestes qui, complètement étudiée, aidera à élucider plusieurs des obscurs problèmes liés à la constitution et au développement de l'univers stellaire.

Mais, pour en revenir au présent ouvrage, le fait le plus intéressant, en rapport avec les groupes d'étoiles, est celui de leur dissémination remarquable dans les cieux. On avait souvent constaté leur abondance particulière dans et autour de la Voie lactée, mais l'importance capitale de ce fait n'avait pas été signalée jusqu'au jour où M. Proctor, et plus tard M. Sidney Waters, reproduisirent, sur les cartes des deux hémisphères, tous les amas stellaires et les nébuleuses indiqués dans les meilleurs catalogues. Le résultat est fort curieux.

Les amas d'étoiles sont abondamment semés sur tout le parcours de la Voie lactée, et le long de ses bords, alors que dans toute autre partie de la voûte céleste, elles sont chichement disséminées, avec la seule exception des nuées magellaniques dans l'hémisphère sud, où nous les retrouvons abondamment groupées.

S'il nous faut une preuve de la connexité physique de ces groupes avec la Voie lactée, ce serait bien leur fréquence dans ces larges taches nébuleuses qui paraissent former la portion excentrique de la Voie lactée elle-même.

Pendant longtemps, les nébuleuses furent confondues avec les amas stellaires, parce que l'on supposait qu'avec une puissance télescopique suffisante, les premières pourraient toutes être résolues en étoiles, comme c'est le cas pour la Voie lactée elle-même. Mais lorsque le spectroscope montra que plusieurs nébuleuses étaient formées, en tout ou en partie, de gaz incandescents, tandis que ni les plus forts télescopes, ni même les plaques photographiques n'indiquaient aucune trace de résorption, malgré que l'on découvrit parfois quelques étoiles comprises dans leur masse, et faisant corps avec elle, il fut ainsi constaté que ces nébuleuses forment une matière sidérale distincte, opinion qui fut confirmée par leur mode de distribution tout particulier. Un petit nombre de nébuleuses, du type large et irrégulier, sont dans le voisinage de la Voie lactée. C'est le cas de la grande nébuleuse d'Orion, visible à l'œil nu, de celle d'Andromède, et de l'étrange nébuleuse placée autour d'Eta d'Argus; mais cela constaté, il se trouve que l'immense majorité des petites nébuleuses insolubles paraissent l'éviter; un espace presque entièrement dénué de nébuleuses existe sur ses bords dans les deux hémisphères; la plupart d'entre elles sont répandues dans le ciel, bien loin de la Voie lactée, dans l'hémisphère sud, tandis que, dans l'hémisphère nord, elles se groupent très distinctement autour du pôle galactique.

Ainsi la distribution des nébuleuses est justement opposée à celle des amas d'étoiles, tandis que toutes deux tiennent de très près à la position de la Voie lactée, — base du système sidéral, ainsi que le déclare sir John Herschel: — nous nous voyons donc contraints de les adopter toutes deux comme étant des parties liées d'un grand univers symétrique. Le mode de distribution en sens contraire de ce dernier, à travers les cieux, peut probablement servir de clé pour rechercher le mode de développement de cet univers, ainsi que pour trouver les changements qui s'y effectuent encore maintenant.

Les cartes sus-mentionnées sont de si haute importance et si essentielles à une conception claire de la nature et de la constitution du vaste système sidéral qui nous entoure, que je les ai reproduites à la fin de ce volume, avec la permission de la Société astronomique. (Voir à la fin de l'ouvrage.) Leur étude approfondie donnera une idée plus claire des faits très remarquables de la distribution des amas stellaires et des nébuleuses, ainsi que celle résultant des descriptions et des statistiques.

Plusieurs formes de nébuleuses sont très curieuses; quelques-unes sont absolument irrégulières, telle la nébuleuse d'Orion, celle du Trou de serrure, dans l'hémisphère sud, ainsi que plusieurs autres.

D'autres présentent une spirale nettement indiquée, comme celles d'Andromède et du Chien de chasse; d'autres encore sont annulaires ou en forme de cercle, telles que celles de la Lyre et du Cygne, tandis que beaucoup d'autres sont nommées nébuleuses planétaires, présentant un disque vaguement circulaire, semblable à celui d'une planète.

Plusieurs renferment des étoiles ou des groupes d'étoiles qui font corps avec elles; c'est surtout le cas pour celles de grandes dimensions. Mais toutes ces dernières sont relativement rares et de type exceptionnel, la plus grande partie étant formée de taches nuageuses infiniment petites, visibles seulement à l'aide de bons télescopes, et si vagues que l'on ne peut définir leur forme exacte et leur nature. Sir John Herschel en a catalogué 5.000 en 1864; plus de 8.000 furent découvertes jusqu'en 1890; enfin, l'emploi de la photographie en a si fort accru le nombre que l'on croit qu'il atteint réellement le chiffre de plusieurs centaines de milliers.

Le spectroscope montre que les plus grandes nébuleuses irrégulières sont à l'état gazeux, ainsi que le sont les nébuleuses annulaires et planétaires, aussi bien que plusieurs étoiles blanches et très brillantes; elles sont toutes très fréquentes, soit au dedans, soit au dehors de la Voie lactée. Leur spectre renferme une ligne verte qui ne figure dans aucun élément terrestre.

Plusieurs des nébuleuses planétaires ont été vues, à l'aide du grand télescope de Lick, de forme irrégulière, et parfois composées d'anneaux dédoublés ou comprimés, ou sous d'autres formes curieuses.

Beaucoup des moindres nébuleuses sont doubles ou triples, mais on ne sait au juste si elles forment réellement des systèmes à révolution. La grande masse de petites nébuleuses qui occupent de vastes espaces célestes éloignés de la Voie lactée, est souvent désignée sous le nom de nébuleuses insolubles, parce que les plus puissants télescopes ne peuvent les définir, comme étant vraiment des groupes d'étoiles, tandis qu'elles sont trop vagues pour que le spectroscope puisse donner la moindre notion certaine de leur structure.

Un certain nombre d'entre elles rappellent la forme des comètes, et il ne serait pas impossible qu'elles n'en fussent pas très éloignées comme composition.

Nous avons maintenant passé en revue les traits principaux que nous présentent les cieux en dehors du système solaire, pour ce qui concerne le nombre et la distribution des étoiles visibles à l'œil nu, aussi bien que celles révélées par le télescope, ainsi que la forme et les traits saillants de la Voie lactée, enfin, le nombre et la distribution de ces intéressants corps célestes, amas stellaires et nébuleuses, spécialement en rapport avec la Voie lactée. Cet examen nous a clairement démontré l'unité de tout l'univers visible; nous savons maintenant que tout ce qui nous est révélé, soit par les télescopes géants, soit par les plaques photographiques, soit par l'admirable spectroscope, forme les éléments de ce qui peut être, à juste titre, désigné sous le nom d'univers stellaire.

Au chapitre suivant, nous ferons un pas de plus, en indiquant brièvement ce que nous savons du mouvement et des distances des étoiles, et, de ce fait, nous acquerrons des informations précieuses concernant le sujet spécial de notre enquête.

CHAPITRE V

Distance des Étoiles. — Mouvement du Soleil
à travers l'espace.

Dans les temps primitifs, où l'on ne possédait encore aucune notion des grandes distances qui nous séparent des étoiles, la simple conception d'une sphère de cristal, à laquelle ces points lumineux étaient fixés, et qu'elle entraînait chaque jour dans son orbite, autour d'un axe, près duquel serait placée notre étoile polaire, cette conception, dis-je, servait d'explication au phénomène du mouvement diurne.

Mais, lorsque Copernic mit en lumière la disposition véritable des corps célestes, la terre et les autres planètes évoluant autour du soleil à des distances de plusieurs millions de lieues, et lorsque cette indication fut renforcée par les lois de Képler et par les découvertes télescopiques de Galilée, une difficulté surgit, et de telle nature, que les astronomes ne purent la surmonter à la satisfaction générale.

« Si, raisonnaient-ils, la terre tourne autour du soleil à une distance qui ne peut être évaluée à moins de 150 millions de kilomètres, comment se fait-il, dirons-nous, que les étoiles ne nous paraissent pas dévier de leurs positions apparentes, lorsqu'on les observe des côtés opposés de cette immense orbite ? »

Copernic et, après lui, Képler et Galilée, maintinrent que c'était par le fait de l'énorme distance à laquelle sont placées les étoiles, que l'orbite de la terre n'était qu'un simple point en comparaison.

Mais cet argument parut insoutenable, même au grand savant Tycho-Brahé, et depuis lors la théorie de Copernic n'a pas été aussi généralement acceptée qu'elle eût pu l'être dans d'autres circonstances.

Galilée a toujours déclaré que cette mensuration serait effectuée, et il suggéra même une méthode, reconnue de nos jours encore pour être la mieux appropriée. Mais il fallait auparavant mesurer avec plus d'exactitude la distance du soleil, et cela ne fut fait que dans la seconde moitié du dix-huitième siècle, par le moyen des passages de Vénus.

A l'aide des dernières observations, faites au moyen d'instruments perfectionnés, cette distance est à peu près fixée à 150 millions de kilomètres, les limites de l'erreur possible étant telles, que 148.400.000 kilomètres peuvent être indiqués comme étant le chiffre exact.

Avec une base aussi étendue que cette distance doublée, résultat auquel on arrive en faisant des observations de six en six mois, lorsque la terre se trouve à des points opposés dans le cours de son orbite, on fut certain d'arriver à découvrir les parallaxes ou déplacements des étoiles les plus rapprochées, et plusieurs astronomes se vouèrent, avec l'aide des meilleurs instruments, à ce travail important. Mais les difficultés étant énormes, un petit nombre de résultats vraiment sérieux fut obtenu, et cela jusqu'à la seconde moitié du xviiie siècle.

Actuellement, quarante étoiles environ ont été mesurées avec une certaine exactitude, la part d'erreur possible ou probable devant toujours être examinée. Trente autres, dont l'examen prouve qu'elles ont un parallaxe d'un dixième de seconde ou moins, doivent être considérées comme étant encore mal vérifiées.

Les deux premières étoiles fixes ainsi étudiées furent

Alpha, du Centaure et 61, du Cygne. La première est une des plus brillantes étoiles de l'hémisphère sud, et sa distance à la terre égale 275.000 fois celle de la terre au soleil. La lumière de cette étoile mettra 4 années 1/4 à nous atteindre, et ce « voyage lumineux », comme il est désigné, sert généralement aux astronomes comme un moyen facile de se souvenir des distances des étoiles fixes, sans amener des nombres trop grands.

L'autre, l'étoile 61, du Cygne, n'atteint que la 5e grandeur; cependant, elle est rapprochée de nous et vient en deuxième rang, avec un trajet lumineux de 7 années 3/4. Si nous ne connaissions que ces deux distances, ces faits n'en seraient pas moins de la plus haute importance. Ils nous enseignent premièrement, que la grandeur ou l'éclat d'une étoile ne prouve point son rapprochement de nous, fait démontré par plusieurs autres raisons; secondement, ils nous donnent un minimum probable de la distance qui sépare les soleils indépendants.

Afin de faire saisir clairement à tous ceux qui désirent comprendre les dimensions du vaste univers dont nous faisons partie, comment on peut calculer la distance des étoiles, il nous faut expliquer la méthode reconnue actuellement la plus effective.

Toute personne familiarisée avec les rudiments de la trigonométrie, sait qu'une distance inaccessible peut être exactement déterminée, en mesurant une base, des deux extrémités de laquelle l'objet inaccessible peut être vu, et si nous possédons un bon instrument capable de mesurer les angles. L'exactitude dépendra surtout de la longueur pas trop minime de la base, comparée à la distance à mesurer. Si cette longueur peut être d'une moitié ou même d'un quart, la mesure peut être aussi exacte que si elle était réellement effectuée; mais si elle n'est que d'un centième ou d'un millième de la longueur totale, une très légère erreur dans la longueur de la base ou dans la valeur des angles produira une erreur d'autant plus grande et plus probable dans le résultat final.

Pour mesurer la distance de la lune, le diamètre de la terre, ou une grande portion dudit diamètre a servi de base. Etant donnés deux observateurs placés à la surface de la terre, à une distance l'un de l'autre aussi grande que possible, ils peuvent observer la lune dans des positions séparées l'une de l'autre d'environ 10.000 kilomètres; par la mesure exacte de la distance angulaire d'une étoile et par le moment de son passage au méridien du lieu, tel qu'il est observé avec un instrument, le déplacement angulaire peut être trouvé, et la distance déterminée avec une parfaite exactitude. Elle est plus de trente fois supérieure à la longueur de la base.

La distance de la planète Mars, lorsqu'elle est le plus rapprochée de nous, a été observée de la même façon. Sa moindre distance de nous, dans l'opposition la plus favorable, est d'environ 58 millions de kilomètres, soit plus de 4.000 fois le diamètre terrestre; en sorte qu'il faut répéter bien des fois les observations les plus délicates, avec les meilleurs instruments, pour obtenir un résultat tant soit peu approximatif.

Grâce à la 3e loi de Képler, qui met en rapport les distances des planètes au soleil avec leur durée de révolution, la distance de toutes les autres planètes au soleil peut être obtenue. Cette méthode, cependant, n'est pas assez précise pour satisfaire les astronomes, parce que, de la distance du soleil dépend celle de tous les autres membres du système solaire.

Il existe heureusement deux autres méthodes, par lesquelles cet important calcul a été fait avec une sûreté et une précision bien plus grandes.

La première de ces méthodes s'emploie durant les rares occasions où la planète Vénus, vue de la terre, passe devant le disque du soleil. A ce moment, on observe ce passage de différentes contrées terrestres, éloignées les unes des autres, les distances qui les séparent pouvant être facilement calculées au moyen de leurs latitudes et de leurs longitudes.

Le diagramme ci-dessous représente le mode de détermination le plus simple de la distance du soleil par cette observation.

Passage de Vénus.

La description suivante, tirée de la *Vieille et Nouvelle Astronomie*, de Proctor, est si claire, que je la reproduis textuellement :

« V représente Vénus, passant entre la terre E, et le soleil S ; nous voyons donc qu'un observateur placé en E verra Vénus en V, tandis qu'un autre placé en E' la verra en V'. La mesure de la distance VV', comparée avec le diamètre du soleil, déterminera l'angle vVv' ou EV'E' ; par conséquent, la distance EV peut être calculée, connaissant la longueur de la base EE' ».

On trouve, par exemple, — grâce aux dimensions du système solaire, déterminées d'après les périodes de révolution, suivant la troisième loi de Képler, — que EV représente vis-à-vis de Vv la proportion de 28 à 72, ou de 7 à 18 ; d'où il résulte que EE' représente la même proportion à l'égard de VV'.

Supposez donc que la distance entre les deux stations soit trouvée égale à 11.000 kilomètres, en sorte que VV'

soit 29.000 kilomètres, et que VV' soit prouvé, par un calcul exact, être égal à la 1/48e partie de la distance du soleil,
le diamètre du soleil, ainsi déterminé par cette observation,
est de 48 fois 29.000 kilomètres, ou de 1.392.000 kilomètres; par conséquent, par sa dimension apparente, qui est
celle d'un globe 107 fois 1/3 plus éloigné de nous que son
propre diamètre, nous trouvons que sa distance est de
148 millions de kilomètres. Evidemment, comme il y a
deux observateurs, le rapport entre la distance VV' et le
diamètre du disque du soleil, ne peut pas être mesuré
directement, mais chacune d'elles peut mesurer la distance
angulaire apparente de la planète du bord inférieur et supérieur du soleil, comme elle passe au travers du disque,
et, de la sorte, la distance angulaire entre les deux lignes
du passage peut être obtenue.

La distance VV' peut être aussi obtenue en notant avec
soin l'instant de l'entrée et de la sortie de Vénus sur le
disque solaire; la ligne de passage, étant considérablement
plus longue dans l'un que dans l'autre, donne, au moyen
des propriétés du cercle, la proportion exacte de la distance entre eux et le diamètre du soleil. Cette méthode a été
reconnue la plus sûre; elle est très généralement adoptée.

Dans ce but, les stations des deux observateurs sont
choisies de telle façon que la longueur des deux cordes,
V et V', soient aussi différentes que possible, rendant ainsi
la mesure plus facile.

Une autre méthode, pour déterminer la distance du soleil, consiste à mesurer directement la propagation de la
lumière. Cela fut fait, en premier lieu, par le physicien
français Fizeau, en 1849, à l'aide de miroirs tournant très
rapidement, tels que les décrivent plusieurs ouvrages de
physique.

Cette méthode a été amenée à un tel degré de perfection
que la distance du soleil, ainsi déterminée, est considérée
comme étant aussi sûre que celle qui découle des passages
de Vénus.

La raison qui fait que cette détermination de la lumière conduit à celle de la distance du soleil est celle-ci: le temps que met la lumière pour venir du soleil à la terre est de 8 minutes et 13 secondes 1/3. Ce fait a déjà été découvert en 1675, par le moyen des éclipses des satellites de Jupiter. Ces satellites évoluent autour de cette planète avec une durée de révolution allant de 1 jour 3/4 à 16 jours; se mouvant tout près du plan de l'écliptique, l'ombre projetée par Jupiter est très grande, et les trois satellites les plus rapprochés de la planète sont éclipsés à chaque révolution.

Cette évolution rapide des satellites et la fréquence des éclipses permit à leurs périodes de retour d'être très exactement vérifiées, surtout après plusieurs années d'observations serrées.

·On découvrit que, lorsque Jupiter était le plus éloigné de la terre, les éclipses des satellites survenaient un peu plus de huit minutes plus tard que le temps calculé à partir de la simple période d'évolution, et que, lorsque la planète était le plus près de nous, les éclipses survenaient au contraire 8 minutes plus tôt.

Des observations subséquentes montrèrent qu'il n'y avait point de différence entre le calcul et l'observation, tant que la planète était à sa distance moyenne, et que l'erreur naissait et croissait en proportion de la distance de la terre à Jupiter.

Cette explication, quoique très plausible, ne fut prouvée que deux siècles plus tard, après que la distance de la terre au soleil et la vitesse de la lumière, en kilomètres par seconde, eurent été mesurées d'une façon indépendante. Cette dernière vitesse correspondait presque identiquement avec la vitesse déduite des éclipses des satellites de Jupiter, en prenant la distance du soleil mesurée au moyen des passages de Vénus.

Mais ce problème du calcul de la distance du soleil, et, par son moyen, des dimensions des orbites de toutes les

planètes de notre système, devient insignifiant, en face des
énormes difficultés qui surgissent dans la détermination de
la distance des étoiles. Comme beaucoup de gens, peut-
être, la majorité des lecteurs d'ouvrages scientifiques n'ont
que peu de notions des mathématiques, et ignorent ce que
signifie l'angle d'une minute ou d'une seconde; une petite
explication trouvera ici sa place. L'angle d'un degré (1°)
est la 360e partie d'une circonférence vue de son centre, la
90e partie d'un angle droit, la 60e partie de chacun des
angles d'un triangle équilatéral.

Pour nous rendre exactement compte de ce que représente un angle d'un degré, nous traçons une courte ligne,
BC, de 2 millim. 5 de longueur, et d'un point donné, A,
placé à 145 millimètres de distance, nous menons des
lignes droites vers B et C: alors, l'angle en A mesure un
degré.

Notons ceci, c'est que, dans tout travail astronomique,
un degré est considéré comme représentant un angle déjà
grand.

Même avant l'invention du télescope, les anciens observateurs fixèrent la position des étoiles et des planètes à un
demi ou un quart de degré près. M. Proctor estime que
les positions des étoiles et des planètes, fixées par Tycho-
Brahé, étaient correctes à une ou deux minutes d'arc. Une
minute d'arc est obtenue en divisant la ligne BC en 60 parties égales, et en regardant du point A, à l'œil nu, la distance entre deux d'entre elles. Mais, comme les personnes
douées d'une bonne vue aperçoivent nettement de très me-
nus objets à 28 centimètres de distance, nous pouvons

doubler la distance AB, et aussi la ligne BC. Nous avons ainsi une longueur de 5 millimètres, vue d'une distance de 28 centimètres. La 60ᵉ partie, soit l'arc d'une minute, sera représentée par environ 3 millimètres vus à la même distance, et nous obtiendrons ainsi cette grandeur que Tycho-Brahé réussit peut-être à mesurer.

Pour montrer quelle quantité considérable représente encore une minute d'arc, pour l'astronome moderne, on peut citer le fait que la différence maximum entre les positions calculées et observées d'Uranus, qui conduisirent Adams et Leverrier à chercher et à découvrir Neptune, n'était que de 1 minute 1/2, espace si exigu qu'il est presque invisible à la vue moyenne, de telle sorte que s'il y avait eu deux planètes, l'une à la place calculée, l'autre à la place observée, elles auraient paru, à l'œil nu, n'en former qu'une seule.

Afin de nous rendre compte maintenant de ce que représente réellement une seconde d'arc, regardons le cercle que voici, qui mesure, aussi approximativement que possible, 2 millim. 1/2 de diamètre. Si nous éloignons ce cercle à la distance de 8 millim. 75, il sous-tendra un angle d'une minute, et nous serons obligés de le placer à une distance de près de 527 mètres, soit de plus d'un demi-kilomètre, pour réduire l'angle à une seconde.

Mais la plus rapprochée des étoiles fixes, Alpha du Centaure, possède une parallaxe de trois quarts seulement de seconde, c'est-à-dire que la distance de la terre au soleil, vue de l'étoile la plus rapprochée, n'apparaît pas plus grande que les trois quarts du petit cercle en question, distant de 527 mètres.

La vue dudit cercle à pareille distance nécessite un excellent télescope avec un grossissement d'au moins cent fois, tandis que, pour en voir une faible partie, et en apprécier la grandeur vis-à-vis du tout, il faudrait en outre l'éclairer très fortement.

Si nous appliquons les renseignements recueillis aux valeurs trouvées d'autre part, nous pouvons reporter dans le monde stellaire les distances déjà énormes trouvées dans notre système solaire.

Nous savons que la parallaxe de l'étoile la plus rapprochée est de trois quarts de seconde; ce qui implique le fait que ladite étoile est 271.400 fois plus éloignée de nous que ne l'est le soleil. C'est alors que nous entrevoyons combien vaste est le système solaire qui nous entoure, et sur quelle immense échelle est construit l'univers matériel, si superbement étalé dans les cieux étoilés, ainsi que la mystérieuse Voie lactée.

Il fallait de toute nécessité ce long préambule, pour que le lecteur pût se rendre compte de la différence énorme qu'il y a à mesurer l'une ou l'autre de ces distances. Il reste maintenant à relever ces difficultés spéciales et à montrer comment elles ont été surmontées; j'espère pouvoir convaincre mes lecteurs, de ce chef, que les chiffres donnés par les astronomes, au sujet des distances stellaires, ne sont point de simples suppositions ou probabilités, mais des mesures certaines qui, dans la limite des erreurs possibles mais non considérables, peuvent être acceptées, comme donnant une idée correcte de l'étendue de l'univers visible.

MESURE DES DISTANCES STELLAIRES

La difficulté majeure de ce calcul réside dans le fait que les distances sont si grandes que la ligne de base disponible la plus étendue, c'est-à-dire le diamètre de l'orbite terrestre, ne sous-tend qu'un angle d'un peu plus d'une seconde de l'étoile la plus rapprochée, tandis que, pour toutes les autres, il ne représente qu'une seconde, et parfois même une faible fraction de cette dernière.

Mais cette difficulté, quelque grande qu'elle soit, est accrue du fait qu'il n'existe dans les cieux aucun point fixe, à partir duquel on puisse mesurer, puisque beaucoup d'étoiles sont reconnues être en mouvement, et toutes à des degrés divers, tandis que le soleil lui-même est reconnu se mouvoir parmi les étoiles avec une vitesse qui n'est pas encore exactement fixée, mais dans une direction à peu près connue.

Les mouvements variés de la terre dans son évolution autour du soleil étant exactement connus, malgré leur extrême complexité, on essaya d'abord de déterminer les changements de position des étoiles par des observations plusieurs fois répétées à six mois d'intervalle, en mesurant le moment de leur passage au méridien, et leur distance au zénith; puis, en tenant compte de tous les mouvements connus de la terre, tels que la précession des équinoxes et la mutation de l'axe terrestre, aussi bien que de la réfraction et de l'aberration de la lumière, on chercha à déterminer le résultat final dû à la différence de position de laquelle l'étoile était observée. On obtint ainsi, dans la plupart des cas, un résultat plus grand que celui obtenu par des observations subséquentes et de meilleures méthodes. Ces observations primitives, malgré la perfection des instruments et l'habileté de l'observateur, renfermaient des erreurs qu'il semblait impossible d'éviter. Les instruments eux-mêmes sont sujets, dans toutes leurs parties, à l'influence de la température, à la dilatation et à la contraction. Lorsque ces changements sont brusques, une partie de l'instrument en est aisément affectée plus qu'une autre, et cela peut produire de légères erreurs, capables de compromettre sérieusement le résultat, lorsque ce dernier est aussi minime.

Une autre source d'erreur est due à la réfraction atmosphérique, celle-ci étant sujette à changer, soit d'une heure à l'autre, soit suivant les saisons.

Mais un facteur plus important que tous les autres réside dans les faibles changements de niveau de la base qui supporte les instruments, même lorsque ceux-ci sont placés sur un roc solide. Les changements de température et l'humidité du sol produisent de légères altérations de niveau; il en est de même des tremblements de terre, et des mouvements d'élévation et de dépression du sol, lesquels sont reconnus de nos jours assez fréquents.

Grâce à toutes ces causes, les calculs actuels des différences de positions, aux diverses époques de l'année, portant sur de faibles fractions de seconde, sont trop incertains pour pouvoir déterminer des angles aussi faibles avec l'exactitude voulue.

Mais il existe une autre méthode qui, évitant presque toutes les causes d'erreur, est maintenant préférée et adoptée pour lesdits calculs. Elle consiste à mesurer la distance entre deux étoiles situées très près l'une de l'autre, en apparence, l'une ayant un mouvement propre et perceptible, l'autre n'en possédant pas.

Les mouvements particuliers des étoiles furent annoncés, en premier lieu, par Halley, en 1717. Il découvrit que plusieurs étoiles, dont la place a été indiquée par Hipparque, en 130 av. J.-C., n'occupaient pas les mêmes positions que maintenant. D'autres observations, faites par les anciens astronomes, surtout celle de l'occultation des étoiles par la lune, conduisirent au même résultat.

Des observations très exactes des étoiles ont été faites, depuis l'époque de Halley, et l'on découvre, dans plus d'un cas, des étoiles qui se meuvent perceptiblement, tandis que d'autres le font si lentement que ce n'est qu'après quarante ou cinquante années que ce mouvement peut être observé. Les plus grands mouvements propres montent à environ 7" ou 8" dans une année, tandis que d'autres étoiles exigent vingt, cinquante ou même cent années pour produire un total équivalent à ce déplacement.

Au début, on croyait que les plus brillantes étoiles avaient les plus grands mouvements propres, parce qu'on les supposait le plus près de nous, mais l'on découvrit bientôt que beaucoup de petites et insignifiantes étoiles se meuvent aussi rapidement que les plus brillantes, tandis que, chez un grand nombre d'étoiles brillantes, aucun mouvement propre ne peut être remarqué. Celle qui atteint le mouvement le plus rapide est une petite étoile de sixième grandeur.

Généralement, on observe que le mouvement des corps ne peut être saisi aussi bien de loin que de près, même lorsque les vitesses sont égales. Si nous regardons un homme placé au sommet d'une colline, à quelques kilomètres de distance, nous sommes forcés de l'observer un moment avec soin, avant d'être sûrs qu'il est en marche ou immobile. Mais lorsqu'il s'agit d'objets aussi énormément distants que les étoiles, telles que nous les connaissons, nous concevons que, même lorsqu'ils voyagent à une vitesse de bien des kilomètres à la seconde, il nous faut néanmoins des années pour y observer la trace d'un mouvement. Les mouvements propres d'environ cent étoiles atteignent annuellement une seconde d'arc, tandis qu'un grand nombre d'entre elles en ont moins encore, et que la majorité d'entre elles n'a point de mouvement perceptible, probablement en raison de l'énorme distance qui les sépare de nous.

Il n'est donc généralement pas difficile de découvrir une ou deux étoiles fixes suffisamment rapprochées d'une étoile ayant un grand mouvement propre (tout mouvement dépassant un dixième de seconde peut rentrer dans cette catégorie), pour qu'elles puissent servir de points de référence. Ce qui importe surtout, c'est de mesurer, avec une extrême exactitude, la distance angulaire du mouvement, à partir des étoiles fixes, à des intervalles de six mois. Les mesures peuvent être faites toutefois par une belle nuit quelconque, chacune d'elles étant comparée avec sa correspondante, à un intervalle d'environ six mois. De cette façon, on peut faire, pour une seule étoile, plus de cent mesures dans une année, et la moyenne totale, en tenant compte du mouvement propre dans l'intervalle, donnera un résultat beaucoup plus exact que n'importe quelle mesure isolée. Ce genre de calcul peut être fait très exactement, en observant simultanément deux étoiles dans le champ du télescope; on le fera, soit à l'aide du micromètre ou avec un instrument nommé héliomètre, fabriqué actuellement dans ce but. Il se compose d'un grand télescope astronomique, dont l'objectif est partagé en deux moitiés suivant un diamètre; les deux moitiés peuvent glisser l'une sur l'autre, au moyen d'une vis admirablement bien ajustée, de façon à pouvoir mesurer la distance angulaire de deux objets, avec une parfaite exactitude. On y parvient, en tournant la vis autant de fois que cela est nécessaire, pour amener le contact entre les deux étoiles, l'image de chacune étant formée par l'une des moitiés de l'objectif en verre.

Mais, ainsi que le remarque sir John Herschel, le grand avantage de cette méthode, pour déterminer les parallaxes, est d'éviter toutes les causes d'erreurs qui rendent les autres méthodes si incertaines et si inexactes.

Aucune correction n'est nécessaire, lorsqu'il s'agit de précession, de nutation ou d'aberration, puisque celles-ci affectent les deux étoiles en même temps; il en est de même pour la réfraction, tandis que les altérations du niveau de l'instrument n'ont aucun effet préjudiciable, puisque les mesures de distance angulaires, prises au moyen de cette méthode, sont absolument indépendantes de pareils mouvements.

La preuve de l'exactitude de la détermination de la parallaxe par ces instruments, est donnée par l'accord parfait de différents observateurs, et aussi par leur adhésion à la nouvelle méthode photographique. Cette méthode fut adoptée, en premier lieu, par le professeur Pritchard, de l'observatoire d'Oxford, à l'aide d'un beau réflecteur de 75 centimètres d'ouverture. Le grand avantage qui en résulte, c'est que toutes les petites étoiles, voisines de celle dont on recherche la parallaxe, sont représentées sur la plaque dans leur position exacte, et que toutes leurs distances peuvent être mesurées fort exactement. De plus, en comparant les plaques prises à six mois d'intervalle, chacune de ces étoiles donne une détermination de parallaxe, de telle façon que la moyenne totale indique un résultat très exact.

Si cependant il arrivait que le résultat de quelqu'une d'entre elles différât sensiblement de celui obtenu par les autres, ce serait probablement parce que cette étoile a un mouvement qui lui est propre, et il faudrait la mettre de côté.

Pour montrer la somme de travail employée par les astronomes à résoudre ce difficile problème, relevons le fait que, pour les mesures photographiques de l'étoile 61 du Cygne, on prit 330 plaques séparées, en 1886-1887, et d'après celles-ci 30.000 mesures de distances de couples d'étoiles. Le résultat concorda absolument avec les meilleures déterminations précédentes de sir Robert Ball, à l'aide du micromètre, et la méthode fut de suite considérée par les astronomes comme ayant une grande valeur.

Malgré que, dans la règle, les étoiles douées de grands mouvements propres soient relativement rapprochées de nous, il n'y a point, entre ces quantités, de proportion régulière pouvant indiquer que la rapidité du mouvement des étoiles varie beaucoup. Parmi les cinquante étoiles dont les distances ont été bien déterminées, la vitesse actuelle varie de un et deux jusqu'à plus de 160 kilomètres par seconde. Parmi six étoiles ayant moins d'un dixième de seconde de mouvement particulier annuel, l'une d'elles possède une parallaxe d'environ une demi-seconde, et l'au-

tre d'une neuvième de seconde, de sorte qu'elles sont plus
rapprochées de nous que nombre d'autres, qui évoluent de
plusieurs secondes par an. Cela peut être attribué à une
lenteur actuelle de mouvement, mais la cause en est certainement due en partie au fait que le mouvement les rapproche ou les éloigne de nous, et ne peut, par conséquent,
être mesuré que par le spectroscope. Cela n'avait pas été
essayé lorsque les listes de parallaxes et des mouvements
propres dont ces faits dérivent furent publiées.

Il est évident que la direction actuelle, ainsi que la vitesse
d'une étoile, ne peut être connue, jusqu'à ce que ce mouvement radial, — tel qu'on le nomme, — ait été mesuré;
mais, comme cet élément tend toujours à augmenter la vitesse observée visuellement, nous ne pouvons, par son
absence, exagérer les mouvements actuels des étoiles.

Le Mouvement du Soleil a travers l'Espace

Il existe un autre facteur important, qui affecte les mouvements apparents de toutes les étoiles, à savoir le mouvement de notre soleil, lequel étant lui-même une étoile, possède un mouvement qui lui est propre. Ce mouvement fut
pressenti et recherché par sir William Herschel, il y a un
siècle, et il détermina de suite la direction de ce mouvement vers un point situé dans la constellation d'Hercule,
faiblement éloigné de celui fixé dès lors par la moyenne des
meilleures observations.

La méthode de détermination de ce mouvement est à la
fois très simple et très difficile. Lorsque nous voyageons
en chemin de fer, les objets les plus rapprochés de nous
défilent rapidement sous nos yeux, tandis que les plus distants restent plus longtemps en vue, et que les plus éloignés paraissent rester stationnaires pendant un temps
assez long. Pour la même raison, si notre soleil se meut

dans n'importe quelle direction de l'espace, les étoiles les plus rapprochées paraîtront voyager dans une direction opposée à son mouvement, tandis que les plus éloignées sembleront tout à fait immobiles.

Ce mouvement des étoiles les plus proches est obtenu par l'examen et la comparaison de leurs propres mouvements, par où l'on découvre que, sur une partie du ciel, règne une prépondérance de mouvements propres allant vers une certaine direction, et une diminution en sens opposé, tandis que, pour les directions placées à angle droit des dernières, les mouvements propres ne sont pas, en moyenne, plus grands dans une direction qu'en sens contraire. Mais les mouvements particuliers des étoiles sont eux-mêmes si minimes et en même temps si irréguliers, que ce n'est que par un examen méthodique du mouvement de centaines et de milliers d'étoiles, que la direction du mouvement solaire peut être déterminée.

Jusqu'à une époque très récente, les astronomes étaient d'accord pour admettre que le mouvement se dirigeait vers un point d'Hercule, près du bras étendu dans la figure de cette constellation. Mais les dernières recherches concernant ce problème, qui renferme la comparaison des mouvements de plusieurs milliers d'étoiles dans toute la voûte céleste, ont fourni la conclusion suivante, à savoir que la direction la plus probable de l' « apex solaire », — point sur lequel se dirige le soleil, — se trouve dans la constellation adjacente de la Lyre, voisine de la brillante étoile Véga.

C'est là la position que le professeur Newcomb, de Washington, estime être la plus probable, bien que le champ des investigations reste ouvert.

Il est beaucoup plus difficile de déterminer la vitesse de ce mouvement, à cause du petit nombre d'étoiles dont les distances ont été calculées, et parce que très peu d'entre elles sont placées dans des directions favorables à des mesures exactes. Les meilleurs calculs effectués jusqu'en 1890, donnèrent pour résultat un mouvement de 24 kilomètres par seconde.

Mais, plus récemment, l'astronome américain Campbell a déterminé, à l'aide du spectroscope, le mouvement, suivant le rayon visuel, d'un nombre considérable d'étoiles en deçà et au delà de l'apex solaire, et, en comparant la moyenne de ces mouvements, il en déduit, pour le soleil, un mouvement d'environ 20 kilomètres par seconde; c'est là le résultat aussi exact qui puisse être atteint dans l'état actuel de la question.

QUELQUES RÉSULTATS NUMÉRIQUES
DES MESURES SUS-INDIQUÉES

La mesure des distances et des mouvements propres d'un nombre considérable d'étoiles, ainsi que les déterminations exactes de l'éclat relatif des plus brillantes d'entre elles, ont fourni des résultats numériques très remarquables, qui servent de points de repère à l'échelle de grandeur de l'univers stellaire. Ces résultats nous donnent aussi un aperçu de l'évolution de notre soleil dans l'espace, ou de son mouvement propre.

Les parallaxes d'environ cinquante étoiles ont été maintes fois mesurées avec des résultats si sérieux que le professeur Newcomb les considère comme tout à fait dignes de confiance; ils varient de un centième à trois quarts de seconde. Trois autres étoiles, qui sont de première grandeur, — Rigel, Canope et Alpha du Cygne (Deneb), — n'ont pas de parallaxe mesurable, malgré les persévérants efforts de beaucoup d'astronomes, offrant en cela un exemple frappant du fait que l'éclat seul n'est point une preuve de la proximité.

Six autres étoiles ont une parallaxe n'atteignant qu'un

cinquième de seconde, et cinq d'entre elles sont de première ou de seconde grandeur.

Des neuf étoiles n'ayant que peu ou pas de parallaxe, six sont situées dans l'intérieur ou près de la Voie lactée, autre indication d'éloignement excessif, démontrée d'autre part, par le fait qu'elles n'ont qu'un très faible, ou même aucun mouvement propre.

Ces constatations confirment la conclusion déjà formulée par les astronomes, à la suite d'une étude approfondie de la distribution des étoiles, à savoir que la plus grande partie des étoiles de toutes grandeurs, répandues à travers la Voie lactée, ou le long de ses bords, appartiennent réellement à ce grand système, et forment corps avec lui.

C'est là une conclusion fort importante, car elle nous enseigne que les plus grands soleils, tels que Rigel et Betelgeuse, dans la constellation d'Orion, Antares, dans le Scorpion, Deneb, dans le Cygne (Alpha du Cygne), et Canope (Alpha Argus). sont, selon toute probabilité, aussi éloignés de nous que les innombrables petites étoiles qui donnent à la Voie lactée son apparence nébuleuse ou laiteuse. Considérons un instant la signification de ces faits. Le professeur S. Newcomb, l'une des plus hautes autorités en ces matières, nous dit que les longues séries de mesures destinées à découvrir la parallaxe de Canope, l'étoile la plus brillante de l'hémisphère sud, auraient montré, — s'il avait pu en exister une pareille, — une parallaxe d'un centième de seconde. Cependant, les résultats paraissaient toujours converger vers une moyenne de 0'',000. Dans la supposition où la parallaxe de cette étoile serait présumée être un peu inférieure à un centième de seconde, — disons 1/125ᵉ de seconde, — la lumière prendrait, à cette distance, environ 400 ans pour nous parvenir, de telle sorte qu'en supposant que cette très brillante étoile est située un peu en deçà de la Voie lactée, il nous faut donner à ce grand cercle d'étoiles une distance d'environ 500 années de lumière. En nous rendant compte de ce que représente un million, nous pouvons saisir partiellement la vitesse de la lumière, qui franchit un million de kilomètres en 3 secondes 1/3, faisant presque exactement 300.000 kilomètres à la seconde.

Avec cette vitesse effrénée, la lumière prend plus de 4 années 1/3 pour nous arriver de la plus rapprochée des étoiles.

Ayant ainsi vérifié le fait que les brillantes étoiles de la Voie lactée doivent être au moins cent fois plus distantes de nous que ces étoiles plus rapprochées, nous avons découvert ce qu'on peut appeler une distance minimum pour ce vaste anneau d'étoiles. Il peut être infiniment plus éloigné, mais il n'est guère possible qu'il soit beaucoup moins distant, à savoir de plus de 400 années de lumière.

DIMENSION PROBABLE DES ÉTOILES

Ayant obtenu de la sorte une limite inférieure pour la distance de plusieurs étoiles de première grandeur, ainsi que pour leur éclat actuel, et leur émission de lumière, comparés à notre soleil, — les mesures ayant été soigneusement prises, — nous avons recueilli de ce fait quelques indications sur leur grandeur, mais non une certitude absolue. Par ce moyen, on a trouvé que Canope donne dix mille fois plus de lumière que notre soleil, de sorte que si sa surface possède le même éclat, elle doit avoir un diamètre cent fois plus grand que le soleil. Mais Canope appartenant au type blanc ou de Sirius, elle est probablement beaucoup plus lumineuse ; mais si elle l'était vingt fois plus encore, il faudrait qu'elle eût vingt-deux fois et demie le diamètre du soleil ; et comme les étoiles de ce type sont probablement entièrement gazeuses et infiniment moins denses que notre soleil, cette dimension énorme ne doit pas être éloignée de la vérité.

On croit que les étoiles blanches ont généralement une plus grande surface lumineuse que notre soleil. Beta Aurigae, une étoile de deuxième grandeur aussi, du type Sirius, est l'une des étoiles doubles, dont la distance a été mesurée, ce qui a permis à M. Gore de constater que la masse du système binaire est cinq fois plus grande que celle du soleil, leur lumière étant cent dix-sept fois plus grande. Si même leur densité est très inférieure à celle du soleil, l'éclat intrinsèque de la surface sera considérablement plus grand. Une autre étoile double, Gamma, du Lion, a été trouvée trois cents fois plus brillante que le soleil, si la densité est la même, mais elle devrait être sept fois moins dense que l'air, afin d'avoir l'étendue de surface requise pour émettre la même quantité de lumière. Il faudrait aussi que sa surface n'émît pas plus de lumière que notre soleil, et cela dans des limites égales.

Il est clair, par conséquent, que beaucoup d'étoiles sont infiniment plus grandes et plus brillantes que notre soleil; mais il existe aussi un grand nombre de petites étoiles, dont les grands mouvements propres, aussi bien que les mesures parallactiques, prouvent qu'elles sont comparativement près de nous, et qui n'ont que la cinquantième partie de l'éclat du soleil. Elles doivent donc être relativement petites, ou, si elles sont grandes, ne posséder qu'un faible éclat. Pour certaines étoiles doubles, il est prouvé qu'elles sont placées dans la dernière de ces alternatives.

Il est probable, toutefois, que d'autres de ces étoiles sont encore inférieures à la moyenne. Jusqu'ici, il n'existe aucun autre moyen de déterminer la grandeur d'une étoile que par un calcul; leurs distances sont si énormes que les télescopes les plus puissants ne montrent qu'un point lumineux et non un disque. Mais maintenant que nous obtenons la distance exacte d'un grand nombre d'étoiles, nous pouvons déterminer la limite extrême de leurs dimensions actuelles. Comme l'étoile fixe la plus rapprochée, Alpha du

Centaure, a une parallaxe de 0,75, cela signifie que si cette étoile a un diamètre aussi grand que notre distance du soleil (laquelle ne dépasse pas de beaucoup plus de cent' fois le diamètre du soleil), ladite étoile aurait en réalité un disque distinct environ aussi grand que le premier satellite de Jupiter. Si elle possède seulement un dixième du volume supposé, elle apparaîtra, à l'aide des meilleurs télescopes modernes, sous la forme d'un disque. M. Ranyard a remarqué que si l'hypothèse de la nébuleuse est réelle, et que si notre soleil s'étendait jadis jusqu'à l'orbite de Neptune, alors, on devrait trouver, parmi les millions de soleils visibles, quelques-uns d'entre eux à des périodes variées de développement.

Tout soleil possédant un diamètre approchant quelque peu de ce volume, et situé à cent fois la distance d'Alpha du Centaure, serait vu, à l'aide du télescope de Lick, avec un disque d'une demi-seconde de diamètre. Donc, le fait qu'il n'y a point d'étoiles à disques visibles prouve qu'il n'existe aucun soleil de la dimension requise, et ajoute un nouvel argument contre l'hypothèse de la nébuleuse primitive.

CHAPITRE VI

L'Unité et l'Évolution du Système stellaire.

Le résumé très condensé que nous venons de donner des découvertes de l'astronomie moderne, en rapport avec le sujet que nous discutons, donnera, je l'espère, quelque idée, soit du travail déjà accompli, soit du nombre d'intéressantes questions qui restent encore à résoudre.

Les astronomes les plus éminents du monde entier considèrent la solution de ces problèmes, non pas peut-être en leur attribuant une haute valeur intrinsèque, mais comme autant de pas vers une connaissance plus complète de notre univers. Leur but est de faire, pour le système solaire, ce que fit Darwin pour le monde organique, c'est-à-dire de découvrir les variations qui s'accomplissent dans les cieux, et d'apprendre comment les mystérieuses nébuleuses, les différents types d'étoiles, ainsi que les groupes et les systèmes stellaires, dépendent les uns des autres.

De même que Darwin résolut le problème de l'origine des espèces organiques provenant d'autres espèces, et nous a ainsi rendus capables de comprendre comment l'ensemble des formes actuelles de la vie se sont développées des types préhistoriques, de même les astronomes espèrent arriver à résoudre le problème de l'évolution des soleils, en partant de types stellaires primitifs; ils comptent obtenir ainsi la définition claire et nette de tout l'univers stellaire, et parvenir ensuite à en connaître l'état actuel.

Des volumes entiers ont déjà été écrits sur ce sujet, et l'on a émis bien des suggestions et des hypothèses ingénieuses. Mais les difficultés sont immenses, car les faits à coordonner sont fort nombreux, et ne constituent qu'un fragment du grand tout inconnu. Cependant, on a pu formuler plusieurs conclusions bien définies; l'accord des penseurs et des observateurs impartiaux sur les principes fondamentaux de l'évolution, semble affirmer que nous progressons, lentement il est vrai, mais sur des bases certaines, vers la solution du plus colossal problème scientifique auquel, jusqu'ici, l'intelligence humaine ait tenté de s'attaquer.

L'Unité de l'Univers stellaire

Durant la seconde moitié du XIXe siècle, l'opinion des astronomes a de plus en plus penché vers la conviction que l'univers visible entier des étoiles et des nébuleuses constitue un système complet et étroitement coordonné. Durant les trente dernières années, le vaste ensemble des faits accumulés par les recherches stellaires, a si fortement fixé ce point de vue, qu'il est à peine mis en doute par les autorités compétentes.

L'idée que les nébuleuses étaient beaucoup plus éloignées de nous que les étoiles, s'accrédita même longtemps après qu'elle eut été abandonnée par son principal partisan, Sir W. Herschel.

Lorsqu'au moyen de son puissant télescope, alors sans rival, il eut analysé la Voie lactée, et l'eut reconnue composée d'étoiles, et lorsqu'il eut démontré que de nombreux corps, classés jusqu'ici comme nébuleuses, étaient réellement des amas d'étoiles, il fut naturel de supposer que ceux d'entre eux qui conservaient encore leur apparence nuageuse, même sous les plus forts objectifs, étaient également des groupes ou des systèmes stellaires, auxquels il ne manquait que des instruments encore plus puissants pour découvrir leur véritable nature.

Cette idée trouva confirmation dans le fait que plusieurs nébuleuses furent reconnues comme ayant plus ou moins la forme d'un anneau correspondant ainsi, sur une échelle moindre, avec la forme de la Voie lactée, de telle sorte que, lorsque Herschel découvrit des milliers de nébuleuses télescopiques, il prit l'habitude de les mentionner comme formant autant d'univers distincts dispersés dans les profondeurs infinies de l'espace.

Actuellement, quoi qu'il soit presque impossible d'avoir une impression réelle de l'immensité de l'univers stellaire, dont la Voie lactée, avec ses étoiles agglomérées, représente le trait fondamental, l'idée d'un nombre illimité d'autres univers, infiniment éloignés du nôtre, et cependant distinctement visibles dans les cieux, a si fort influencé l'imagination du public, qu'elle est devenue, pour ainsi dire, un lieu commun de l'astronomie populaire, et n'a été mise de côté qu'avec peine par les astronomes eux-mêmes. Et cela résulte en grande partie du fait que les nombreux écrits de Sir William Herschel, paraissant presque tous dans les *Transactions philosophiques de la société royale*, étaient fort peu lus, et que lui-même n'a rendu compte de son changement de point de vue que par quelques courtes phrases, qui passèrent aisément inaperçues.

Feu M. Proctor paraît être le premier astronome qui ait entrepris l'examen complet des écrits de Herschel, et il raconte qu'il a dû les relire cinq fois, avant de saisir les opinions de l'auteur à des périodes différentes.

Mais le premier homme qui ait mis en lumière le réel enseignement des faits, quant à la distribution des nébuleuses, ne fut point un astronome, mais bien notre grand étudiant en philosophie scientifique, Herbert Spencer.

Dans un remarquable essai sur l'*Hypothèse de la Nébuleuse*, paru dans la *Revue de Westminster*, de juillet 1858, il affirme que la nébuleuse fait réellement partie de notre propre Voie lactée et de notre univers stellaire. Un seul passage de son travail indiquera son mode d'argumentation, lequel, ajoutons-le, a déjà été relevé par Sir John Herschel, dans ses *Esquisses astronomiques* :

« S'il n'existait qu'une seule nébuleuse, il serait curieux de la faire coïncider dans l'espace avec la direction d'une région sans étoiles de notre propre système sidéral. S'il n'y avait que deux nébuleuses, et que toutes deux fussent ainsi placées, la coïncidence serait certainement étrange. Que dirons-nous donc en apprenant que des milliers de nébuleuses sont placées de la même façon ? Admettrons-nous que, dans des milliers de cas, les voies lactées lointaines s'arrangent pour se juxtaposer dans leurs positions visibles avec les régions sans étoiles de notre propre Voie lactée ? Une telle opinion est inadmissible ».

Il applique ensuite le même argument à la distribution des nébuleuses, comme formant un tout:

« Dans cette zone de l'espace céleste où les étoiles sont excessivement abondantes, les nébuleuses sont rares, tandis que, dans les deux espaces célestes opposés, qui sont le plus éloignés de cette zone, ces nébuleuses sont nombreuses. Presque aucune nébuleuse n'est située près du cercle galactique, ou du plan de la Voie lactée; tandis que le plus grand nombre de ces dernières se trouve autour des pôles galactiques. Cela n'est-il qu'une simple coïncidence ? » Et il conclut, d'après cela, que « les preuves d'une connexité physique deviennent écrasantes ».

Rien n'est plus clair ni plus concluant; mais, du fait que Spencer n'était pas un astronome, et qu'il écrivait dans une revue peu connue, le monde astronomique s'occupa peu de lui; ce ne fut que dix ou quinze ans après, lorsque M. R.-A. Proctor, à l'aide de ses cartes d'étude et de ses communications variées faites de 1869 à 1895 à la Société royale et à la Société astronomique, que l'attention du monde scientifique s'empara du grand principe de l'unité essentielle de l'univers stellaire, pour l'établir solidement. Ce principe est maintenant accepté par tous les écrivains astronomes de valeur du monde entier.

L'Évolution de l'Univers stellaire

Il est difficile, parmi la masse énorme d'observations et de spéculations suggestives, concernant ce problème si intéressant, de recueillir ce qui est important et digne de confiance.

Mais l'essai doit être tenté, car, à moins que mes lecteurs n'aient quelque aperçu des faits les plus saillants qui s'y rapportent, ainsi que des suggestions diverses mises en lumière pour expliquer les faits, ils ne pourront apprécier qu'imparfaitement la grandeur, les merveilles et le mystère de l'univers dans lequel nous vivons, et dont nous constituons une partie des plus importantes.

Le Soleil est une Étoile-type

Le fait étant prouvé que les étoiles sont des soleils, une certaine connaissance de notre soleil est indispensable pour nous enquérir de leur nature, et des changements probables qu'elles ont éprouvés.

La densité du soleil n'étant que le quart de celle de la terre, soit moins qu'une fois et demie celle de l'eau, cela prouve qu'il ne peut être solide, parce que la force de la gravité à sa surface étant vingt-six fois et demie plus forte qu'à la surface de la terre, les matériaux d'un globe solide seraient tellement comprimés, que la densité qui en résulterait serait au moins vingt fois plus grande, au lieu d'être quatre fois plus petite, — que celle de la terre.

Cela tend à montrer que la matière qui compose le soleil

est gazeuse, mais qu'elle est comprimée de telle façon, par sa force d'attraction, qu'elle se comporte plutôt comme un liquide.

Quelques chiffres, indiquant les vastes dimensions du soleil et de la chaleur qu'il émet, nous feront mieux comprendre les phénomènes qu'il nous présente, ainsi que leur interprétation. Proctor estime que 6 centimètres carrés de la surface du soleil émettent autant de lumière que 25 arcs électriques, et le professeur Langley a démontré, au moyen d'expériences, que le soleil est 5.300 fois plus brillant et 27 fois plus chaud que le métal chauffé à blanc d'un four convertisseur de Bessemer.

La somme totale de chaleur reçue par la terre est suffisante pour faire marcher, sans interruption, une machine de trois chevaux sur chaque surface de six centimètres carrés de la superficie de notre globe.

Le volume du soleil est tel, que si la terre était située à son centre, non seulement il y aurait une place suffisante pour l'orbite de la lune, mais encore pour un autre satellite éloigné de 304.000 kilomètres de la lune, toujours évoluant à l'intérieur du soleil.

La quantité de matière contenue dans le soleil est 745 fois plus grande que celle de toutes les planètes réunies; de là la force de gravitation énorme qui les retient dans leurs orbites.

Ce que nous apercevons à la surface du soleil n'est que la photosphère ou enveloppe extérieure, de nature gazeuse ou partiellement liquide, maintenue à un niveau limité par la puissance de la gravitation. La photosphère possède une texture granuleuse indiquant une certaine variété de surface ou d'éclat lumineux; le contour uni du bord du soleil indique cependant que ces irrégularités ne sont pas de très grandes dimensions. Cette surface est apparemment déchirée par ce qu'on est convenu d'appeler les taches du soleil, que l'on a longtemps supposées être des cavités montrant un intérieur obscur. A l'heure actuelle, on les attribue à des avalanches de matières qui retombent refroidies sur la surface du soleil, après en avoir été expulsées sous forme de jets lumineux ou protubérances, visibles pendant les éclipses solaires.

Les taches paraissent noires, mais le long de leur bord, on voit une pénombre formée de taches brillantes et allongées, se croisant et se dépassant l'une l'autre, comme le chaume d'un toit. Parfois, des parties brillantes surplombent les taches sombres, et souvent les traversent entièrement; d'autres taches, brillantes, nommées facules, accompagnent les parties sombres et les entourent parfois presque complètement.

Les taches solaires sont quelquefois nombreuses, quelquefois très rares; leur volume est si énorme que, lorsqu'elles apparaissent, on peut facilement les voir à l'œil nu, à la condition que celui-ci soit protégé par un écran de verre enfumé; on les verra mieux avec une jumelle de théâtre munie d'un même écran.

Ces taches augmentent en nombre pendant plusieurs années, puis diminuent de même; le maximum revient après une période de onze années, mais sans exactitude garantie, puisque l'intervalle entre deux maxima ou minima est parfois seulement de neuf et parfois de treize années; de plus, le minimum ne se fait pas à mi-chemin entre deux maxima, mais plus près de celui qui suit que de celui qui précède.

Ce qu'il y a de plus frappant, c'est que les variations du magnétisme terrestre suivent les variations des taches avec une grande ponctualité, et les commotions violentes du soleil, annoncées par l'apparition soudaine des facules, des taches ou des proéminences à sa surface, sont toujours accompagnées de perturbations magnétiques terrestres.

Les Alentours du Soleil

On a dit avec raison que ce que nous appelons communément le soleil n'est, en réalité, que le brillant noyau d'un corps nébuleux. Ce noyau consiste en matière gazeuse, mais il est si fortement comprimé, qu'il ressemble à un liquide ou même à un fluide visqueux.

Environ quarante éléments divers ont été reconnus dans le soleil, au moyen des lignes noires du spectre, mais il est presque certain que tous les éléments, sous une forme ou sous une autre, y existent. Cette surface brillante et semi-liquide est nommée *photosphère*, puisque c'est par son moyen que la lumière et la chaleur rayonnent jusqu'à nous.

Immédiatement au-dessus de cette surface lumineuse, se trouve la « couche renversante », ou couche absorbante, consistant en vapeurs métalliques denses, larges seulement de quelques centaines de kilomètres, étant, quoiqu'en fusion, un peu plus froides que la surface de la photosphère. Lorsqu'on prend son spectre, au moment où le soleil est totalement obscurci, au travers d'une fente dirigée par la tangente vers le disque du soleil, ce spectre, dis-je, montre une masse de lignes brillantes correspondant, dans une large mesure, avec les lignes noires du spectre solaire connu. Il provient de la couche renversante qui absorbe les rayons émis par chaque élément, et change en lignes noires leurs lignes colorées caractéristiques.

Mais, comme les lignes colorées ne se trouvent pas correspondre, dans cette couche, avec les lignes noires du spectre solaire, on suppose maintenant qu'une absorption spéciale doit aussi survenir dans la chromosphère, et peut-être dans la couronne elle-même.

Sir Norman Lockyer, dans son volume sur l'*Évolution inorganique*, va même jusqu'à dire que la véritable couche renversante du soleil, — celle qui, par son absorption, produit les lignes noires dans le spectre solaire, — est maintenant prouvée être, non point la chromosphère elle-même, mais une couche de température inférieure placée au-dessus d'elle.

Au-dessus de la « couche renversante » vient la chromosphère, vaste masse d'émanations rosées ou écarlates, entourant le soleil à une distance d'environ 6.400 kilomètres.

Vue pendant les éclipses, cette masse montre un profil dentelé et ondulé, mais sujet à de grandes modifications, et produisant les protubérances déjà mentionnées. Celles-ci sont de deux sortes : les unes tranquilles et paraissant comme des nuages énormes conservant longtemps leur forme, et les autres éruptives, s'élançant en flammes ou en jets ramifiés, atteignant des vitesses de 500 kilomètres par seconde, et retombant ensuite avec la même rapidité.

La chromosphère et ses protubérances tranquilles paraissent être des masses gazeuses, consistant en hydrogène, hélium et coronium, tandis que les éruptives montrent toujours la présence de vapeurs métalliques, spécialement du calcium.

Les protubérances augmentent en grandeur et en nombre dans un rapport étroit avec l'augmentation des taches solaires. Au delà de la chromosphère rouge et des protubérances apparaît la merveilleuse et blanche gloire de la couronne, qui s'étend à une énorme distance autour du soleil. De même que les protubérances de la chromosphère, elle est sujette à des changements périodiques de forme et de dimension correspondant à la période des taches solaires, mais en sens inverse, un minimum de taches solaires coïncidant avec une extension maximum de la couronne.

Lors de l'éclipse totale de juillet 1878, tandis que la surface du soleil était presque immaculée, la couronne formait

7

une paire d'énormes courants équatoriaux, s'étendant à l'est et à l'ouest du soleil, à une distance de 16 millions de kilomètres; de moins grandes extensions de la couronne partaient des deux pôles.

Durant les éclipses de 1882 et de 1883, lorsque les taches solaires étaient à leur maximum, la couronne était régulièrement formée, non point par de grandes extensions, mais elle avait un grand éclat. Cette correspondance a été remarquée à chaque éclipse; il y a donc une connexité évidente entre les deux phénomènes.

La lumière de la couronne est supposée dériver de trois sources : de particules incandescentes solides ou liquides rejetées par le soleil, de la lumière du soleil réflétée par ces particules, enfin, d'émissions gazeuses. Son spectre possède une raie verte, qui lui est propre, et qui provient d'un gaz inconnu, nommé coronium; sous d'autres rapports, ce spectre rappelle davantage celui de la lumière réfléchie du soleil.

Les extensions énormes de la couronne, en grands panaches effilés, paraissent indiquer des forces répulsives électriques, analogues à celles qui produisent les queues des comètes.

En rapport avec la couronne du soleil, se trouve cet étrange phénomène que l'on nomme la lumière zodiacale. C'est une fine nébuleuse que l'on voit souvent après le coucher du soleil, au printemps, et à l'aube en automne, partant de l'horizon dans la direction du soleil, et se dirigeant le long du plan de l'écliptique.

Observée dans des conditions très favorables, on l'a reconnue au printemps, dans le ciel, à l'orient, à 180° de la position du soleil, indiquant qu'elle s'étend au delà de l'orbite terrestre.

De longues séries d'observations, faites au sommet du Pic du Midi, montrent que tel est le cas, et qu'elle est située, presque exactement, dans le plan de l'équateur du soleil. Cette lumière passe donc pour être produite par les particules minimes rejetées par le soleil, à travers les lignes formant les courants coronaux, qui ne sont visibles que durant les éclipses totales de soleil.

L'étude approfondie du phénomène solaire a démontré très clairement le fait qu'aucune des enveloppes du soleil, depuis la couche renversante jusqu'à la couronne elle-même, ne constitue, à vrai dire, une atmosphère. La combinaison de forces attractives énormes avec une somme de chaleur qui maintient tous les éléments liquides ou gazeux, conduit à des conséquences qu'il nous est difficile de suivre ou de comprendre.

Il y a certainement un mouvement constant de circulation dans l'intérieur du soleil, d'où résultent les facules, les taches, la photosphère d'un éclat intense, et enfin la chromosphère avec ses vastes flammes lumineuses et ses protubérances éruptives.

Toutefois, il semble impossible que ce mouvement incessant et violent puisse être maintenu, sans un apport continuel ou périodique de nouveaux combustibles, pour renouveler la chaleur, conserver la circulation interne et remplacer le déficit. Il se peut que le mouvement du soleil à travers l'espace l'amène en contact avec des masses de matières assez considérables pour exciter continuellement son mouvement interne, sans lequel la surface extérieure se refroidirait rapidement, et toute vie planétaire disparaîtrait. Les différentes enveloppes solaires sont le résultat de cette agitation intérieure, de ces éruptions, tandis que la couronne n'est probablement qu'un peu plus dense que la queue des comètes, peut-être même moins, puisque les comètes pénètrent fréquemment au travers sans rien perdre de leur vitesse.

Le fait qu'aucune des enveloppes solaires ne nous est visible, avant que la lumière de la photosphère soit complètement masquée, et que toutes s'évanouissent dès l'instant que le premier rayon direct nous arrive du soleil, est une autre preuve de leur extrême finesse, de même que le bord clairement défini du disque du soleil en est une autre.

Donc, les enveloppes consistent partiellement en substance liquide ou vaporeuse également répartie; chassée par des explosions ou par des forces électriques, cette matière qui se refroidit rapidement, se convertit en poussière insaisissable, ou même en molécules physiques.

Beaucoup de cette matière retombe continuellement sur la surface du soleil, mais une certaine quantité de la plus fine poussière est sans cesse expulsée par la force électrique, de façon à former la couronne et la lumière zodiacale.

Les vastes effluves de la couronne, ainsi que l'anneau encore plus étendu de la lumière zodiacale, sont dus très probablement aux mêmes causes, et possèdent la même constitution physique que la queue des comètes.

Du fait que toute la lumière solaire passe au travers de la couche renversante et de la chromosphère rouge, sa couleur doit en être quelque peu modifiée. On peut donc en déduire ceci, c'est que si ces dernières manquaient, non seulement l'éclat et la chaleur du soleil en seraient considérablement augmentés, mais sa couleur deviendrait d'un blanc pur, se rapprochant du bleu, plutôt que de la teinte jaunâtre qu'il possède actuellement.

Hypothèses sur les Nébuleuses et les Météores

La constitution du soleil et sa propriété d'influencer le magnétisme et l'électricité dans la matière des satellites qui l'entourent, constitue notre meilleur guide pour la composition des étoiles et des nébuleuses et pour leur influence réciproque. Ainsi, le mode d'évolution du soleil et du système solaire, en partant de quelque condition primitive, que ce soit, nous aidera probablement à acquérir quelques connaissances sur la constitution de l'univers stellaire et sur les changements qui s'y effectuent.

Tout au début du xixᵉ siècle, le grand mathématicien Laplace publia sa *Théorie nébulaire de l'origine du système solaire;* et, bien qu'il ne la présentât que comme une simple suggestion, et qu'il ne la confirmât par aucune date numérique ou physique, ni par aucune démonstration mathématique, sa grande réputation, ainsi que l'exposé clair et simple de sa thèse, la rendirent très populaire, de façon qu'elle pût être appliquée à l'entière évolution de l'univers stellaire.

Cette théorie peut se résumer en ceci: la matière entière du système solaire formait jadis une masse globulaire ou sphérique de gaz fortement chauffée, s'étendant au delà de l'orbite de la plus lointaine planète, et possédant un mouvement lent de révolution autour d'un axe.

A mesure que ce globe se refroidit et se resserra, la vitesse de la rotation augmenta, et celle-ci s'accrut tellement qu'à diverses époques, il émit des anneaux qui, par suite de légères irrégularités, se brisèrent, en évoluant ensemble, et formèrent les planètes. La contraction continuant, le soleil, tel que nous le voyons maintenant, en fut le résultat.

Cette hypothèse de la nébuleuse fut acceptée pendant un demi-siècle, mais durant les trente dernières années, tant d'objections et de difficultés ont été soulevées contre elle, qu'il a paru impossible de la garder, même comme une hypothèse purement théorique.

En même temps, naissait une autre hypothèse, qui paraît plus conforme aux faits démontrés par notre propre système solaire, et qui n'est pas accessible aux objections soulevées contre la théorie nébulaire, même si elle en suggère quelques nouvelles.

Une objection capitale, faite à la théorie de Laplace, c'est

qu'étant donné un gaz d'une aussi forte densité que doit
l'avoir été la nébuleuse solaire, même lorsqu'elle ne s'étendait qu'à Saturne ou Uranus, elle ne pourrait avoir aucune
cohésion possible, et n'a pu, par conséquent, pas émettre
des anneaux entiers, à des intervalles éloignés, mais seulement de petits fragments, et cela à mesure que se pour-
suivait la condensation. Ces fragments, en se refroidissant,
formeraient des particules solides, sorte de poussière
météorique, lesquelles pourraient s'agréger en nombreuses petites planètes, ou persister telles quelles durant une
période infinie, tels que les anneaux de Saturne ou le
grand anneau des Astéroïdes.

Une autre objection vitale est celle-ci : comme la nébuleuse, en s'étendant au delà de l'orbite de Neptune, ne peut
avoir possédé qu'une densité moyenne d'environ deux cent
millionièmes d'atmosphère, cette densité diminuera de
plusieurs centaines de fois près de sa surface extérieure,
et sera, de ce fait, exposée au froid de l'espace stellaire,
froid capable de solidifier l'hydrogène.

Il est donc évident que les gaz provenant de tous les éléments métalliques et solides ne pourraient subsister sous
cette forme, mais se transformeraient rapidement et même
instantanément, d'abord en liquides, puis en solides; ceux-
ci formeraient alors une poussière météorique, même avant
que la contraction ait duré assez longtemps pour produire
une rotation assez forte capable de rejeter une portion
quelconque de la matière gazeuse.

Nous trouvons là les bases de l'hypothèse météorique
qui fait actuellement son chemin sans interruption. Elle
s'appuie sur le fait que nous découvrons partout des preuves de cette matière solide dans les espaces interplanétai-
res qui nous environnent. Elle pleut continuellement sur
notre terre et nous pouvons la recueillir sur les neiges arctiques et alpines. On la découvre dans les abîmes les plus
profonds de l'océan, où les dépôts organiques ne sont pas
assez épais pour la masquer.

Cette substance constitue, comme cela vient d'être démontré, les anneaux de Saturne. Des milliers de vastes anneaux de particules solides circulent autour du soleil, et lorsque notre terre traverse l'un de ces anneaux et que leurs particules entrent dans notre atmosphère par la vitesse planétaire, la friction les enflamme et nous donne les étoiles filantes.

La queue des comètes, la couronne du soleil et la lumière zodiacale sont trois phénomènes étranges, lesquels, quoique étant absolument inexplicables au moyen de n'importe quelle théorie sur la formation gazeuse, recoivent leur solution de la façon suivante : Ce sont des amas de particules minimes et solides, véritable poussière cosmique, qui sont lancées au loin par les énormes répulsions électriques émanant du soleil.

Possédant les preuves variées que la matière solide, qu'il s'agisse des globes majestueux de Jupiter et de Saturne, ou de la parcelle infinitésimale chassée à des millions de milles pour former la queue d'une comète, que cette matière, dis-je, existe partout autour de nous, nous comprenons que,-par suite de collisions entre ces particules ou avec l'atmosphère planétaire, cette matière produit la chaleur et la lumière, avec des émanations gazeuses; cet ensemble de faits et d'observations confirme l'hypothèse météorique, tandis que la théorie nébulaire, essentiellement gazeuse de Laplace, ne la possède pas.

Durant la dernière partie du XIXe siècle, quelques savants suggérèrent l'idée de cette formation possible du système solaire, mais feu R. A. Proctor fut le premier à la discuter en détail, et à démontrer que cette formation élucide beaucoup de particularités dans la dimension et l'arrangement des planètes et de leurs satellites, anomalies que l'hypothèse nébulaire n'explique pas. M. Proctor développe son idée assez longuement dans le chapitre sur les météores et les comètes, tiré de l'ouvrage *Autres Mondes que les nôtres*, publié en 1870.

Il soutient qu'au lieu du brouillard de Laplace, l'espace occupé maintenant par le système solaire et par l'espace inconnu qui l'entoure, est occupé par de grandes quantités de particules solides de toute espèce de matières, que nous trouvons actuellement dans la terre, le soleil et les étoiles.

Cette matière, comme toute celle de l'univers, est irrégulièrement dispersée de nos jours. De plus, il déclare qu'à l'exemple de toutes les étoiles et des masses cosmiques, toutes celles-ci se meuvent autour d'un centre commun.

Dans ces conditions, partout où la matière est la plus compacte, il y aurait un centre d'attraction ou de gravitation, lequel conduirait nécessairement à une agrégation future, et les apports continus de matière agrégée produiraient de la chaleur.

Dans la suite des temps, si l'apport de matière cosmique est assez considérable, et ce sera toujours le cas, notre soleil, ainsi formé, augmenterait sa masse, et acquerrait, par la collision et la gravitation, une chaleur suffisante pour transformer le corps entier en une masse liquide ou gazeuse.

Cet état se prolongeant, des centres d'agrégation secondaires pourraient se former, lesquels, s'emparant d'une certaine proportion de la masse centrale, évolueraient autour de cette masse, dans des plans quelque peu divers, mais tous selon la même direction générale.

Les conditions thermiques de l'intérieur de la terre doivent, par conséquent, être attribuées non pas à la chaleur primitive de la matière, à l'état gazeux, hors de laquelle elle fut formée — condition physiquement impossible à remplir — mais ce degré de chaleur aurait été acquis par l'agrégation et la collision de masses météoriques tombant sur elle, et par sa propre force gravitative, produisant une condensation, soit une nouvelle force de chaleur.

D'après ce point de vue, Jupiter aurait probablement été formé le premier, et après lui, à de grandes distances,

Saturne, Uranus et Neptune; les agrégations intérieures seraient plus petites; par le fait que le pouvoir d'attraction du soleil plus considérable leur laisserait moins de chance de s'emparer de la matière météorique qui se répand sans cesse dans sa direction.

Nature météorique des Nébuleuses

Nous arrivons donc à la conclusion que, quelle que soit, en apparence, la matière nébuleuse existant dans les limites du système solaire, cette dernière n'est pas gazeuse, mais composée de particules solides; de même, si les gaz surchauffés sont associés à la matière solide, on ne peut expliquer ce fait que par la chaleur due aux collisions, soit avec d'autres particules solides, soit avec des accumulations de gaz à une basse température; comme les choses se passent ainsi lorsque des météores entrent dans notre atmosphère, il parut naturel d'examiner si les nébuleuses cosmiques et les étoiles ne pouvaient pas avoir une semblable origine.

Considérées de la sorte, les nébuleuses sont supposées être de vastes agglomérations de météores ou poussière cosmique, ou de gaz plus persistants, évoluant en mouvements circulaires ou spiraux ou en courants irréguliers; elles sont de plus si parcimonieusement répandues que les particules divisées de la poussière peuvent être éloignées par des centaines de kilomètres l'une de l'autre. Cependant ces nébuleuses, même télescopiques, peuvent contenir autant de matière que tout le système solaire.

En observant ce qui se passe dans le ciel, on peut rattacher à cette simple origine presque toutes les formes de soleils et les systèmes divers, et cela au moyen des lois connues entre le mouvement, la production de la chaleur et l'action chimique.

Le principal partisan de cette thèse est, actuellement, sir Norman Lockyer; ce savant l'a présentée, soit dans de nombreux journaux, soit dans ses travaux sur l'*Hypothèse météorique de l'évolution inorganique*. Il l'a développée en détail, comme étant le résultat d'années de laborieuses recherches, aidé qu'il fut par les contributions d'astronomes d'Europe et d'Amérique.

Ces vues se répandent graduellement parmi les astronomes et les mathématiciens, comme on le verra par le très court résumé de l'explication qu'elles donnent des principaux groupes de phénomènes présentés par l'univers stellaire.

Le Dr I. Roberts et les Nébuleuses en spirale

Le Dr Isaac Roberts, mort l'an dernier, possédait l'un des plus beaux télescopes pour la photographie des étoiles et des nébuleuses; il a émis dans le *Knowledge* de février 1897, ses idées sur l'évolution stellaire, en les illustrant de quatre belles photographies de nébuleuses en spirale.

Ces curieuses formes passaient pour rares au début; mais elles ont été depuis lors reconnues très nombreuses, lorsque les détails furent mis en lumière par la chambre photographique.

Plusieurs nébuleuses très grandes et en apparence très irrégulières, telles que les Nuées de Magellan, possèdent de faibles indices de structure en spirale. Comme l'on connaît maintenant plus de dix mille nébuleuses, et que l'on continue à en découvrir d'autres, il s'écoulera du temps avant que toutes aient pu être soigneusement étudiées et photographiées, mais des indices probables, tendent à prouver que beaucoup d'entre elles montreront des formes en spirale.

Sir Roberts dit que toutes les nébuleuses en spirale photographiées par lui se distinguent par un noyau environné d'une nébulosité dense, plusieurs d'entre elles étant parsemées d'étoiles.

Ces étoiles sont toujours disposées plus ou moins symétriquement, en suivant les courbes de la spirale, tandis qu'en dehors de la nébuleuse visible, d'autres étoiles semblent continuer ces courbes, accusant ainsi une extension bien plus grande de la nébuleuse primitive. Cette disposition si frappante se retrouve partout dans le ciel. Les constellations et les groupes d'étoiles sont disposés sur des lignes courbes et semblent jalonner ainsi la nébuleuse qui leur a donné naissance.

Le Dr Roberts propose plusieurs problèmes en corrélation avec les nébuleuses :

De quelles substances sont composées les nébuleuses en spirale ? D'où provient le mouvement giratoire qui a produit leurs formes ?

Il étudie la matière renfermée dans ces faibles nuages de substance nébulaire, souvent de grandes dimensions, lesquels se rencontrent en maints endroits des cieux, et sont si nombreux que sir W. Herschel seul a fixé les positions de cinquante deux régions du ciel, riches en nébuleuses, positions que la photographie a vérifiées en grande partie.

Le Dr Roberts estime que ces nuages sont ou gazeux, ou mélangés de particules solides. Il énumère, en outre, de plus petites masses nébulaires subissant une condensation en formes plus régulières; des nébuleuses en spirale à divers degrés de condensation et d'agrégation, des nébuleuses elliptiques et des nébuleuses planétaires. Il ressort clairement, par les photographies prises de ces trois dernières séries, qu'une condensation se poursuit, pour les transformer en étoiles ou en formes stellaires définitives.

Il adopte l'opinion de sir Norman Lockyer, à savoir que

le choc des météores dans chaque nuage produirait une
nébuleuse lumineuse; de même des collisions entre des
groupes séparés de météores produiraient les conditions
voulues pour expliquer les mouvements de rotation et la
distribution de la nébulosité dans la spirale.

Presque toute collision entre des masses inégales de
matière diffuse, amènerait, en l'absence d'un corps, massif
central, autour duquel elles devraient évoluer, des mouvements en spirales. Il est à remarquer que, bien que les
étoiles formées dans les circonvolutions des nébuleuses suivent ces courbes, et les conservent après que la substance
nébuleuse a été entièrement absorbée par elles, il arrive
cependant que, chaque fois qu'une semblable nébuleuse est
observée par nous, de profil, les circonvolutions avec leurs
étoiles nous apparaissent en lignes droites; de cette façon,
non seulement bien des groupes d'étoiles arrangés en courbes, mais ceux aussi qui forment des lignes étroites presque parfaites, peuvent être ramenés à l'origine d'une nébuleuse en spirale.

Le mouvement étant le résultat nécessaire de la gravitation, nous savons que chaque étoile, planète, comète ou
nébuleuse, doit se mouvoir dans l'espace, et que ces mouvements — excepté dans des systèmes physiquement unis
ou qui procèdent d'une origine commune — peuvent avoir
toutes les directions.

Quelle est l'origine de ces mouvements, et comment
sont-ils réglés actuellement ? Nous l'ignorons, mais ils
existent néanmoins; ils sont à la base de la puissance mo-
trice des collisions, lesquelles, en modifiant de grands
corps ou de grandes masses de matière diffuse, tendent à la
formation des diverses espèces d'étoiles permanentes; tandis que, lorsqu'il s'agit de plus petites masses, surgissent
alors ces étoiles temporaires qui intéressent les astronomes
de tous les temps. Il faut noter ceci, c'est que, bien que les
mouvements des étoiles simples paraissent s'effectuer en

lignes droites, les périodes pendant lesquelles on a observé leur mouvement sont si restreintes qu'en réalité elles évoluent peut-être en orbites circulaires autour d'un corps central, ou autour du centre de gravité de quelque groupe d'étoiles lumineuses ou obscures, qui peuvent être relativement immobiles.

Il peut y avoir des milliers de tels centres autour de nous, et cela expliquerait suffisamment les mouvements apparents des étoiles dans toutes les directions.

Une Hypothèse relative a la Formation des Nébuleuses

en spirale

Dans un article remarquable publié dans le *Journal Astrophysique* (juillet 1901), M. F. C. Chamberlin donne une origine à la nébuleuse spirale, ainsi qu'aux essais météoriques et aux comètes, origine qui, pour n'être pas unique, me paraît être assez plausible.

C'est un principe bien connu que, lorsque deux corps de grandeur stellaire, placés dans l'espace, passent à une certaine distance l'un de l'autre, le plus petit risque d'être déchiré en fragments, par suite de l'attraction prédominante du corps le plus grand et le plus dense. L'on peut calculer pour les corps gazeux et liquides, la distance à laquelle le plus petit d'entre eux sera réduit en fragments — autrement dit, la limite de Roche.

M. Chamberlin montre cependant qu'un corps solide se déchirera aussi à une distance moindre, dépendant de sa grandeur et de sa force cohésive, mais, à mesure que la dimension des deux corps augmente, à mesure aussi s'augmente la distance à laquelle la rupture survient, et lorsqu'il s'agit de corps très vastes, tels que les soleils, cette distance devient aussi considérable que lorsqu'il s'agit de liquides ou de gaz.

La rupture provient de la loi bien connue de la gravitation différentielle sur les deux faces d'un corps produisant
la marée dans un liquide, et une inégalité de tension
dans un corps solide.

Lorsque les changements de force gravitante s'effectuent
lentement et en faible quantité, les marées dans les liquides, et les tensions dans les solides, sont très petits, comme
c'est le cas pour notre terre, sous l'influence du soleil et de
la lune. Ce résultat consiste en une faible marée dans
l'océan et dans l'atmosphère, et sans doute aussi dans l'intérieur en fusion; l'écorce, relativement mince, peut aussi
la subir faiblement. Mais si nous supposons deux soleils,
sombres ou lumineux, dont les mouvements propres sont
dirigés de telle façon qu'ils se rapprochent l'un de l'autre,
nous verrons qu'à ce moment-là, chacun d'eux sera dévié
vers l'autre, et passera autour de leur centre de gravité
commun, avec une extrême vitesse, peut-être à des centaines de kilomètres par seconde. Placés à une distance considérable, ils commenceront à produire un allongement de
marée en deçà et au delà l'un de l'autre, mais lorsqu'ils
auront atteint la limite de rupture, les forces gravitatives
augmenteront si rapidement que même une masse liquide
ne pourrait prendre sa forme avec une rapidité suffisante,
et que l'effort interne colossal produirait l'effet d'une explosion, déchirant toute la masse du plus petit des deux corps,
et le réduisant en débris et en poussière.

Mais il est également démontré que, durant le phénomène entier, les deux portions allongées de la masse primitivement sphérique seront tellement influencées par la
gravitation qu'elles produiront une rotation progressive,
laquelle, venant s'ajouter au mouvement primitif, au moment de la crise, précipitera le moment de l'explosion
finale. Cette rapide rotation de la masse allongée donnerait
nécessairement au fragment en question un mouvement de
tourbillon ou de spirale et, par là même, créerait une nébu-

leuse en spirale, ayant une forme et un caractère dépendant de la taille et de la constitution des deux masses, et de même valeur que les forces explosibles mises en vigueur par leur approche.

Il existe un phénomène très suggestif, tendant à prouver que c'est là un des modes de formation de la nébuleuse en spirale. Lorsque survient la rupture explosible, les deux protubérances ou allongements du corps se séparent, et, possédant aussi un rapide mouvement giratoire, la spirale qui en résultera sera nécessairement double.

Maintenant, il est de fait que presque toutes les nébuleuses à spirales bien développées possèdent deux branches à l'opposé l'une de l'autre, telles qu'elles sont représentées dans M. 100 Comae, M. 51 Camini, et d'autres photographies par le Dr I. Roberts. Il ne paraît pas probable qu'aucune autre origine de ces nébuleuses puisse donner naissance à une double, plutôt qu'à une simple spirale.

L'Evolution des Etoiles doubles

Les progrès dans la connaissance des étoiles doubles et multiples ont été étonnamment rapides, de nombreux observateurs s'étant voués à cette branche spéciale.

Plusieurs milliers d'entre elles furent découvertes durant la première partie du xixe siècle, et, à mesure que le pouvoir télescopique s'accrut, de nouvelles étoiles continuèrent à apparaître, par centaines et par milliers, et l'on a récemment publié à l'Observatoire de Yerkes, Etats-Unis, un catalogue de 1.290 étoiles, découvertes entre 1897 et 1899, par un savant M. S. W. Burnham, à l'aide du plus puissant réfracteur qui existe actuellement. Toutes ces étoiles ont été ainsi découvertes au moyen du télescope, mais, durant le dernier quart de siècle, le spectroscope a ouvert un nouveau monde d'étoiles doubles du plus haut intérêt.

Les binaires télescopiques, qui ont été observées suffisamment longtemps pour pouvoir déterminer leurs orbites, ont des périodes qui varient d'environ onze années comme minimum, jusqu'à cent et même mille années. Mais le spectroscope révèle le fait que les milliers d'étoiles doubles découvertes au télescope ne forment qu'une très petite partie des systèmes binaires existants. Ce qui rend cette découverte d'une importance colossale, c'est qu'elle continue les durées de révolution, à partir du minimum de onze ans, des doubles télescopiques, en descendant en série non interrompue au travers des périodes de peu d'années, jusqu'aux périodes de révolution se chiffrant par mois, par jours et même par heures. De cette dernière période résulte nécessairement un affaiblissement correspondant de leur distance mutuelle, de telle façon que parfois les deux étoiles doivent être en contact et rouler, en quelques heures, l'une autour de l'autre.

Dans une remarquable communication à la *Nature*, en date du 12 septembre 1901, M. Alexandre W. Roberts, de Lowedale, Afrique du Sud, donne les principaux résultats de cette branche d'observation. Il est évident que toutes les étoiles variables se retrouvent parmi les binaires spectroscopiques. Elles sont placées, dans cette fraction de la série, pour laquelle le plan de l'orbite est dirigé vers nous, de telle sorte que, durant leur révolution, l'une des deux éclipse l'autre totalement ou en partie.

Dans certains cas, surviennent des irrégularités, telles que des maxima doubles et des minima de longueurs inégales, lesquelles peuvent être dues à des systèmes triples ou à d'autres causes non encore expliquées, mais, comme elles ont toutes de courtes périodes et paraissent toujours comme étoile unique dans les plus puissants télescopes, elles forment une division spéciale du système binaire spectroscopique.

On connaît actuellement 22 étoiles variables du type d'Algol, c'est-à-dire des étoiles ayant chacune un compagnon obscur, placé tout près d'elle, qui l'assombrit en entier, ou partiellement, à chaque révolution. Dans ce cas, la densité des systèmes peut être approximativement déterminée, et l'on arrive à vérifier qu'elles ne possèdent, en moyenne, qu'un cinquième de la densité de l'eau, ou qu'un huitième de celle de notre soleil.

Mais beaucoup d'entre elles, étant aussi grandes que notre soleil, ou sinon même beaucoup plus, il est évident qu'elles doivent être complètement gazeuses, même incandescentes et d'une constitution moins complexe que notre luminaire.

M. A. W. Roberts nous dit que, sur les vingt-deux étoiles variables, cinq évoluent en contact absolu, présentant ainsi la forme d'un haltère. Les périodes varient de douze jours à moins de neuf heures; et, dès ce point de départ, nous possédons maintenant une série continue de périodes croissantes, jusqu'aux étoiles jumelles de Castor, qui exigent plus de mille années pour compléter leur révolution.

Au cours de ses observations sur les cinq étoiles susmentionnées, M. Roberts trouva que l'une d'elles, Carène, s'était séparée de sa compagne, ce qui fait qu'au lieu d'être actuellement unie à elle, toutes deux sont maintenant distinctes d'un intervalle égal à un dixième de leur diamètre. On peut dire que ce savant a été presque témoin de la naissance d'un système stellaire.

Un an après, nous lisons dans *Knowledge*, octobre 1902, le rapport des expériences du professeur Campbell, à l'Observatoire de Lick. Il dit que, des 350 étoiles examinées spectroscopiquement, une sur huit est une binaire spectroscopique, et il est tellement frappé de leur abondance que, comme l'exactitude de ses calculs va en augmentant, il croit que l'étoile qui n'est pas une binaire spectroscopique deviendra une rare exception.

Le professeur G. Darwin avait déjà montré que l'haltère était une figure d'équilibre dans une masse de fluide en rotation, et nous avons maintenant les preuves que de telles figures existent, et qu'elles forment le point de départ pour les quantités énormes de systèmes binaires et spectroscopiques que l'on connaît maintenant.

L'origine de ces étoiles binaires tire un intérêt spécial du fait qu'elle confirme l'explication bien connue du professeur Darwin, sur l'origine de la lune par sa séparation d'avec la terre, grâce à la rotation très rapide de la planète mère.

Il est avéré aujourd'hui que certains soleils se subdivisent de la même façon; mais, par le fait peut-être de leur état gazeux incandescent, ils paraissent généralement former des globes presque réguliers.

L'évolution de cette forme spéciale de systèmes stellaires est donc maintenant un fait reconnu; cependant, il n'en faut point conclure que toutes les étoiles doubles ont eu la même origine.

Amas d'Etoiles et Etoiles variables

Les amas d'étoiles sont assez abondants dans les cieux; ils présentent des formes si belles et si étranges à l'amateur du télescope, qu'ils constituent le plus mystérieux phénomène que puisse rencontrer l'astronome philosophe.

Plusieurs de ces amas ne sont pas très peuplés d'étoiles, ils affectent des formes irrégulières, et paraissent avoir une origine commune avec les nébuleuses à formes fantastiques et irrégulières; ils ont acquis cette ressemblance par un système d'agrégation pareil à celui que le Dr Roberts décrit comme se développant au sein de la nébuleuse en spirale.

Mais les amas denses et globuleux qui forment de si beaux objets à contempler au télescope, et dont plusieurs renferment jusqu'à six mille étoiles séparées, sans compter les autres, sont tellement serrées dans leur centre qu'elles sont impossibles à dénombrer.

L'origine de ces amas est plus difficile à expliquer. L'un des problèmes soulevés par eux concerne leur stabilité. Le professeur S. Newcomb remarque, à ce sujet, ce qui suit: « Là où des milliers d'étoiles sont concentrées sur un aussi étroit espace, qui donc les empêche de tomber les unes sur les autres en formant une masse confuse ? Le font-elles en réalité, et formeront-elles, ultérieurement, un seul corps ? » Ces questions ne peuvent être résolues clairement que par des siècles d'observations; il faut donc les abandonner aux astronomes de l'avenir.

On découvre cependant dans ces groupes, certains détails remarquables, qui fournissent des indications probables sur leur origine et sur leur constitution essentielle. Vues de près, la plupart d'entre elles semblent moins régulières qu'elles ne le paraissaient au début.

On discerne entre elles des espaces vides, même des déchirures à formes définies. Quelques amas possèdent une structure rayonnée; d'autres, des appendices recourbés, d'autres ont des centres d'intensité plus faibles. Ces particularités sont tellement pareilles à celles que l'on trouve plus nettement indiquées dans les grandes nébuleuses, que nous pouvons voir dans ces groupes, le résultat de la condensation de très grandes nébuleuses primitivement agrégées vers des centres nombreux; ces agglomérations ont été, d'autre part, lentement attirées vers le centre commun de gravité de la masse entière.

Cette origine est plausible par le fait que, tandis que les plus petites nébuleuses visibles au télescope sont très éloignées de la Voie lactée, les plus grandes abondent près de ses bords; les amas d'étoiles sont de même excessivement abondants sur et près de la Voie lactée, mais très rares ailleurs, sauf près de vastes nébuleuses, telles que les Nuées de Magellan.

Nous voyons ainsi que les deux phénomènes peuvent se compléter l'un l'autre, la condensation des nébuleuses s'étant faite plus vite là où la matière était plus abondante, et se résolvant en nombreux amas stellaires là où ne se rencontrent maintenant que peu de nébuleuses.

Un détail frappant dans les amas globuleux attire notre attention : la présence chez quelques-uns, d'entre eux, d'énormes quantités d'étoiles variables, tandis que dans d'autres, on n'en découvre que peu ou point.

L'Observatoire de Harward a voué, depuis plusieurs années, beaucoup de temps à cette série d'observations, et les résultats en sont donnés dans le récent volume du professeur Newcomb sur les *Étoiles*. Il ressort de cette étude que vingt-trois groupes ont été observés à l'aide du spectroscope, le nombre d'étoiles examinées dans chaque groupe variant de 145 à 3.000; le nombre total des étoiles ainsi minutieusement vérifiées étant de 19.050. Sur ce nombre total, 509 furent trouvées variables; mais ce qu'il y a de curieux, c'est l'extrême divergence dans la proportion des variables, comparée au nombre entier examiné dans les différents groupes. Chez deux groupes, bien que 1.279 étoiles eussent été examinées, aucune variable ne fut découverte. Dans trois autres, la proportion fut de une sur 1.050 et de une sur 500. Cinq autres allaient de 1 à 100, et les autres atteignaient la proportion de 1 à 7; dans le dernier groupe, sur 900 étoiles examinées, 132 sont variables.

Lorsque nous observons ce fait, à savoir que les étoiles variables forment seulement une partie, et, nécessairement, une partie très faible, des systèmes binaires d'étoiles, il résulte que, dans tous les groupes qui renferment une forte proportion de variables, une partie infiniment plus grande — dans plusieurs cas, peut-être toutes — doivent être des étoiles doubles ou multiples évoluant l'une autour de l'autre.

En ajoutant ce témoignage à d'autres, ceux qui concernent la proportion d'étoiles doubles et variables parmi les étoiles en général, nous pouvons comprendre que le professeur Newcomb, ajoutant son témoignage à celui de Campbell déjà cité, nous dise « qu'il est probable que parmi les étoiles, en général, les étoiles simples soient l'exception plutôt que la règle ». Si tel est le cas, la règle serait encore plus vraie pour les étoiles d'un amas fortement condensé.

L'Evolution des Etoiles

Aussi longtemps que les astronomes furent limités à l'usage exclusif du télescope, ou même au pouvoir supérieur des plaques photographiques, on ne put rien savoir de la constitution actuelle des étoiles ou de leur système d'évolution.

Leurs dimensions apparentes, leurs mouvements et même les distances de quelques-unes, purent être déterminées, tandis que la diversité de leurs couleurs servait seule de critérium, et, de façon bien imparfaite, à estimer leur température.

Toutefois, la découverte de l'analyse spectrale nous a permis d'obtenir des connaissances définies sur la physique et la chimie des étoiles, et a, de ce fait, créé une nouvelle branche scientifique, à savoir, l'Astrophysique, qui a déjà atteint une influence considérable, et qui fournit des matériaux pour une *Revue* et plusieurs ouvrages importants.

Cette branche du sujet étant fort complexe et sans rapport étroit avec notre enquête présente, nous ne nous y arrêterons que pour parler de certains de ses résultats qui s'appliquent à la classification et à l'évolution des étoiles.

Par une longue série d'expériences de laboratoire, on a

démontré que de nombreux changements surviennent dans le spectre des éléments, lorsqu'ils sont soumis à des températures variées; ils peuvent alors s'élever au degré le plus haut au moyen d'une batterie produisant une étincelle électrique de plusieurs décimètres de longueur. Ces changements ne résident point dans la position relative des lignes ou raies noires, mais dans leur nombre, leur largeur et leur intensité. D'autres changements sont dus à la densité du milieu ambiant, au sein duquel les éléments sont surchauffés, ainsi qu'à leur constitution chimique, ou selon leur degré de pureté. Par ces modifications variées, ainsi que par leur comparaison avec le spectre solaire, on est parvenu à déterminer par le spectre d'une étoile, non seulement sa température comparée avec celle de l'étincelle électrique et du soleil, mais encore à trouver sa place dans son état de développement.

Le premier résultat général obtenu par cette recherche est que les étoiles d'un blanc bleuâtre ou d'un blanc pur possèdent un spectre qui s'étend jusqu'à l'extrémité violette, et qui ne contient que les bandes colorées gazeuses, parmi lesquelles celles de l'hydrogène et de l'hélium sont les plus brillantes. Puis, viennent celles qui possèdent un spectre plus court ne s'étendant pas jusqu'au violet, et dont la lumière est, par conséquent, de teinte plus jaune.

Notre soleil appartient à ce groupe; il est caractérisé par des lignes sombres dues à l'absorption et par la présence de lignes métalliques, spécialement du fer.

Le troisième groupe possède le spectre le plus court, développé dans la région rouge, et renfermant certaines lignes qui dénotent la présence du charbon. Ces trois groupes sont souvent désignés sous le nom « d'étoiles gazeuses », « d'étoiles métalliques » et « d'étoiles à carbone ».

D'autres astronomes nomment le premier groupe « Etoiles siriennes », parce que Sirius, bien qu'elle ne soit pas la plus incandescente, en constitue un type bien caractéristique; le second groupe est nommé « Etoiles solaires » ; d'autres les désignent sous le nom d' « Etoiles de la série I, série II », etc., suivant le système de classification qu'ils ont adopté.

Toutefois on s'aperçut bientôt que ni la couleur, ni la température des étoiles ne jetaient beaucoup de lumière sur leur nature et leur mode de développement, parce que, à moins de supposer que les étoiles soient incandescentes au début de leur vie, — et toutes les preuves s'élèvent contre cette idée — il doit y avoir une période durant laquelle la chaleur augmente, puis une autre de chaleur maximum, suivie d'une troisième de refroidissement et d'extinction de lumière finale.

La théorie de l'origine de tous les corps lumineux dans l'espace, actuellement répandue partout, a été employée, comme nous l'avons vu, pour expliquer le développement des étoiles à partir de l'état nébuleux, et son principal champion en Angleterre, sir N. Lockyer, a exposé un plan complet de l'évolution et de la déchéance stellaire, que nous devons indiquer brièvement ici.

Commençant par les nébuleuses, nous passons aux étoiles ayant des spectres à bandes, indiquant des températures relativement basses, et montrant les raies ou les lignes du fer, du manganèse, du calcium et d'autres métaux. Leur couleur est plus ou moins rouge, comme Antarès du Scorpion, qui est une des plus brillantes étoiles rouges connues.

On suppose que ces étoiles sont en voie d'agrégation, qu'elles augmentent sans cesse comme dimensions et chaleur, et qu'elles sont sujettes à de graves perturbations. Alpha du Cygne, douée d'un spectre identique, possède plus d'hydrogène et une chaleur beaucoup plus forte. La progression de chaleur continue avec Rigel et Béta de la Croix, dans lesquelles nous trouvons de l'hydrogène, de l'hélium, l'oxygène, l'azote et aussi le carbone, mais seulement de faibles traces de métaux.

Arrivant à la plus incandescente de toutes, Epsilon d'Orion et deux étoiles dans Argo, nous trouvons une prédominance d'hydrogène avec quelques traces de métaux et de carbone.

Les séries en train de se refroidir sont indiquées par des lignes plus épaisses d'hydrogène et des lignes plus minces d'éléments métalliques.

De Sirius, nous allons à Arcturus et à notre soleil; de là à 19 Piscium, laquelle montre principalement des raies de carbone, avec quelques faibles lignes métalliques. En suivant la loi de refroidissement, nous arrivons aux étoiles obscures.

Voilà donc, exposé tout au long, un résumé complet d'évolution, commençant à ces masses énormes et mal définies de gaz et de poussière cosmique, que nous nommons les nébuleuses, au travers de nébuleuses planétaires, d'étoiles nébuleuses, variables ou doubles, pour aboutir aux étoiles rouges et blanches et enfin à celles qui émettent l'éclat intense le plus blanc bleuâtre.

Souvenons-nous toutefois que les plus brillantes de ces étoiles qui montrent un spectre gazeux et forment le point culminant des séries ascendantes, ne sont pas, de ce fait, plus chaudes, ni même aussi brûlantes que celles placées bien plus bas dans l'échelle descendante; c'est là un des paradoxe les plus apparents de la physique qu'un corps puisse devenir plus incandescent durant la même opération de contraction causée par la perte de calorique. La raison en est qu'en se refroidissant, le corps se contracte, puis devient plus dense; une portion de la masse s'affaisse dans son centre, et de ce fait produit une somme de chaleur qui, tout en étant bien inférieure à la chaleur perdue par le refroidissement, amènera, dans des conditions spéciales, la surface amoindrie à une certaine chaleur.

Ce qui importe essentiellement, c'est que le corps en question soit entièrement gazeux, permettant une libre circulation de la surface au centre. Cette loi, indiquée par le professeur Newcomb est celle-ci :

« Lorsqu'une masse sphérique de gaz incandescent se contracte par la perte de sa chaleur causée par sa radiation dans l'espace, la température devient constamment plus élevée, aussi longtemps que l'état gazeux est conservé ».

En d'autres termes : si la compression était causée par une force extérieure, et qu'aucune chaleur ne fût perdue, le globe progresserait en chaleur par le total calculable de chaque unité de contraction. Mais la chaleur perdue, en produisant une somme pareille de contraction, n'est que de si peu supérieure à l'augmentation de chaleur fournie par la contraction, que la chaleur totale légèrement diminuée sous un volume inférieur occasionne l'accroissement de la température de la masse.

Toutefois si, comme il y a des raisons de le croire, les types variés des étoiles diffèrent aussi en constitution chimique, quelques-unes n'étant formées que de gaz plus permanents, tandis que, chez d'autres, les divers éléments métalliques et non métalliques sont représentés en proportions très inégales, il devrait y avoir une classification de constitution, aussi bien que de température, et le cours d'évolution des groupes diversement constitués pourrait être, jusqu'à un certain point, dissemblable.

Avec cette réserve, le cours de l'évolution et du déclin des soleils, par le moyen d'un cycle de température croissante et décroissante, tel que le suggère Sir Norman Lockyer, est clair et suggestif.

Durant la période ascendante, l'étoile augmente en masse et en chaleur, par l'accroissement continu de la matière météorique, attirée à elle par la gravitation, ou tombant vers elle par le fait des mouvements propres de masses indépendantes. Cela continue jusqu'à ce que toute la matière, à quelque distance tout autour de l'étoile, ait été utilisée, et qu'un maximum de dimension, de chaleur et d'éclat ait été atteint. Arrivée à ce point, la perte de chaleur par la radiation n'est plus compensée par un afflux de matière nouvelle, et il s'opère une lente contraction, accompagnée d'une température légèrement accrue.

Mais, grâce aux conditions plus stables, il se forme des enveloppes de métaux à l'état gazeux, qui compensent la perte de la chaleur et atténuent l'éclat de la couleur; d'où il suit que des corps tels que notre soleil peuvent être réellement plus chauds que les plus brillantes étoiles blanches, bien que n'émettant pas une aussi grande chaleur. La perte de chaleur est, par conséquent, réduite, et cela peut servir à expliquer le fait incontesté, que, durant les longues époques géologiques, il n'y a eu qu'une très légère diminution dans la somme de chaleur que nous avons reçue du soleil.

Un de nos premiers mathématiciens, le professeur Georges Darwin, exprime ainsi son point de vue sur l'hypothèse météorique en général :

« La conception de l'accroissement des corps planétaires par l'agrégation des météores est bonne, dit-il, et semble être plus probable que l'hypothèse qui rend gazeux tout le système solaire. »

J'ajoute que l'une des principales objections élevées contre cette idée, à savoir que les météores sont trop complexes pour être censés avoir possédé la matière primitive dont les mondes et les soleils auraient été formés, ne me paraît pas valable. La matière primitive, quelle qu'elle soit, peut avoir été employée et réemployée plusieurs fois, et s'il survient parfois des collisions entre des globes solides et consistants, telles que l'affirment des astronomes autorisés, des particules météoriques de toutes grandeurs se produiraient à coup sûr, émettant toutes sortes de variétés dans leur constitution minérale.

L'univers matériel existe probablement depuis un laps de temps assez long, pour avoir permis à tous les éléments primitifs de s'être combinés à plusieurs fois réitérées dans les minéraux trouvés sur la terre, et reconnus dans d'autres mondes.

On ne saurait trop le répéter, aucune explication, aucune théorie ne pourra jamais nous révéler le commencement des choses. Nous ne pouvons que franchir un ou deux pas vers l'obscur passé, arrivant à comprendre bien imparfaitement les séries de faits par lesquels le monde ou l'univers s'est élevé peu à peu au-dessus des conditions primitives et élémentaires.

CHAPITRE VII

Les Étoiles sont-elles en nombre infini?

Plusieurs des critiques de mon premier et court essai sur ce sujet ont beaucoup insisté sur l'impossibilité de prouver que l'univers, dont nous ne voyons qu'une partie, n'est pas infini, et un astronome bien connu a déclaré qu'à moins de pouvoir prouver que notre univers est limité, tout l'argument basé sur notre position centrale dans ledit univers, tombe à faux.

Je m'étais exposé à cette objection en admettant un peu à la légère que, si un surcroît de faits indiquait cette direction, toute recherche concernant notre position dans l'univers serait inutile, parce que, dès qu'il s'agit de l'infini, il ne peut y avoir de différence de position. Mais cette affirmation n'est point exacte, et même dans un univers matériel infini, contenant un nombre infini d'étoiles, comme celles que nous voyons, il s'y trouverait une diversité si infinie de distribution et d'arrangement que certaines positions retireraient, de ce fait, tous les avantages qui, j'en conviens, sont actuellement en notre faveur.

Supposons, par exemple, qu'au delà du vaste anneau de la Voie lactée, les étoiles diminuent rapidement comme nombre, en tous sens, dans une distance équivalant à cent ou à mille fois le diamètre de cet anneau, et qu'ensuite, durant une distance égale, elles augmentent lentement et se groupent en systèmes ou univers absolument distincts des nôtres, comme forme et structure, et tellement éloignées qu'elles ne pourraient nous influencer d'aucune façon. Je maintiens alors que notre position dans notre propre univers stellaire, aurait exactement la même importance que si notre terre était le seul univers matériel. Il en serait de même au cas où la diminution apparente du nombre des étoiles — fait reconnu — indiquerait une diminution de lumière constante, aboutissant à une distance inconnue, à l'obscurité complète, indiquant une absence totale de matière agglomérée, active et émettant de l'énergie.

En ce qui concerne l'existence réelle ou fictive d'autres univers à l'état solide, je ne possède aucune opinion, ni dans un sens, ni dans l'autre. Je considère comme dénuée de toute valeur toute spéculation sur ce qui peut ou non exister dans l'espace infini. J'ai strictement limité mon enquête aux faits accumulés par les astronomes modernes, ainsi qu'aux conséquences directes et aux déductions logiques découlant de ces faits. Cependant, à ma grande surprise, mon principal critique s'exprime ainsi :

« L'erreur originelle du Dr Wallace provient de ce qu'il a jugé, au point de vue de l'espace que nous pouvons embrasser avec notre perception limitée, l'infini qui dépasse nos forces mentales ou intellectuelles. »

Je déclare n'avoir jamais parlé ainsi, mais plusieurs astronomes l'ont fait. Richard Proctor discutait, non seulement le problème de la matière sans limite, aussi bien que celui de l'espace infini, mais il concluait, d'après les attributs supposés de la Divinité, à la nécessité de tenir notre univers matériel pour infini. Son dernier chapitre sur *D'autres Mondes que le nôtre* est consacré en grande partie à ces spéculations.

Dans un autre ouvrage : *Notre Place parmi les infinis*, il dit que « l'enseignement scientifique nous met en présence, soit des infinis du temps et de l'espace, qui ne peuvent recevoir aucune explication, soit des infinis probables de la matière et de ses transformations, donc, en présence d'une énergie infinie. Mais la science ne nous enseigne rien sur ces infinis, considérés comme tels. Ils n'en restent pas moins incompréhensibles, si clairement qu'on nous ait enseigné à en reconnaître la réalité ».

Tout ce qui précède est fort raisonnable, et la dernière phrase est particulièrement importante. Néanmoins, plusieurs écrivains se laissent influencer dans leurs raisonnements basés sur des faits, par ces idées sur l'infini.

Dans l'ouvrage posthume de Proctor, *Astronomie ancienne et moderne*, feu M. Ranyard, l'éditeur, écrit ce qui suit : « Si nous rejetons comme déplaisante à notre esprit, la supposition que notre univers n'est pas infini, nous en sommes réduits à l'une ou à l'autre de ces deux alternatives : ou bien l'éther qui nous transmet la lumière des étoiles n'est pas parfaitement élastique, ou bien une grande proportion de la lumière stellaire est oblitérée par des corps obscurs ».

Ce savant astronome, dont le jugement vis-à-vis de l'univers est affecté par une opinion préconçue au sujet des phénomènes que nous pouvons observer actuellement, fait précisément ce dont mon critique m'accuse à tort.

Maintenant, en mettant de côté tout préjugé, voyons quels sont les faits actuels révélés par les meilleurs instruments de l'astronomie moderne, et quelles sont les conséquences naturelles et logiques que nous devons en tirer.

Les Etoiles sont-elles infinies en nombre ?

Les astronomes qui ont dirigé leur attention sur ce point sont généralement d'avis que l'univers stellaire est limité en étendue, et que les étoiles sont par conséquent en nombre limité.

Quelques citations serviront à exposer leurs idées, en y joignant les faits et les observations sur lesquels elles reposent.

Miss A. M. Clerke, dans son ouvrage remarquable, *le Système stellaire*, dit ceci : « Le monde sidéral, selon toute apparence, nous présente un système fini. Il est à peu près certain que l'espace semé d'étoiles est de dimensions mesurables; car, si l'on suppose que les étoiles sont innombrables, il en résulterait une somme de radiation sans limites, par laquelle l'obscurité serait bannie des cieux; l'interespace rendu lumineux par les rayons mélangés de soleils sans distinction individuelle possible, éblouirait nos faibles sens d'une monotone splendeur... à moins que la lumière ne subît quelque affaiblissement dans l'espace... ».

Mais on n'a constaté aucun déficit de ce genre, tandis que les indications contraires existent, et l'assertion que cet amoindrissement est inévitable est basé sur des analogies qui sont entièrement fictives.

Le professeur Simon Newcomb, l'un des premiers mathématiciens et astronomes américains, arrive, dans son récent ouvrage, à une conclusion semblable. (*Les Étoiles*, 1902). Voici comment il termine son livre : « La collection d'étoiles que nous appelons l'univers, dit-il, est d'une étendue limitée. Les plus petites étoiles que nous pouvons voir, à l'aide des plus puissants télescopes, ne sont pas, pour la plupart, plus distantes que celles qui sont plus brillantes, mais sont surtout des étoiles ayant de l'éclat et situées dans les mêmes régions » (p. 319).

A la page 229 du même ouvrage, il donne la raison de ses conclusions en ces termes :

« Il existe une loi d'optique qui jette quelque jour sur la question. Supposez que les étoiles soient parsemées à travers l'espace infini, de telle façon que n'importe quel grand espace du ciel soit, en moyenne, richement doté d'étoiles. Puis, à une grande distance, nous supposerons une sphère

ayant notre soleil pour centre. En dehors de cette sphère,
choisissons-en une autre d'un plus grand rayon et au delà
d'autres sphères à distances égales jusqu'à l'infini. Nous
obtiendrons ainsi une succession sans fin d'enveloppes
sphériques, chacune de même épaisseur. Le volume de
chacune de ces enveloppes sera presque en proportion avec
les carrés des diamètres des sphères qui le limitent. En
conséquence, chacune de ces régions contiendra un nombre d'étoiles croissant avec le carré du rayon de la région.
Puisque la somme de la lumière que nous apercevons de
chaque étoile représente le carré inverse de sa distance, il
faut en déduire que la somme totale de lumière venue de
chacune de ces enveloppes sphériques sera équivalente.
Donc, en ajoutant sphère à sphère, nous additionnons des
sommes de lumière égales, sans limite. Le résultat doit
conduire à ceci, c'est que si le système stellaire s'étend
indéfiniment, les cieux entiers seraient remplis d'une lumière aussi brillante que celle du soleil ».

Toutefois, la lumière totale émise par les étoiles est estimée être environ de un quarantième à un vingtième, ou, à
la limite extrême, de un dixième de la lumière lunaire,
tandis que le soleil donne autant de lumière que trois cent
mille pleines lunes, de telle sorte que la lumière stellaire,
largement calculée, n'équivaut qu'à la six-millionième partie de la lumière du soleil.

En retenant bien cela, nous verrons que les causes possibles de l'extinction de la lumière des étoiles, — en admettant qu'elles soient en nombre infini, et distribuées, en
moyenne, aussi largement au delà de la Voie lactée qu'elles
le sont jusqu'à son bord extérieur, — sont absolument
insuffisantes.

Ces causes sont: 1° la perte de la lumière en traversant
l'éther, et 2° l'obstacle opposé à la lumière par les étoiles
obscures ou les poussières météoriques en suspension.

Quant à la première, il est généralement admis qu'elle

n'est point certaine. On peut, par contre, dire avec certitude que si cette perte existe, elle est si faible qu'elle ne pourrait produire un effet appréciable sur aucune distance, même sur celles qui sont cent ou mille fois plus distantes de nous que les plus lointaines limites de la Voie lactée.

Cela est prouvé par le fait que les plus brillantes étoiles ne sont pas toujours les plus rapprochées de nous, ainsi que l'indique leurs faibles mouvements propres, ainsi que l'absence de parallaxes mesurables. M. Gore déclare que, sur vingt-cinq étoiles possédant des mouvements propres annuels de plus de deux secondes, deux seulement dépassent la troisième grandeur.

Bien des étoiles de première grandeur, en y comprenant Canope, la seconde étoile comme éclat, sont si éloignées qu'on ne peut y découvrir aucune parallaxe, malgré des efforts répétés.

Elles doivent être, par conséquent, bien plus distantes que beaucoup de petites étoiles télescopiques, et peut-être aussi éloignées que la Voie lactée, dans laquelle se trouvent tant d'étoiles brillantes; si donc, quelque total appréciable de lumière se perdait en traversant cette distance, nous ne trouverions que peu d'étoiles des deux premières grandeurs très éloignées de nous.

Sur les vingt-trois étoiles de première grandeur, dix seulement possèdent des parallaxes de plus d'un vingtième de seconde, tandis que cinq autres comptent à partir de ce chiffre maximum allant jusqu'à un ou deux centièmes de seconde; deux d'entre elles, enfin, n'ont pas de parallaxe appréciable.

D'autre part, il existe 309 étoiles plus brillantes que la grandeur 3'5; cependant, il n'y en a que trente et une d'entre elles possédant des mouvements propres de plus de 100" par siècle, et sur ces dernières, dix-huit ont des parallaxes de plus d'un vingtième de seconde.

Ces chiffres sont tirés des tables données par le profes-

scur Newcomb, dans son livre, et ils ont une grande importance, parce qu'ils indiquent le fait que les plus brillantes
étoiles ne sont pas les plus rapprochées de nous. De plus,
ces chiffres montrent que, sur les soixante et douze étoiles
dont la distance a été mesurée avec quelque certitude,
vingt-trois seulement, ayant une parallaxe de plus d'un
cinquantième de seconde, dépassent en grandeur le degré
3'5, tandis que pas moins de quarante-neuf d'entre elles
sont de petites étoiles diminuant jusqu'à la huitième ou
neuvième grandeur, et celles-ci, étant en moyenne beaucoup plus rapprochées de nous que les plus brillantes
étoiles.

En prenant l'ensemble des étoiles, dont les parallaxes
sont données par Newcomb, nous trouvons que la parallaxe moyenne des trente et une brillantes étoiles (de la
grandeur 3'5 jusqu'à Sirius) est de 0'11 secondes, tandis
que celle des quarante et une étoiles inférieures à la grandeur 3'5, et descendant à 9'5 est de 0,21 secondes, montrent qu'elles sont, en moyenne, distantes seulement de
nous, de la moitié des étoiles plus brillantes.

M. Thomas Lewis, de l'Observatoire de Greenwich,
arriva, en 1895, à la même conclusion, à savoir que les
étoiles de grandeur 2'7, jusqu'à celles d'environ 8'4, ont
en moyenne une parallaxe double de celle des étoiles les
plus brillantes. Ce fait très curieux et inattendu, quelle
qu'en soit la cause, est directement en contradiction avec
l'idée d'une certaine perte de lumière pour les étoiles les
plus éloignées, comparées avec les plus rapprochées; car,
si une telle déperdition existait, elle rendrait le phénomène
ci-dessus encore plus difficile à expliquer, parce qu'elle
tendrait à l'exagérer.

Les étoiles brillantes prises en bloc, étant plus éloignées
de nous que les moins brillantes, jusqu'aux huitième et
neuvième grandeurs, il en résulte, s'il y a quelque perte
de lumière, que les étoiles brillantes le sont réellement plus

qu'elles ne le semblent, parce que, grâce à leur énorme distance, une partie de leur lumière s'est perdue en route
avant de nous atteindre. Cela ne veut point dire qu'aucune
lumière ne se perde en traversant l'espace; mais, d'autre
part, c'est le contraire de ce qui semble avoir lieu, si les
étoiles les plus distantes étaient perceptiblement obscur-
cies par cette cause; nous avons ici la preuve que cette
déperdition est, en tout cas, infiniment faible, et qu'elle
n'affecte point la question des limites de notre système stellaire, seul sujet que nous ayons à traiter en cet instant.

Ce fait remarquable de l'énorme éloignement de la majorité des étoiles brillantes constitue également un argument
contre la perte de la lumière par les étoiles obscures ou
par la poussière cosmique, parce que, si la lumière n'est
pas sensiblement diminuée pour des étoiles, dont la parallaxe n'atteint pas un cinquantième de seconde, ladite
lumière ne peut guère entrer pour une forte part dans
notre estimation des limites de notre univers.

M. E. W. Maunder, de l'Observatoire de Greenwich, et
le professeur M. W. Turner, d'Oxford, attachent tous deux
une grande importance à ces corps obscurs, et le premier
reproduit la citation suivante de Sir Robert Ball :

« Ces étoiles obscures sont incomparablement plus nombreuses que celles que nous pouvons voir... et si l'on ten-
tait de dénombrer les étoiles de notre univers, d'après celles dont nous pouvons apercevoir l'éclat passager, c'est
comme si l'on voulait estimer le nombre des fers à cheval
de l'Angleterre, par ceux qui sont chauffés à blanc. »

Mais la proportion des étoiles et des nébuleuses obscures, vis-à-vis des brillantes ne peut pas être déterminée
à priori, puisqu'elle dépend des causes qui enflamment les
étoiles et du nombre de fois où ces causes se traduisent par
des faits.

Nous savons, soit par la stabilité de la lumière des étoiles durant la période historique, soit d'une façon beaucoup plus précise, par les longues époques durant lesquelles notre soleil a conservé la vie sur cette terre (infiniment inférieure, toutefois, à l'existence totale de ce dispensateur de lumière), que la vie de la plupart des étoiles doit être comptée par centaines ou peut-être par milliers de millions d'années.

Nous ignorons cependant tout à fait avec quelle rapidité a lieu la naissance des véritables étoiles. Les nouvelles étoiles qui apparaissent occasionnellement, appartiennent à une catégorie différente. Elles dardent des feux subits, puis disparaissent avec la même rapidité dans l'obscurité ou dans le néant absolu.

Quant aux véritables étoiles, elles passent probablement à travers les divers stages d'origine de croissance de maturité et de déchéance, avec une extrême lenteur, de telle sorte qu'il nous est impossible de déterminer, par des observations, l'époque de leur naissance ou de leur mort.

Dans cet ordre d'idées, elles correspondent aux espèces du monde organique. Elles se présenteraient probablement à nous, au début, sous formes d'étoiles ou de petites nébuleuses à l'extrême limite de la vision télescopique ou de la sensibilité photographique, et la croissance de leur éclat lumineux pourrait être assez graduelle pour exiger des centaines, peut-être des milliers d'années, afin d'être distinctement reconnaissables. L'argument dérive du fait que nous n'avons jamais été témoins de la naissance d'une véritable étoile permanente, et que, par conséquent, il est sans valeur. De nouvelles étoiles peuvent apparaître chaque année ou chaque jour, sans que nous les reconnaissions et, si tel est le cas, le réservoir de corps obscurs, qu'il soit sous la forme de grandes masses ou de nuages de poussière cosmique, bien loin d'être immensément plus grand que l'ensemble des étoiles visibles et des nébuleuses, peut, très plausiblement, les égaler ou ne les dépasser que faiblement; dans ce cas, si l'on considère les énormes distances qui séparent les étoiles (ou les systèmes stellaires) les unes des autres, ces dits corps ne pourraient nous cacher d'une manière effective une proportion tant soit peu considérable des corps lumineux formant l'univers stellaire. Il en résulte que l'argument du professeur Newcomb, concernant la somme de lumière très faible émise par les étoiles, n'a jamais été même amoindrie par n'importe quels faits ou arguments invoqués contre lui.

M. W.-H.-T. Monck, dans une lettre adressée au *Knowledge*, en mai 1903, expose le même cas et vient confirmer pleinement mon assertion en disant: « La plus haute estimation que j'aie pu faire de la lumière totale émise par la pleine lune est de 1/3.000 de celle du soleil ».

Supposons que les corps obscurs soient cent cinquante mille fois plus nombreux que les lumineux, alors le ciel devrait être aussi lumineux que la partie illuminée de la lune. Chacun sait qu'il n'en est rien. On avance, d'autre part, que les étoiles, bien qu'en nombre infini, peuvent être limitées en nombre dans certaines directions, par exemple, dans celle de la Voie lactée. Je veux bien l'admettre. Mais dans les plus brillantes de la Voie lactée, nous ne trouvons rien qui égale, sous la même dimension angulaire, la somme de lumière émise par la lune ? Il est probable que, même dans sa position la plus brillante, cette lumière n'atteint pas la centième partie de celle de la pleine lune.

Il faut donc conclure que, même si les étoiles obscures étaient quinze millions de fois aussi nombreuses que les brillantes, que l'argument du professeur Newcomb s'élèverait toujours contre l'idée d'un univers infini d'étoiles, de même densité moyenne que la portion d'entre elles qui nous est visible.

PREUVES TÉLESCOPIQUES DES LIMITES DU SYSTÈME STELLAIRE

Pendant la première partie du XIXe siècle, chaque progrès dans la puissance et dans les qualités optiques du télescope augmenta si rapidement le nombre des étoiles visibles, que l'on crut généralement que cet accroissement continuerait indéfiniment et que le nombre des étoiles était illimité et inépuisable.

Mais, durant ces dernières années, l'on s'est aperçu que l'augmentation des étoiles visibles au moyen des grands télescopes était moins forte que l'on ne s'y attendait, tandis que, dans nombre d'espaces célestes, une plus longue exposition de la plaque photographique n'ajoute relativement que peu d'étoiles au chiffre obtenu par une exposition de plus courte durée avec le même instrument.

Le témoignage de M. Gore, sur ce point, est très clair.

« Ceux, dit-il, qui n'étudient pas suffisamment ce sujet paraissent croire que le nombre des étoiles est pratiquement infini, ou du moins que sa grandeur rend son estimation impossible. »

Mais cette idée est absolument fausse, étant due à une ignorance complète des révélations télescopiques. Il est vrai que, dans une certaine mesure, plus le télescope employé pour l'étude des espaces célestes est grand, plus le nombre des étoiles paraît augmenter: mais nous savons maintenant qu'il existe une limite à cet accroissement de vision télescopique, et l'évidence démontre clairement que nous approchons rapidement de cette limite.

Bien que le nombre d'étoiles visibles dans les Pléiades croisse rapidement en proportion de la dimension du télescope employé, et que la photographie ait encore augmenté le nombre des étoiles dans ce groupe remarquable, on a découvert récemment qu'une longueur prolongée d'exposition, au delà de trois heures, ajoute très peu d'étoiles au nombre visible sur la photographie prise en 1885, à l'Observatoire de Paris, sur laquelle on peut compter plus de deux mille étoiles. Même avec ce grand nombre d'étoiles sur un espace céleste aussi restreint, des places vides, relativement grandes, sont visibles entre les étoiles, et un coup d'œil sur la photographie originale suffit pour montrer qu'il y aurait largement place pour bien des fois le nombre d'étoiles actuellement visibles.

Je constate que si les cieux entiers étaient aussi riches en étoiles que les Pléiades, il n'y en aurait que 33 millions pour les deux hémisphères.

Ensuite, se référant au fait que Celoria, au moyen d'un télescope montrant les étoiles jusqu'à la onzième grandeur, put voir exactement le même nombre d'étoiles, près du pôle nord de la Voie lactée, qu'en découvrit Sir W. Herschel avec son télescope infiniment plus grand et plus puissant, il fait la remarque suivante : « Leur absence, par conséquent, semble prouver que de très faibles étoiles n'existent pas dans cette direction, et qu'ici du moins, le monde sidéral est d'étendue limitée. Sir I. Herschel relève le même phénomène, en déclarant que, même dans la Voie lactée, on découvre des espaces absolument obscurs et complètement vides de toute étoile, même de la plus petite dimension télescopique; tandis que, dans d'autres parties, de très petites étoiles, bien qu'il s'en trouve toujours quelques-unes, paraissent en nombre si infime que nous sommes irrésistiblement amenés à la conclusion que, dans ces régions, nous pénétrons au travers du stratum d'étoiles, puisqu'il est impossible autrement, — en supposant que la lumière ne soit pas interceptée, — que le chiffre des plus petites grandeurs ne continue pas à s'accroître indéfiniment.

« Dans ce cas, le fond du ciel, vu entre les étoiles est, en général, parfaitement obscur, ce qui, de nouveau, ne serait pas le cas, si d'innombrables multitudes d'étoiles, trop petites pour être distinguables une à une, existaient au delà ».

Et il résume, comme suit, ce qu'il vient de dire :

« Au travers de la plus grande partie de la Voie lactée, dans les deux hémisphères, l'obscurité générale du fond céleste sur lequel les étoiles sont projetées, ainsi que l'absence de ce nombre infini des plus petites grandeurs d'étoiles visibles, l'absence d'éclat, dis-je, produit par les lumières réunies de multitudes d'étoiles trop petites pour affecter l'œil nu, toutes ces choses, pensons-nous, doivent indiquer sans équivoque que les dimensions (de la Voie lactée), dans les directions observées, non seulement ne sont pas infinies, mais que le pouvoir pénétrant de nos télescopes suffit pleinement à les traverser de part en part ».

Cette opinion d'un astronome qui, plus que tout autre, paraît avoir été le plus compétent sur cette question, à laquelle il consacra une longue vie d'observations et d'études, ne peut être évincée par les conjectures de ceux qui prétendent que nous devons croire à une infinité d'étoiles, du moment où le contraire ne peut être absolument prouvé.

Et, comme l'on ne peut pas du tout démontrer cet infini, tous les faits et toutes les indications tendant, au contraire, à l'opinion opposée, nous devons, si nous voulons nous rendre à l'évidence, arriver à la conclusion que l'univers stellaire est limité.

Le Dr Isaac Roberts ajoute son témoignage basé sur l'usage des plaques photographiques, il écrit :

« Il y a onze ans, on prit des photographies de la Grande nébuleuse dans Andromède, au moyen du réflecteur de 50 centimètres de diamètre, et l'on exposa ces plaques durant des intervalles de quatre heures; sur plusieurs d'entre elles, se fixèrent des reproductions d'étoiles allant jusqu'à la dix-septième ou dix-huitième grandeur, ainsi que des nébuleuses d'un degré de faiblesse équivalent. Les pellicules des plaques obtenues à cette époque étaient moins sensibles que celles des cinq dernières années, et, durant cette période, des photographies de nébuleuses exposées pendant quatre heures ont été prises avec le réflecteur de 50 centimètres. Aucune extension des nébuleuses ni d'augmentation dans le nombre des étoiles n'a pu être distinguée sur les dernières plaques à sensibilité rapide, par rapport aux premières plaques, plus lentes, bien que les reproductions d'étoiles et les nébuleuses acquièrent une densité plus grande sur les dernières plaques ».

Des faits tout semblables se sont reproduits en ce qui concerne la Grande nébuleuse d'Orion, et le groupe des Pléiades. Pour la Voie lactée, dans le Cygne, des photographies ont été prises au moyen du même instrument, mais avec des expositions variant de une à deux heures et demie; toutefois, aucune étoile plus faible ne put être obtenue de l'une ou de l'autre; ce fait a été confirmé par des photographies, prises dans d'autres régions de l'espace céleste.

La Loi de Décroissement du nombre des Étoiles

Parlons maintenant d'une autre espèce de faits qui s'ajoute aux deux autres déjà cités. Cette loi du nombre d'étoiles, diminuant à partir d'une certaine grandeur, peut être observée au moyen de télescopes de plus en plus puissants.

Depuis quelques années, les dimensions des étoiles ont été très exactement observées au moyen de comparaisons photométriques très minutieuses. Jusqu'à la sixième grandeur, les étoiles sont visibles à l'œil nu, et portent, d'après cela, le nom d'étoiles lucides. Toutes les étoiles d'éclat plus faible se voient au télescope, et sont rangées en une série de grandeurs descendant, par intervalles égaux, jusqu'à la dix-septième grandeur, qui représente la limite de la vision dans les plus grands télescopes connus à l'heure actuelle.

Au moyen de l'échelle adoptée aujourd'hui, une étoile de n'importe quelle grandeur donne environ deux fois et demie plus de lumière que celle de la grandeur inférieure suivante, et, pour arriver à une comparaison exacte, l'éclat apparent de chaque étoile est donné en dixième de grandeur, différence que l'on peut encore facilement observer.

Il est certain que, grâce aux différences de couleurs des étoiles, ces déterminations ne peuvent pas être faites avec une rigueur absolue, mais l'on ne peut, d'autre part, leur attribuer aucune erreur importante.

A l'aide de cette échelle, on trouve qu'une étoile de sixième grandeur émet environ la centième partie de la lumière d'une étoile moyenne de première grandeur. Sirius a un éclat si exceptionnel, qu'elle donne neuf fois plus de lumière qu'une étoile ordinaire de première grandeur.

Maintenant, l'on a découvert que, de la première à la sixième grandeur, les étoiles augmentent en nombre à un taux de trois fois et demie plus grand que celui de la grandeur précédente.

Le nombre total des étoiles jusqu'à la sixième grandeur est indiqué par le professeur Newcomb comme étant de 7.647. Pour les grandeurs télescopiques, le nombre en est si considérable, qu'il est plus difficile d'arriver à un calcul précis et uniforme: cependant, il existe une remarquable continuation de la même loi progressive jusqu'à la dixième grandeur, laquelle est évaluée renfermer 2.311.000 étoiles, coïncidant aussi presque absolument avec le taux de 3'5 déterminé par les étoiles lucides.

Lorsque, dépassant la dixième grandeur, nous atteignons ces innombrables étoiles à éclat faible, visibles seulement à l'aide des plus forts télescopes, alors survient un brusque changement dans le taux de l'augmentation des nombres d'une grandeur à la suivante.

Le nombre de ces étoiles est si considérable, qu'il est impossible d'en compter le total, comme cela se peut avec les étoiles de grandeurs supérieures; toutefois, de nombreux calculs ont été faits par plusieurs astronomes dans des espaces délimités en diverses régions célestes, de façon à ce qu'une certaine mesure ait été obtenue, et qu'il soit possible d'arriver à une approximation quant au nombre total visible, jusqu'à la dix-septième grandeur.

L'estimation de ces lumières par des astronomes ayant spécialement étudié ce sujet, est que le nombre total des étoiles visibles ne dépasse pas cent millions (1).

Si nous prenons toutefois le nombre d'étoiles jusqu'à la neuvième grandeur, lesquelles sont assez exactement connues, et si nous poursuivons le calcul jusqu'à la dix-septième grandeur, au taux uniforme de 3'5 par intervalle, nous trouvons avec M. J. E. Gore que le nombre total doit arriver à 1.400 millions.

Il est évident qu'aucun de ces chiffres ne saurait prétendre à une exactitude absolue, mais ils sont basés sur tous les faits reconnus jusqu'ici, et ils sont acceptés par les astronomes, comme étant les plus rapprochés des chiffres véritables.

La différence entre cent et quatorze cents millions est cependant si énorme que nul observateur attentif, qui étudie les cieux au moyen de très puissants télescopes, ne peut douter qu'il n'existe une diminution très réelle et très rapide du nombre des étoiles plus faibles, lorsqu'on les compare aux plus brillantes.

Il y a, néanmoins, une autre indication du nombre décroissant des étoiles faibles télescopiques, laquelle est assez concluante sur ce point, et qui n'a pas encore, que je sache, été exposée. Je vais en rendre compte brièvement.

(1) M. J.-C. Gore, dans *Concise Knowledge Astronomy*, p. 541, 542.

La Quotité de lumière indiquant le nombre des Etoiles
faibles

Le professeur Newcomb indique un résultat remarquable dépendant du fait que, tandis que la lumière moyenne des grandeurs successivement plus faibles diminue à un taux de 2'5, leur nombre augmente à un taux de près de 3'5. D'où il suit qu'aussi longtemps que se prolonge cette double loi progressive, la lumière stellaire totale va augmentant de quarante pour cent pour chaque grandeur successive, et afin de l'illustrer, il donne la table suivante :

Grandeur	1	Lumière totale	=	1
—	2	—	=	1'4
—	3	—	=	2'0
—	4	—	=	2'8
—	5	—	=	4'0
—	6	—	=	5'7
—	7	—	=	8'0
—	8	—	=	11'3
—	9	—	=	16,0
—	10	—	=	22,6

Lumière totale à la grandeur 10 = 74,8

Donc, la somme totale de lumière donnée par toutes les étoiles jusqu'à la dixième grandeur est soixante-quatorze fois aussi grande que celle des étoiles peu nombreuses de première grandeur.

Nous voyons aussi que la lumière émise par les étoiles de n'importe quelle grandeur est deux fois plus forte que celle des étoiles des deux grandeurs supérieures dans l'échelle, de telle façon que nous pouvons aisément calculer quelle serait la lumière additionnelle que nous devrions recevoir de chaque grandeur, si elles continuaient à s'accroître en nombre au-dessus de la dixième grandeur, comme elles le font au-dessus de celle-ci.

On a calculé, d'après des observations minutieuses, que la lumière totale émise par les étoiles jusqu'à la grandeur de neuf et demie, représente un quatre-vingtième de la lumière de la pleine lune, bien que plusieurs l'indiquent comme étant très supérieure. Mais si nous prolongeons cette échelle de taux de lumière de ce point de départ très bas jusqu'à la dix-septième grandeur, nous découvrirons, si le nombre des étoiles augmente au même taux (qu'auparavant), que la lumière totale devrait égaler au moins sept fois la lumière de la lune, tandis que, actuellement, les mesures photométriques l'indiquent égale à un vingtième. Et comme le calcul des taux de lumière ne concerne que les étoiles précisément visibles dans les plus grands télescopes, nous avons, dans ce cas, la preuve que le nombre d'étoiles au-dessus de la dixième et jusqu'à la dix-septième grandeur diminue rapidement.

Nous devons nous rappeler que les plus petites étoiles télescopiques sont en forte prépondérance dans et près de la Voie lactée. A partir d'une certaine distance de celle-ci, elles diminuent rapidement jusqu'à ce que, près de ses pôles, elles ne se rencontrent pour ainsi dire plus. Il est prouvé que le professeur Celoria, de Milan, au moyen d'un télescope de moins de huit centimètres d'ouverture, compta presque autant d'étoiles, dans cette région, que le fit Herschel avec son réflecteur de 45 centimètres.

Toutefois, si l'univers stellaire s'étend sans limite, nous pouvons difficilement supposer qu'il ne le fasse que dans un seul plan; de là, l'absence des étoiles plus faibles et de la lumière diffuse, sur le plus grand espace des cieux, doit prouver que les myriades de très petites étoiles dans la Voie lactée lui appartiennent réellement et ne doivent point être attribuées aux profondeurs infinies de l'au delà.

Il me semble que nous avons là une preuve directe que les étoiles de notre univers sont réellement en nombre limité.

Il existe donc quatre séries d'arguments tendant tous, plus ou moins, à la conclusion suivante, c'est que l'univers stellaire que nous voyons autour de nous, loin d'être infini, est strictement limité en étendue, et revêt une forme et une constitution définies. Les voici résumées brièvement :

1° Le professeur Newcomb montre que si les étoiles étaient en nombre infini, et si celles que nous voyons étaient comparables aux autres, et de plus, s'il n'existait pas un nombre suffisant de corps obscurs, pour absorber presque toute leur lumière, nous recevrions alors d'elles une somme de lumière théoriquement plus grande que celle du soleil.

J'ai démontré assez longuement qu'aucune de ces causes de perte de lumière ne peut expliquer l'énorme disproportion entre la lumière théorique et la lumière actuelle des étoiles; aussi l'argument du professeur Newcomb doit-il être considéré comme ayant une certaine valeur contre celui de l'étendue infinie de notre univers.

Il est clair que cela n'implique pas qu'il n'existe pas d'autres univers dans l'espace, mais comme nous ignorons tout à leur égard — même s'ils sont solides ou immatériels — toute spéculation concernant leur existence doit être tenue pour inutile.

2° L'argument qui vient ensuite en ligne dépend du fait que, dans tout l'espace céleste, même dans la Voie lactée, il y a des espaces de grande étendue, des fentes, des sentiers et des taches circulaires, où les étoiles sont, ou tout à fait absentes, ou très rares et très faibles d'éclat. Dans plusieurs de ces espaces, les plus forts télescopes ne montrent pas plus d'étoiles que ceux de dimension plus modérée, tandis que le peu d'étoiles aperçues se projettent sur un fond d'un noir intense.

Sir William Herschel, Humboldt, sir John Herschel, R. A. Proctor, et plusieurs astronomes contemporains affirment qu'au travers de ces espaces, fentes, sillons et taches obscures, nous pénétrons absolument par delà l'univers stellaire, dans les profondeurs sans étoiles de l'au delà.

3° Vient ensuite le fait remarquable de la progression constante du nombre des étoiles qui, jusqu'à la neuvième ou dixième grandeur, suit un taux constant, puis change graduellement ou subitement, de sorte que le nombre total de la dixième à la dix-septième grandeur n'est qu'un dixième de ce qu'il aurait été, si le même taux d'accroissement eût persisté.

Il faut conclure de ce fait que ces faibles étoiles deviennent de moins en moins répandues dans l'espace, tandis que le fond sombre sur lequel elles se détachent habituellement montre que, sauf dans la région de la Voie lactée, il ne se trouve pas des multitudes de petites étoiles invisibles au delà d'elles.

4° Le dernier témoignage d'un univers stellaire limité, c'est l'estimation en chiffres du total de lumière de chaque grandeur successive.

Ces quatre séries distinctes de preuves, maintenant établies, doivent constituer, autant que les circonstances le permettent, la preuve valable que l'univers stellaire, dont notre système forme une partie, a des limites définies, et qu'une entière connaissance de sa forme, de sa structure et de son étendue, rentre dans les probabilités futures des travaux astronomiques de l'avenir.

CHAPITRE VIII

Nos Rapports avec la Voie lactée.

Nous approchons maintenant, de ce que l'on peut décrire comme étant le sujet principal de notre enquête, c'est-à-dire la détermination de notre position actuelle dans l'univers immense quoique limité, et comment cette position doit probablement influencer notre globe, théâtre du développement de la vie dans ses plus hautes manifestations.

Nous débuterons par l'étude de nos rapports avec la Voie lactée (décrite en détail dans le quatrième chapitre), parce que c'est de beaucoup le corps le plus important de tout le ciel. Sir John Herschel l'a nommé « la base du système sidéral », et plus nous l'étudions, plus nous sommes convaincus que tout l'univers stellaire, les étoiles, les amas d'étoiles et les nébuleuses se relient à elle d'une manière quelconque et en sont probablement dépendantes. Non seulement elle renferme un plus grand nombre d'étoiles de première grandeur qu'aucune autre portion du ciel d'égale étendue, mais elle contient encore un grand nombre d'amas d'étoiles, ainsi qu'une grande quantité de matière nébuleuse et diffuse, outre d'innombrables (myriades de) petites étoiles qui lui donnent son apparence nuageuse. C'est aussi la région de ces étranges explosions produisant de nouvelles étoiles; on y trouve encore plus nombreuses qu'ailleurs des étoiles gazeuses d'énormes dimensions, plusieurs d'entre elles étant mille ou dix mille fois plus grandes que notre soleil et développant infiniment plus de lumière et de chaleur.

Il est maintenant avéré que ces énormes étoiles, ainsi que les myriades de petites étoiles visibles à l'aide des plus grands télescopes, sont actuellement mélangées et constituent ensemble les traits essentiels de la Voie lactée.

Dans ce cas, les plus faibles étoiles sont réellement petites et ne peuvent être très éloignées, formant, on peut le croire, les premières agrégations de substratum nébuleux, et fournissant peut-être le combustible qui entretient l'éclat intense des soleils géants.

S'il en est ainsi, la Voie lactée doit être le champ d'activité de forces immenses et de combinaisons continuelles de matière, lesquelles, par le fait de l'énorme distance qui nous en sépare, échappent à notre observation.

Parmi les millions de petites étoiles télescopiques, des centaines ou des milliers d'entre elles peuvent paraître ou disparaître annuellement, sans que nous nous en doutions, jusqu'à ce que les cartes photographiques soient complétées et puissent être minutieusement vérifiées à de courts intervalles.

Comme des changements indubitables sont survenus dans beaucoup des plus grandes nébuleuses, durant les cinquante dernières années, nous pouvons prévoir que des changements analogues seront bientôt remarqués dans les étoiles et dans les masses nébuleuses de la Voie lactée. Le Dr Isaac Roberts a même observé des changements dans des nébuleuses, après un court intervalle de huit années.

La Voie lactée est un grand Cercle

Malgré toutes ses irrégularités, ses divisions et ses ramifications, les astronomes s'accordent généralement à dire que la Voie lactée forme un grand cercle dans le ciel. Sir John Herschel, qui la connaissait mieux que personne, déclare que son cours « figure, aussi exactement que ses limites très vagues permettent de le fixer, un grand cercle », et il donne l'exacte ascension droite et déclinaison des points où elle traverse l'équinoxe, en chiffres qui indiquent que ces points sont situés exactement en face l'un de l'autre. Il définit aussi ses pôles nord et sud par d'autres chiffres, de façon à montrer qu'ils forment les pôles d'un grand cercle.

Après avoir mentionné l'opinion de Struve, qui dénie à la Voie lactée la forme d'un grand cercle, Herschel ajoute: « Je maintiens ma propre opinion ».

Le professeur Newcomb dit qu'elle forme presque toujours un grand cercle autour de la sphère et il ajoute : « Le fait que nous sommes placés nous-mêmes dans le plan de la Voie lactée peut être prouvé de deux façons : 1° par l'égalité du nombre d'étoiles des deux côtés de ce plan, dans toute sa longueur jusqu'à ses deux pôles; 2° par le fait que la ligne centrale de la Voie lactée est un grand cercle, chose qui ne pourrait avoir lieu, si nous l'observions d'un seul côté de son plan central ». (*Les Etoiles*, p. 317.)

Miss Clarke, dans son *Histoire de l'Astronomie*, parle de notre position dans le plan galactique comme étant un des faits indiscutables de l'astronomie, tandis que Sir Norman Lockyer, dans une conférence faite en 1889, dit : « la ligne médiane de la Voie lactée n'est réellement pas autre chose qu'un grand cercle » et plus loin: « le récent ouvrage de M. Gould, dans l'Argentine, montre qu'il en est réellement ainsi ».

Ce point ne pouvant être mis en question, allons plus loin. Un grand cercle est un cercle divisant la sphère céleste en deux portions égales, telles qu'elles sont vues de la terre; c'est pourquoi la place de ce cercle doit passer à travers la terre. Il est évident que tout l'ensemble est sur une si vaste échelle, la Voie lactée variant de dix à trente degrés de largeur, que le plan de son cercle ne peut pas être déterminé avec une exactitude minutieuse. Mais la chose est de peu d'importance.

Lorsque la Voie lactée est soigneusement reproduite sur une carte, telle que celle de M. Sidney Waters (voir à la fin du volume), nous remarquons que sa ligne centrale suit une courbe circulaire, se rapprochant d'aussi près que possible d'un grand cercle. Nous sommes donc certainement placés au dedans de l'espace qui serait limité par deux plans reposant sur les bords nord et sud de la Voie lactée et, selon toute probabilité, dans le voisinage du plan central de cet espace ainsi limité.

La Forme de la Voie lactée et notre Position
dans son Plan

Si, à notre point de vue, la Voie lactée forme un grand cercle dans le ciel, il ne s'ensuit point qu'elle ait la forme d'une circonférence. Étant inégale en largeur et irrégulière en contour, elle pourrait être elliptique ou même de forme angulaire, sans nous paraître aucunement telle.

Si nous étions placés sur une plaine ou dans un champ découvert de deux ou trois kilomètres de diamètre, et entouré de tous côtés par des bois de hauteur, de densité et de coloration diverses, il nous serait difficile de juger de la forme dudit champ, lequel pourrait être, soit un cercle parfait, soit un ovale, soit un hexagone, soit une figure tout à fait irrégulière, sans qu'il nous fût possible de déterminer sa forme exacte, à moins que certaines de ses parties ne fussent beaucoup plus rapprochées que d'autres.

De même que les bois limitant le champ pourraient ne former qu'une étroite ceinture de largeur uniforme, même réduite à quelques kilomètres, et s'étendant ailleurs beaucoup plus loin, de même aussi, il existe bien des opinions au sujet de la dimension de la Voie lactée dans son plan, c'est-à-dire dans la direction où nous l'examinons.

Dernièrement, toutefois, à la suite de longues observations et d'études, les astronomes se sont bien renseignés, quant à sa forme générale et à son étendue, ainsi qu'on en jugera par les déclarations suivantes :

Miss Clarke, après avoir donné les différentes appréciations de plusieurs astronomes, — étant l'historien de l'astronomie moderne, son opinion a une grande valeur — estime que, pour la Voie lactée, l'idée la plus vraisemblable est celle d'un immense rond, avec des appendices, partant du corps principal et se ramifiant dans toutes les directions, pour produire l'effet si complexe qui se présente à nos yeux.

On commence à croire aujourd'hui que tout l'univers stellaire est sphérique ou sphéroïde, la Voie lactée formant son équateur, et, par conséquent, selon toute probabilité, étant circulaire et à peu près plane. On estime aussi qu'il doit avoir un mouvement rotatoire, peut-être très lent, aucune autre cause n'étant supposée avoir agi pour former un anneau aussi grand, ou pour le maintenir une fois formé.

Le professeur Newcomb estime que le fait de la concentration des étoiles convergeant vers la Voie lactée, dans toutes les directions, est approximativement le même, et qu'il ne doit donc pas y avoir une très grande différence, pour les autres, avec la distance qui nous en sépare, dans n'importe quelle direction. Il en résulterait que la forme de la Voie lactée est à peu près circulaire ou largement elliptique. L'existence d'une nébuleuse en forme d'anneau peut assez bien rendre l'idée de cette forme.

Sir Norman Lockyr indique des faits qui tendent vers ce résultat. Dans un article paru dans la *Nature*, du 8 novembre 1900, il dit: « Nous voyons que les étoiles gazeuses ne sont pas seulement limitées à la Voie lactée, mais que ce sont les plus éloignées dans toutes les directions, et dans chaque longitude galactique; toutes possèdent un mouvement propre infiniment faible ».

Et encore, s'en référant au fait que les étoiles les plus lumineuses sont également éloignées de nous de tous côtés, il dit : « La raison en est que nous sommes au centre, parce que le système solaire est au centre, et c'est ce qui produit l'effet observé ».

Il remarque ainsi que l'anneau nébuleux de la Lyre reproduit presque la forme de tout le système, et il ajoute: « Nous savons clairement que, dans notre système, le centre est la région la moins troublée, et, par conséquent, celle où le refroidissement se fait le plus sentir ».

Ces faits et ces conclusions émis par plusieurs des plus savants astronomes, indiquent tous la même solution, à savoir que notre position, ou celle du système solaire, n'est pas très éloignée du centre de ce vaste anneau stellaire constituant la Voie lactée, tandis que les mêmes faits impliquent la forme presque circulaire de cet anneau. Ici, pas plus que lorsqu'il s'agit de notre position dans la Voie lactée, il n'est possible d'obtenir une détermination précise; mais ce qui reste certain, c'est que si nous étions placés très loin du centre, mettons, par exemple, à un quart de diamètre d'un de ses côtés et à trois quarts de l'autre, les apparences ne seraient pas ce qu'elles sont, et que nous découvririons facilement l'excentricité de notre position. Si, même, nous étions situés à un tiers de diamètre d'un côté et aux deux tiers de l'autre, cette position, il faut l'admettre, aurait été prouvée par les différentes méthodes de recherches que nous possédons actuellement.

Nous devons, par conséquent, être placés quelque part entre le centre actuel et un cercle dont le rayon mesure un tiers de la distance à la Voie lactée. Toutefois, si nous sommes à mi-chemin entre ces deux positions, nous n'équivaudrons qu'à un sixième du rayon ou à un douzième du diamètre de la Voie lactée, calculé de son centre exact, et si nous faisons partie d'un amas ou d'un groupe d'étoiles évoluant lentement autour de ce centre, nous devons retirer probablement tous les avantages qui peuvent résulter d'une position presque centrale dans l'univers stellaire tout entier.

Cette question de notre situation dans le grand cercle de la Voie lactée est, au point de vue que je mentionne ici, d'une importance si considérable, que toute circonstance s'y rapportant devrait être notée : il en reste cependant une qui, jusqu'ici, n'a pas été cotée à sa juste valeur.

On admet généralement que l'éclat supérieur de quelques portions de la Voie lactée n'indique point qu'elle soit plus rapprochée, parce que les surfaces lumineuses possèdent un éclat différent, la distance d'où on les observe restant la même. Ainsi, chaque planète possède son éclat spécial ou pouvoir réfléchissant, désigné techniquement sous le nom d' « Albedo », et ce dernier reste le même à toutes les distances, toutes autres conditions restant égales. Nonobstant ce fait bien connu, la remarque de sir John Herschel, que l'éclat supérieur de la Voie lactée méridionale « donne fortement l'impression d'une plus grande proximité », et que, par conséquent, nous sommes placés excentriquement dans son plan, a été adoptée par plusieurs écrivains, comme si c'était là l'énonciation d'un fait ou au moins d'une opinion clairement exprimée, au lieu de n'être qu'une simple « expression » et réellement une impression fausse.

Je désire encore parler ici d'un phénomène assez suggestif.

Il est évident que si la Voie lactée était partout d'égale épaisseur, les différences de largeur apparente indiqueraient des différences de distance.

Dans ses parties plus rapprochées de nous, elle nous apparaîtrait plus large, et dans les plus lointaines, plus étroite; mais, dans ses directions opposées, il n'y aurait pas nécessairement de différence d'éclat.

Nous pourrions cependant nous attendre à ce que, dans les parties les plus rapprochées de nous, les étoiles lucides, ainsi que celles dont on peut estimer la grandeur, dussent être plus nombreuses ou plus clairsemées en moyenne. Aucune différence de ce genre n'a cependant été remarquée; mais il existe une correspondance spéciale dans les portions opposées de la Voie lactée, qui nous paraît fort suggestive.

Dans les superbes cartes des amas nébuleux et stellaires, établies par feu M. Sidney Waters, publiées par la Société royale astronomique et reproduites ici avec son autorisation (voir à la fin de l'ouvrage), la Voie lactée est dessinée entièrement en grand détail et d'après les meilleures autorités. Ces cartes nous montrent que, dans les deux hémisphères, la Voie lactée atteint son expansion majeure sur les côtés droit et gauche des cartes, où elle est presque égale en étendue, tandis qu'au centre de chaque carte, c'est-à-dire à ses points les plus rapprochés des pôles nord et sud, elle est dans sa partie la plus étroite; et bien que la portion située dans l'hémisphère sud soit la plus brillante et la plus nettement définie, son étendue actuelle, y compris ses portions les plus faibles, n'est de nouveau pas très inégale dans les segments opposés.

Ici se manifeste une symétrie significative dans les proportions de la Voie lactée, laquelle, jointe avec la répartition presque symétrique des étoiles dans toutes les parties de ce vaste cercle, suggère une forme presque circulaire, ainsi que notre position presque centrale dans son plan. Il reste encore un détail dans cette esquisse de la Voie lactée, qui est digne de remarque.

On l'a fréquemment décrite comme étant double au travers d'une grande portion de son étendue, et toutes les cartes célestes exagèrent beaucoup cette division, surtout dans l'hémisphère nord; cette division fut considérée si importante qu'elle conduisit à la théorie du disque fendu.

On a dit aussi que la Voie lactée consistait en deux anneaux séparés et irréguliers, le plus rapproché cachant en partie le. plus distant; tandis que des combinaisons variées, en forme de spirale, expliquaient, pour plusieurs personnes, son apparence complexe. Cette carte, plus récente, réduite d'une plus grande par l'astronome de Lord Rosse, le D⁻ Boeddicker, qui a consacré cinq ans à son tracé, montre qu'il n'existe actuellement aucune division dans aucune de ses parties, dans l'hémisphère nord, mais que partout, dans toute son étendue, elle consiste en un réseau de canaux et d'embranchements, variant beaucoup en éclat, et garnie le long de ses bords de beaucoup de faibles expansions formant une ceinture nettement nébuleuse.

Le D⁻ Gould a découvert le même caractère général dans l'hémisphère sud.

Un autre trait bien démontré par ces cartes récentes et plus exactes, c'est la courbe régulière de la ligne centrale de la Voie lactée. Nous pouvons déjà nous en rendre compte à l'œil nu; si, à l'aide de compas, nous trouvons le rayon et le centre de la courbe, nous découvrirons que la véritable courbe circulaire est toujours dans le milieu de la masse nébuleuse; le même rayon, appliqué identiquement à l'hémisphère opposé, donne un résultat semblable.

On remarquera que, comme la Voie lactée est située obliquement sur ces cartes, le centre de la courbe sera environ en R. A. 0 h. 40 minutes dans la carte de l'hémisphère sud, et en R. A. 12 h. 40 minutes dans celle de l'hémisphère nord; tandis que le rayon aura environ la longueur de la corde de huit heures de R. A., telle qu'elle est mesurée sur le bord des cartes. Cette grande régularité de courbe, dans la ligne centrale de la Voie lactée, suggère fortement l'idée de rotation, seul moyen par lequel elle peut avoir été créée et maintenue.

L'Amas d'Étoiles du Système solaire

Les astronomes sont actuellement d'accord sur le fait que notre soleil fait partie d'un amas d'étoiles, quoique les dimensions, les formes et les limites de ce dernier soient encore indéterminées. Sir W. Herschel émit, il y a long-temps, l'idée que la Voie lactée « consiste en étoiles répandues de façon toute différente de celles qui nous entourent ».

Le Dr Gould croyait qu'il existait environ cinq cents brillantes étoiles bien plus rapprochées de nous que la Voie lactée, étoiles qu'il désignait sous le nom de groupe solaire.

Miss Clarke remarque que l'existence actuelle d'un tel groupe est indiquée par le fait que « l'énumération des étoiles selon l'ordre photométrique, dénote un excès systématique d'étoiles plus brillantes que celles de quatrième grandeur, prouvant qu'il se produit une condensation actuelle dans le voisinage du soleil, et en même temps que le volume moyen d'espace cubique afférant à chaque étoile est placé plus au dedans de la sphère qui le renferme (avec un rayon de 140 années de lumière, par exemple) que dans un espace plus éloigné ».

Mais l'enquête la plus curieuse faite sur ce sujet l'a été par le professeur Kapteyn, de Grôningue, l'un des observateurs les plus laborieux de la distribution des étoiles. Il base ses conclusions principalement sur les mouvements propres des étoiles, ceux-ci étant la meilleure indication générale de la distance, en l'absence d'une détermination actuelle des parallaxes. En utilisant les mouvements propres et le spectre de plus de deux mille étoiles, il découvrit qu'un groupe considérable d'étoiles, possédant de vastes mouvements propres et présentant aussi le type solaire du spectre, entoure de tous côtés notre soleil, et ne montre aucune densité progressive dans la direction de la Voie lactée, comme le font les étoiles plus distantes.

Il constate aussi que, vers le centre de ce groupe, les étoiles sont bien plus serrées les unes contre les autres que près de ses bords extérieurs (il dit que la proportion est de quatre-vingt-dix-huit pour une), que le groupe est à peu près sphérique, et que sa condensation maxima est, autant qu'on peut l'affirmer, au centre du cercle de la Voie lactée, tandis que le soleil est situé à quelque distance de ce point central (1).

Le fait que la plupart des étoiles appartenant à ce groupe possèdent des spectres du type solaire est très suggestif; cela indique qu'ils ont la même constitution chimique que notre soleil, et qu'ils sont, pour ainsi dire, dans le même stage d'évolution; cela peut bien être le résultat de leur origine dans la grande masse nébuleuse située près du centre du plan galactique, laquelle évolue probablement autour de leur centre commun de gravité.

Comme le résultat obtenu par Kapteyn était basé sur des documents moins sûrs ou moins complets que ceux que l'on possède de nos jours, le professeur S. Newcomb a examiné la question, en se servant de deux listes récentes d'étoiles, l'une concernant celles ayant des mouvements propres de 10" par an, dont il en existe 295, et l'autre, possédant environ 1.500 étoiles avec des mouvements propres appréciables.

Elles sont situées dans deux zones, chacune d'environ 50 de largeur et passant au travers de la Voie lactée en différents points de son cours. Elles confirment, par conséquent, la distribution des étoiles les plus rapprochées en rapport avec la Voie lactée. Le résultat est qu'en moyenne,

<hr/>

(1) Ce rapport du professeur KAPTEYN est extrait d'un article de Miss Clarke dans *Knowledge*, avril 1893.

ces étoiles ne sont pas plus nombreuses dans la Voie lactée qu'ailleurs, et le professeur Newcomb s'exprime ainsi sur ce point :

« La conclusion est intéressante et importante; si nous devions effacer des cieux toutes les étoiles n'ayant pas un mouvement propre assez grand pour être remarqué, il nous resterait des étoiles de toutes les grandeurs, mais elles seraient répandues presque uniformément dans tout le ciel et n'auraient aucune tendance à s'amonceler près de la Voie lactée, à moins peut-être que ce ne fût près de la dix-neuvième heure de l'ascension droite (1). »

Un peu de réflexion montrera que, comme les étoiles de toutes grandeurs qui sont, en moyenne, le plus près de nous sont dispersées dans l'espace dans toutes les directions et de façon presque uniforme; cela signifie nécessairement qu'elles forment un amas ou groupe, et que notre soleil n'est pas fort éloigné du centre de ce groupe.

Le professeur Newcomb mentionne de même « l'égalité remarquable du nombre des étoiles dans les directions qui nous sont opposées. Nous ne constatons pas, dit-il, de différence sensible entre les nombres d'étoiles situées autour des pôles opposés de la Voie lactée, ni, autant qu'on le sait, entre la densité des étoiles dans différentes régions à des distances égales de la Voie lactée ». (*Les Étoiles*, p. 315.)

---

(1) *Les Étoiles*. p. 296. — La région mentionnée ici est celle où la Voie lactée a sa plus grande largeur (bien que celle en face soit presque aussi large), et où elle s'étend peut-être quelque peu dans notre direction. Miss A.-M. Clarke me prévient qu'en avril 1901. Kapteyn retira les conclusions qu'il avait formulées en 1893, celles-ci étant basées sur une argumentation fausse, au sujet des rapports des parallaxes avec les mouvements propres. Mais ce document ayant toujours cours, sous certaines réserves, chez le professeur Newcomb et d'autres astronomes, arrivés chacun à des résultats semblables, il ne paraît pas improbable qu'après tout les conclusions du Dr Kapteyn ne doivent pas être sensiblement modifiées. Newcomb dit aussi : *The Stars*, p. 214, qu'il a lu les derniers papiers de Kapteyn, jusqu'en 1901, et qu'il n'exprime aucun doute relativement à ses propres conclusions, telles qu'elles sont mentionnées ci-dessus.

A la page 317, il parle encore du même sujet: « Autant
que nous pouvons juger de l'énumération des étoiles dans
toutes les directions et par l'aspect de la Voie lactée, notre
système est situé près du centre de l'univers stellaire ».

Il sera maintenant, je l'espère, clairement démontré à
mes lecteurs, que les quatre principales propositions astronomiques énoncées dans l'article que je publiai dans l'*Indépendant* de New-York et dans la *Fortnightly Review*, et
que mes critiques astronomes ont niées ou déclarées non
prouvées, sont confirmées par nombre de témoignages,
manifestement établis.

Ces faits sont : 1° que l'univers stellaire n'est pas illimité;
2° que notre soleil est situé dans le plan de la Voie lactée;
3° qu'il est aussi placé près du centre de cet anneau; 4° que
nous sommes entourés d'un groupe d'étoiles d'étendue
inconnue, lequel occupe une place qui n'est pas éloignée
du centre du plan galactique, et, par conséquent, près du
centre de notre univers stellaire.

Non seulement ces quatre propositions sont appuyées
chacune par des preuves convergentes, mais on peut y
ajouter celles qui n'ont pas encore été jointes à ce rapport,
car un certain nombre d'astronomes de premier ordre sont
arrivés aux mêmes conclusions quant à la preuve, et ont
exprimé leurs convictions de la manière la plus formelle.
C'est à leurs conclusions que je me réfère et celles-là mêmes que j'adopte. Cependant, deux principaux critiques en
astronomie nient positivement l'évidence de la limitation
de l'univers stellaire, que l'un d'eux qualifie de « mythe »,
et il m'accuse même de l'avoir inventé. Tous deux s'accordent pour opposer une objection très grave à ma thèse
principale, à savoir que notre position centrale (non pas
nécessairement au centre précis) de l'univers stellaire
aurait alors un but et une signification en rapport avec le
developpement de la vie et de l'homme sur la terre.

C'est de cette objection, la seule qui, à mon avis, ait quelque valeur, que je veux maintenant parler.

Le Mouvement du Soleil a travers l'Espace

Les deux astronomes qui m'ont fait l'honneur de criti-
quer mon premier article ont beaucoup insisté sur le fait
que, même si j'eusse prouvé que le soleil occupait une position très centrale dans le grand système solaire, il n'y avait
réellement là rien d'important, parce qu'avec la vitesse de
translation du soleil, « nous étions, il y a cinq millions d'années au milieu actuel de la Voie lactée. Dans cinq millions
d'années d'ici, nous aurons complètement traversé le cercle entouré par elle, et nous ferons de nouveau partie de
l'un de ses groupes constituants, mais sur le côté opposé.
Dix millions d'années sont considérées par les géologues
et les biologues comme une bagatelle, eu égard au temps,
en général ». Ainsi parle l'un de mes critiques.

L'autre est également péremptoire. Il s'exprime ainsi:
« S'il existe un centre pour l'univers visible, et si nous l'occupons aujourd'hui, il n'en était certes pas de même hier,
et il n'en sera pas de même demain. Le système solaire est
reconnu se mouvoir parmi les étoiles avec une rapidité qui
nous conduirait à Sirius en 100.000 années, à supposer, ce
qui n'est point le cas, que nous voyagions dans cette direction. Durant les 50 ou 100 millions d'années pendant lesquelles, suivant les géologues, cette terre a été un monde
habitable, nous devons avoir dépassé des milliers d'étoiles
à notre droite et à notre gauche.

« Avec son vif désir de limiter l'univers dans l'espace, le
Dr Wallace a sûrement oublié qu'il importe également,
selon ses intentions, de le limiter dans le temps, mais cela,
en face de faits avérés, est autrement difficile...

« Certainement, bien loin d'avoir joui, dans une position
centrale, d'une paix non interrompue pendant des centaines ou des millions d'années, nous devrions avoir, durant
ce laps de temps, traversé l'univers d'une de ses extrémités
à l'autre ».

Là-dessus, le lecteur habituel de ces deux auteurs, tenant compte de leur haute position officielle, acceptera leurs assertions comme des faits démontrés, et en concluera que toute mon argumentation s'écroule de ce fait, ne reposant que sur un rêve fantastique.

Mais si, d'autre part, je puis prouver que leurs soi-disant faits, relatifs aux mouvements du soleil, ne sont point démontrés, parce qu'ils sont basés sur des présomptions qui peuvent être absolument erronées, et que, de plus, en admettant que si ces faits sont corrects, tous deux ont omis de mentionner des qualifications bien connues et admises, qui rendent très problématiques les conclusions qu'ils tirent de ces faits, le lecteur apprendra une leçon utile, à savoir que l'on ne doit jamais accepter une thèse officielle, qu'il s'agisse de médecine, de droit ou de science, jusqu'à ce que les deux cloches aient été entendues.

Examinons donc les faits, si vous le voulez bien.

Le professeur Simon Newcomb calcule que, s'il existe cent millions d'étoiles dans l'univers stellaire, équivalant à cinq fois la masse de notre soleil, et répandues sur un espace que la lumière devrait mettre trente mille années à traverser, toute masse traversant ce système avec une vitesse de plus 40 kilomètres par seconde disparaîtrait dans l'infini, sans jamais reparaître. Comme il existe bien des étoiles qui dépassent de beaucoup, en apparence, cette vitesse, il en résulterait que l'univers visible est instable. Cela signifierait aussi que ces grandes vitesses ne sont pas acquises dans le système lui-même, mais que les corps qui les possèdent doivent y avoir pénétré de l'extérieur, se servant ainsi d'autres univers pour alimenter le nôtre.

L'exactitude de l'argument ci-dessus est garantie par l'autorité du professeur Newcomb. On peut toutefois estimer nécessaire de modifier les prémisses sur lesquelles il se base, ce qui peut sensiblement changer le résultat.

Si je ne me trompe, l'estimation de cent millions d'étoiles

est basée sur les calculs ou estimations d'étoiles de grandeurs successives, en différentes parties du ciel, et ces derniers ne renferment pas ceux des amas stellaires plus denses, ni les millions situés au delà de la portée des télescopes, dans la Voie lactée. Ces calculs ne s'occupent pas non
plus des étoiles obscures que quelques astronomes supposent être bien des fois plus nombreuses que les brillantes,
ni du grand nombre des nébuleuses, grandes et petites, en
calculant la masse totale du système solaire (1).

Dans son dernier ouvrage, le professeur Newcomb dit :
« Le nombre total des étoiles doit être compté par centaines de millions; par conséquent, le pouvoir régulateur du
système sur tous les corps situés au dedans de lui sera
bien supérieur à celui indiqué plus haut, et serait capable
de retenir dans ses limites une étoile aussi rapide qu'Arcturus, que l'on suppose voyager à raison de plus de 480 kilomètres par seconde ».

Il y a, toutefois, une autre limite très importante aux
conclusions que l'on peut tirer des calculs du professeur
Newcomb. Ceux-ci affirment que les étoiles sont presque
uniformément distribuées à travers tout l'espace céleste
dans lequel s'étend ce système. Les faits sont, toutefois,
bien différents.

L'existence de groupes, dont plusieurs comprennent
beaucoup de milliers d'étoiles, est un exemple de l'irrégularité de leur distribution, et l'un quelconque de ces vastes
groupes serait probablement capable de changer le cours
même des plus rapides étoiles qui viendraient à le traverser.

Les plus grandes nébuleuses peuvent avoir le même effet,
puisque feu M. Ranyard, réunissant tous ses chiffres, de

(1) Sir R. BALLS. dans un article du *Good Words*. d'avril 1903, dit que
l'éclat lumineux est un phénomène exceptionnel dans la nature, et que les
étoiles lumineuses ne sont que les vers luisants et les lucioles de l'univers,
comparés avec les milliers d'autres animaux.

façon à obtenir une limite inférieure, estime que la masse probable de la nébuleuse d'Orion est quatre millions et demi plus forte que celle du soleil; ajoutons qu'il peut y avoir d'autres nébuleuses également grandes.

Toutefois, bien plus important est le fait du vaste anneau de la Voie lactée, reconnu de nos jours par les astronomes pour être, non pas en apparence, mais en réalité, plus abondamment garni d'étoiles et de masses de matière nébuleuse qu'aucune autre partie du ciel, de sorte qu'il peut renfermer en lui-même une très grande proportion de toute la substance de l'univers visible. Cela est d'autant plus plausible que la grande majorité des amas d'étoiles se trouve placée dans son cours, ainsi que la plus grande portion des vastes étoiles gazeuses, tandis que l'apparition constante dans cette région des « nouvelles étoiles » prouve une surabondance de matière sous des formes variées conduisant à de fréquentes collisions, tandis que les averses météoriques fréquentes sur notre globe prouvent le surcroît répété de substance météorique dans le système solaire.

Les lois de la mécanique nous montrent que, dans tout grand système de corps soumis à la loi de la gravitation, il ne peut être question, pour aucun d'entre eux, d'un mouvement en ligne droite; de même, il ne peut naître aucune somme de mouvement dans ce système que par l'action de la gravitation, seule capable d'enlever l'une de ces masses quelconques hors du système. La tendance finale doit être vers une concentration plutôt que vers une dispersion. Il n'est que logique, par conséquent, de considérer les mouvements et les vitesses que nous découvrons parmi les étoiles, comme ayant été produits par la puissance attractive des plus grandes agglomérations, modifiés peut-être par des forces répulsives électriques, par des collisions et par les résultats de ces collisions; nous pouvons envisager ainsi les changements qui s'effectuent dans certains amas et dans certaines nébuleuses, comme l'indication de forces qui ont probablement amené les conditions actuelles de l'univers stellaire entier.

Si nous examinons les superbes photographies de nébuleuses exécutées par le Dr Roberts et par d'autres, nous voyons qu'elles sont de formes diverses. Certaines d'entre elles sont extrêmement irrégulières et pareilles à des (nuages) cirrus; d'autres, en grand nombre, sont, ou nettement en spirale, ou en train de le devenir, et cela a été le cas pour certaines grandes nébuleuses irrégulières. Puis, nous voyons de nombreuses nébuleuses annulaires, habituellement accompagnées d'une étoile, entourée d'une épaisse nébuleuse au centre, séparée du cercle extérieur par un espace obscur d'épaisseur variable.

Toutes ces nébuleuses possèdent des étoiles incorporées en elles, paraissant faire partie de leur structure, tandis que d'autres, qui ressemblent beaucoup aux étoiles ordinaires, sont, de l'avis du Dr Roberts, situées entre nous et les nébuleuses. Dans le cas de bien des nébuleuses en spirale, des étoiles sont souvent enlacées dans leurs anneaux, tandis que d'autres courbes d'étoiles sont aperçues juste en dehors de la nébuleuse; on ne peut ainsi faire autrement que de conclure que toutes deux sont liées avec elle, les lignes extérieures d'étoiles indiquent une plus grande extension antérieure des nébuleuses dont la matière a été employée durant l'accroissement de ces étoiles.

Quelques-unes de ces étoiles en spirales montrent de belles circonvolutions régulières, et possèdent généralement une grande masse centrale, en forme d'étoile, comme dans M. 100 et 184 de la chevelure de Bérénice, dans le vol. II, Pl. 14 des photographies du Dr Roberts.

Les stries blanches et droites, qui rayent la nébuleuse des Pléiades et d'autres encore, sont censées indiquer, d'après le Dr Roberts, des nébuleuses en spirale et vues de profil. D'autres fois, les amas d'étoiles sont plus ou moins nébuleux, et les arrangements des étoiles semblent indiquer que leur développement est sorti d'une nébuleuse en spirale. Il est à remarquer que bien des corps, classés comme nébuleuses planétaires par sir John Herschel, sont prouvés, par les meilleures photographies, être vraiment de forme annulaire, malgré que leur différence entre un anneau et une masse centrale soit parfois très peu sensible. Cette dernière forme peut se présenter fréquemment.

Toutefois, si cette forme annulaire, munie d'une sorte de noyau central parfois très grand, est produite sous certaines conditions par l'action des lois ordinaires du mouvement sur des masses diverses de substance concrète, pourquoi les mêmes lois, agissant sur la même matière dispersée dans toute l'étendue de l'univers stellaire, ou même au delà de ses limites les plus lointaines, n'auraient-elles pas causé l'agrégation de la vaste formation annulaire de la Voie lactée, avec tous les centres de concentration ou de dispersion qui se trouvent en elle ou autour d'elle ? Et si cette conception est logique, ne pouvons-nous pas espérer qu'en étudiant quelques-uns des systèmes annulaires et spiraux les mieux situés, nous acquerrons assez de connaissances de leurs mouvements internes, pour nous aider à découvrir quelle sorte de mouvement existe dans le cercle galactique et dans ses étoiles satellites ?

Nous arriverons peut-être à découvrir que le mouvement propre des étoiles et celui de notre soleil, qui nous paraissent si indéterminés, font réellement tous partie d'une série de mouvements orbitaux limités par les forces du grand système auquel ils appartiennent, de sorte que, s'ils ne sont pas mathématiquement stables, ils le sont suffisamment pour durer quelques milliers de millions d'années.

C'est un fait suggestif que la position calculée de l' « apex solaire », c'est-à-dire le point du ciel vers lequel notre soleil paraît se mouvoir, semble être beaucoup plus rapprochée du plan de la Voie lactée que la première position qui lui fut assignée. Le professeur Newcomb adopte, comme étant assez exact, un point situé près de la brillante étoile Véga, dans la constellation de la Lyre. D'autres savants l'ont placée bien plus à l'est, tandis que Rancken et Otto Stumpe lui assignent actuellement une place dans la Voie lactée; et M. G. G. Bompas conclut à ce que le plan de mouvement du soleil coïncide presque avec celui de la Voie lactée. M. Rancken découvrit que 106 étoiles près de la Voie lactée montraient, par leurs très faibles mouvements propres, un courant parallèle dans une direction allant de Cassiopée vers Orion, et il est à supposer que cela est dû, en partie, au mouvement de notre soleil dans la direction opposée.

Dans maint autre endroit des cieux, se trouvent des amas d'étoiles qui ont des mouvements propres identiques, phénomènes que feu R. A. Proctor désignait sous le nom de « courants d'étoiles »; il remarquait, entre autres, que cinq des étoiles de la Grande-Ourse dérivaient toutes dans la même direction, et bien que cela ait été nié par des auteurs récents, le professeur Newcomb, dans son dernier livre sur les Etoiles, déclare que Proctor avait raison, et il explique que l'erreur de ses critiques est due à ce qu'ils n'ont pas tenu compte de la divergence des cercles dans l'ascension droite.

Les Pléiades sont encore un de ces groupes d'étoiles qui dérivent dans la même direction, et c'est un fait suggestif que les photographies montrent ce groupe comme incrusté dans une vaste nébuleuse, laquelle possède aussi, par conséquent, un mouvement propre; mais quelques-unes des plus petites étoiles n'y participent pas.

Trois étoiles de Cassiopée se meuvent aussi ensemble, et il n'y a pas à douter que d'autres groupes semblables ne restent encore à découvrir.

Ces faits ont une importance capitale, au sujet du mouvement du soleil dans l'espace; car ce mouvement a été déterminé, en comparant les mouvements d'un grand nom-

bre d'étoiles, qui sont censées être complètement indépendantes l'une de l'autre et se mouvoir, pour ainsi dire, au
hasard.

Miss A. M. Clarke, dans son *Système stellaire*, pose très
clairement la question en ces termes :

« L'affirmation, par laquelle on veut prouver que les
mouvements absolus des étoiles n'ont aucune préférence
pour une direction plutôt que pour une autre, forme la
base de toutes les recherches faites jusqu'ici, pour connaître l'avancement de translation du système solaire.

« Le petit édifice de connaissances si laborieusement
acquises à ce sujet s'émiette en un clin d'œil si cette base
est enlevée.

« Dans toutes les recherches concernant le mouvement du
soleil, les mouvements stellaires ont été pris pour des excep-
tions; si, par contre, elles se trouvaient être tant soit peu
systématiques, le moyen employé jusqu'ici — et il n'en
existe point d'autre actuellement — devient fictif et ses
résultats nuls; ce point est donc d'un haut intérêt, et la
preuve à laquelle il sert de base mérite toute notre attention ».

M. Monck, l'astronome bien connu, émet la même opinion. Il dit : La preuve de ce mouvement repose sur la
supposition que, si nous prenons un nombre suffisant
d'étoiles, leurs mouvements réels dans toutes les directions
seront égaux, et que, par conséquent, les prépondérances
apparentes que nous observons dans certaines directions
résultent du mouvement réel du soleil.

« Toutefois, il n'y a rien d'impossible à ce que l'on adopte
pour ces recherches un mouvement systématique des étoiles, lequel pourrait concilier les faits observés avec un
soleil fixe.

« Et, en second lieu, si le soleil n'est pas situé dans le centre exact de gravité de l'univers, nous pourrions admettre
qu'il se meut dans une orbite autour de ce centre; nos obser-

vations sur son mouvement actuel ne sont donc pas assez nombreuses, ni assez certaines pour nous pousser à affirmer qu'il se meut en ligne droite, plutôt que suivant l'orbite sus-mentionnée ».

Quant à ce « mouvement systématique », lequel tendrait à rendre tout calcul sur l'évolution du soleil inexact ou même sans valeur, ce dernier est considéré, par bien des astronomes, comme ayant été réellement observé.

Le courant stellaire, premièrement indiqué par Proctor, a été prouvé exister dans beaucoup d'autres groupes d'étoiles, tandis que l'étrange arrangement des étoiles en lignes droites, dans tout l'espace céleste, ou en courbes régulières ou en spirales, suggère fortement l'idée de relations analogues. Toutefois, les astronomes ont observé ou suggéré bien d'autres mouvements systématiques et étendus.

Sir D. Gill, après de vastes recherches, croit avoir trouvé des indications d'une révolution des plus brillantes étoiles fixes, considérées dans leur ensemble, autour des étoiles fixes à éclat plus faible, comme formant aussi un tout.

M. Maxwell Hall a également trouvé les indices du mouvement d'un fort groupe stellaire renfermant notre soleil, autour d'un centre commun, situé dans la direction d'Epsilon d'Andromède et à une distance d'environ 490 années de vitesse de lumière.

Ces deux derniers mouvements ne sont pas encore établis, mais ils semblent prouver deux faits importants : a) que d'éminents astronomes croient qu'il doit exister certains mouvements systématiques parmi les étoiles, ou ils ne consacreraient pas autant de labeurs à leurs recherches; et b) qu'il existe des mouvements systématiques étendus, ou, autrement, ces résultats n'eussent pas été obtenus.

M. Campbell, de l'Observatoire de Lick, s'exprime comme suit, sur l'incertitude des déterminations des mouvements solaires.

« Le mouvement du système solaire est une quantité purement relative. Elle se rapporte à des groupes stellaires particuliers. Les résultats pour des groupes variés peuvent différer grandement et être quand même tous corrects. Il serait aisé de choisir un groupe d'étoiles, à l'égard duquel le mouvement soláire serait renversé de 180° des valeurs assignées ci-dessus ». (*Journal Astrophysique*, vol. XIII, p. 87, 1901.)

Il faut se souvenir que, étant donné un groupe uniforme d'étoiles, chacune d'elles évoluant autour du centre de gravité commun du groupe entier, les lois de Képler ne prédominent pas, la loi étant celle-ci, c'est que les vitesses angulaires sont toutes identiques, de telle façon que les étoiles les plus lointaines se meuvent plus rapidement que celles situées plus près du centre. Cette loi est cependant modifiée par les densités variables du groupe. Toutefois, si le groupe est presque sphérique, il doit y avoir des étoiles évoluant autour du centre, dans chaque plan, et cela, par rapport à nous, amènerait des mouvements apparents dans bien des directions, bien que les étoiles qui se meuvent dans le même plan que nous, lorsqu'on les compare à des étoiles éloignées hors du groupe, semblent toutes se mouvoir dans la même direction et au même degré de vitesse, formant, en fait, l'un de ces systèmes stellaires à courants déjà mentionnés. D'autre part, si, dans le cours de formation de notre groupe, de plus petites agrégations, possédant déjà un mouvement rotatoire, y étaient attirées, cela les amènerait peut-être à évoluer dans une direction opposée à celle qui s'est formée hors de la nébuleuse primitive, augmentant ainsi les diversités de mouvements apparents.

Les faits mis ici brièvement en lumière justifient, je le crois, les remarques faites à l'égard des affirmations de mes critiques astronomiques, au commencement de ce chapitre. Ils ont tous deux, sans aucune preuve, énoncé des théories affirmatives sur la direction et la vitesse de notre soleil, comme si c'étaient là des faits astronomiques aussi certains et aussi exacts que la distance du soleil à la terre, et ils auront sûrement été admis comme tels par le grand public des lecteurs non versés dans les mathématiques. Il semble cependant, si les autorités que j'ai citées sont réelles, que tout le calcul repose sur certaines suppositions qui sont en bonne partie erronées.

Telle est ma réponse à certaines de leurs critiques.

Tous deux affirment ensuite ou supposent, non seulement que le mouvement du soleil est maintenant en ligne droite, et qu'il en a été ainsi depuis une période immensément éloignée, lorsqu'il pénétra d'un côté dans l'univers stellaire, et qu'il continuera à se mouvoir ainsi jusqu'à ce qu'il atteigne les limites extrêmes de ce système du côté opposé. Et ces Messieurs affirment la chose, non comme une supposition, mais comme une certitude. Ils emploient des termes tels que « cela doit être » et « sera », ne laissant de place pour aucun doute quelconque.

Un tel résultat implique cependant l'abrogation de la loi de gravitation, puisque sous son action, le mouvement en ligne droite, au sein de milliers et de millions de soleils de dimensions variées, est une impossibilité absolue; de même, ce résultat implique aussi le fait que le soleil doit avoir été entraîné dans son cours par quelque autre système hors de la Voie lactée, avec une direction assez précise, pour ne pas risquer d'entrer en collision, ou tout au moins de se rapprocher de l'un quelconque des soleils ou des groupes de soleils, ou de masses nébuleuses, durant son passage à travers l'univers stellaire.

C'est là ma réponse à ces Messieurs, et je pense m'être justifié, en disant que rien, dans tout mon article, n'est si dénué de base que les affirmations que je viens d'examiner.

Considérant donc l'importance de ces preuves, je refuse d'admettre l'affirmation non prouvée de ceux qui voudraient nous faire croire que notre position reconnue être près du centre de l'univers stellaire est une simple coïncidence passagère, sans aucune valeur, et que notre soleil, ainsi que bien d'autres mondes rapprochés de nous, ont été réunis par un accident, et seront de nouveau dispersés dans l'espace environnant, sans jamais devoir se rencontrer à nouveau.

Jusqu'à ce que cette affirmation soit prouvée par des faits certains, il me paraît beaucoup plus probable que nous évoluons selon une certaine orbite autour du centre de gravité d'un vaste groupe, tel qu'il a été déterminé par les investigations de Kapteyn, Newcomb, et d'autres astronomes, et, par conséquent, que la position presque centrale que nous occupons peut être permanente.

Car, si l'orbite de notre soleil avait un diamètre mille fois supérieur à celui de Neptune, il ne représenterait qu'une faible fraction du diamètre de la Voie lactée; tandis que — l'échelle de notre univers étant vaste — il pourrait être cent mille fois plus grand, et nous laisser encore profondément immergés à l'intérieur du groupe solaire dont nous ferions partie.

Laissons pour le moment ce sujet de côté. Après avoir étudié les faits créés par les conditions essentielles du développement de la vie sur la terre, et réuni les nombreuses indications qui montrent que ces conditions ne sont remplies sur aucune des autres planètes du système solaire, nous y reviendrons, en passant la revue générale des conclusions obtenues.

CHAPITRE IX

L'Uniformité de la Matière et ses Lois dans l'Univers stellaire.

J'ai montré, dans le deuxième chapitre de cet ouvrage, qu'aucun des précédents auteurs qui ont déclaré les planètes habitables, n'ont réellement traité le sujet comme il le fallait, puisque, non seulement ils ne tiennent aucun compte de l'équilibre délicat des conditions requises pour rendre la vie organique possible, mais qu'ils n'ont touché en rien au fait que voici : non seulement lesdites conditions doivent rendre la vie possible actuellement, mais elles doivent pouvoir persister durant les longues époques géologiques rendues nécessaires pour le lent développement de la vie, à partir de ses formes rudimentaires. Il faudra, par conséquent, donner quelques détails indispensables sur les éléments chimiques et physiques nécessaires au développement continuel de la vie organique, ainsi que sur la combinaison des conditions mécaniques et physiques qui sont requises sur n'importe quelle planète, pour qu'une telle vie soit rendue possible.

L'Uniformité de la Matière

L'une des découvertes les plus importantes est due au spectroscope; c'est l'identité remarquable des éléments et de la composition de la matière dans la tèrre, le soleil, les étoiles et les nébuleuses, et aussi l'identité des lois physiques et chimiques qui régissent les états et les formes de la matière.

Plus de la moitié du nombre total des éléments connus ont été déjà identifiés dans le soleil, y compris tous ceux qui composent la majeure partie de la matière solide de la terre, à la seule exception de l'oxygène. C'est là une proportion très forte, si nous considérons les conditions très spéciales qui nous aident à les découvrir. Car nous ne pouvons reconnaître un élément dans le soleil que lorsqu'il existe à sa surface à l'état incandescent et également au-dessus de sa surface, sous la forme d'un gaz plus refroidi.

Bien des éléments peuvent n'apparaître jamais ou rarement à la surface d'un aussi vaste corps, ou, s'ils y apparaissent parfois, cela peut être en trop faible quantité ou pureté pour produire des lignes au spectroscope. Ou encore le gaz ou la vapeur peuvent manquer, ou être tellement dispersés, qu'ils ne peuvent produire une absorption suffisante permettant de rendre ses lignes spectrales visibles.

De plus, on croit que bien des éléments sont dissociés par la chaleur intense du soleil et ne peuvent pas être reconnus par nous, ou qu'ils n'existent qu'à sa surface sous une forme inconnue sur la terre; et c'est de cette façon, que certaines lignes du spectre solaire, qui restent encore à déterminer, peuvent être produites. L'une de ces lignes, pendant longtemps inconnue, est celle de l'hélium, un gaz découvert ensuite dans un minéral très rare, la cléveite, et reconnu fréquemment plus tard dans plusieurs étoiles.

Quelques étoiles possèdent des spectres rappelant beaucoup celui du soleil. Les lignes noires sont presque aussi nombreuses, et la plupart d'entre elles correspondent exactement avec les lignes solaires, de sorte que nous ne pouvons douter qu'elles n'aient la même constitution chimique, et qu'elles ne possèdent les mêmes conditions de chaleur et de degré de développement.

D'autres étoiles, comme nous l'avons dit, montrent des lignes d'hydrogène, parfois combinées avec de fines lignes métalliques.

On sait relativement peu de choses du spectre des nébuleuses, mais plusieurs sont décidément gazeuses, tandis que d'autres montrent un spectre continu indiquant une constitution plus complexe. Nous obtenons aussi beaucoup de renseignements sur les corps non terrestres, par l'analyse des nombreuses météorites qui tombent sur la terre. Plusieurs d'entre elles appartiennent aux nombreux courants météoriques qui circulent autour du soleil et qui sont censés nous donner des échantillons de la substance planétaire.

Mais, comme l'on croit savoir que plusieurs d'entre eux sont produits par des débris de comètes, que leurs orbites indiquent qu'ils proviennent de l'espace stellaire, et qu'ils ont été entraînés dans notre système par le pouvoir attractif des plus grandes planètes, il est presque certain que les pierres météoriques nous amènent souvent des substances provenant des régions éloignées de l'espace, ainsi que des échantillons de noyaux solides de nébuleuses ou d'étoiles refroidies. Il est, par conséquent, très suggestif de remarquer qu'aucun de ces météores n'a été trouvé renfermant un seul élément non terrestre, sur les vingt-quatre d'entre eux qui ont été constatés, à savoir: *l'oxygène*, l'hydrogène, *le chlore*, *le soufre*, *le phosphore*, le carbone, le silicium, le fer, le nickel, le cobalt, le magnésium, le chrome, le manganèse, le cuivre, l'étain, *l'antimoine*, l'aluminium, le calcium, le potassium, le sodium, *le lithium*, le titane, *l'arsenic* et le vanadium. Sept de ceux-ci, indiqués en italique, n'ont pas encore été trouvés dans le soleil : l'oxygène, le chlore, le soufre et le phosphore, par contre, qui forment la base de minéraux fort répandus, et remplissent des vides importants dans la série des éléments solaires et stellaires.

Il est à remarquer que, bien que les météores n'aient fourni aucun élément nouveau, ils ont livré des exemples de nouvelles combinaisons de ces éléments, formant des minéraux distincts de tous ceux que nous trouvons dans nos roches.

Le fait que l'on rencontre dans les météores, non seulement les minéraux qui leur sont propres, ou que l'on trouve sur la terre, mais aussi des veines qui rappellent nos brèches, nos veines et même des surfaces de clivage, a été considéré comme contraire à la théorie météorique de l'origine des soleils et des planètes, parce que les météores paraissent, de ce fait, être formés de fragments de soleils ou de mondes, et non pas de leur matière primitive. Toutefois, ces cas sont exceptionnels, et M. Sorby, qui a fait une étude spéciale des météores, conclut que leurs matériaux ont été généralement dans un état de fusion ou même de vapeur, tels qu'ils existent maintenant dans le soleil, puis, qu'ils se sont condensés en minimes particules globulaires qui, se réunissant ensuite en grandes masses, ont pu se briser par contact mutuel, pour s'agréger de nouveau ensemble, présentant ainsi des traits complètement d'accord avec la théorie météorique.

Tout récemment, M. T. C. Chamberlin a appliqué la théorie de la déformation des marées pour montrer comment des corps solides dans l'espace, sans jamais venir en contact, peuvent se déchirer et se réduire en morceaux, en passant près l'un de l'autre.

Spécialement, lorsqu'un corps de dimension limitée passe près d'un autre beaucoup plus considérable, et par suite, d'une distance suffisamment rapprochée, nommée la limite de Roche, la force différentielle de gravité est suffisante pour déchirer le corps le plus faible et pour amener

ses fragments soit à évoluer autour de lui, soit à se disperser dans l'espace (1).

Conséquemment, les plus grands météores qui témoignent d'une structure planétaire peuvent avoir été produits
de cette façon. Il est évident que l'on trouve rarement
parmi eux de véritables planètes attachées à un soleil, mais
bien plus fréquemment, quelques soleils plus obscurs, qui
peuvent posséder beaucoup des traits physiques, caractéristiques des planètes, et dont on rencontre des myriades
dans les espaces stellaires.

En résumé, nous savons positivement qu'il existe dans
le soleil, dans les étoiles, ainsi que dans l'espace planétaire
et stellaire, une si forte proportion des éléments de notre
globe et si peu d'indications contraires, que nous pouvons
affirmer que tout l'univers stellaire, généralement parlant,
est construit par les mêmes séries de substances élémentaires que celles que nous pouvons étudier sur notre
terre, et dont les règnes entiers de la nature : animal, végétal et minéral, sont composés.

L'évidence de cette identité de substance est réellement
bien plus complète que nous ne pourrions l'espérer, étant
donnés les moyens d'enquête si limités dont nous dispo-
sons.

Lorsque nous passons des éléments de la matière aux
lois qui la gouvernent, nous y trouvons aussi les preuves
les plus claires d'identité. Que la loi fondamentale de la
gravitation s'étende à tout l'univers physique, cela est
rendu presque certain, par le fait que les étoiles doubles se
meuvent autour de leur centre de gravité commun, en orbites elliptiques, qui correspondent aux observations et aux
calculs.

Que les lois de la lumière soient les mêmes tant ici que
dans l'espace interplanétaire, cela est indiqué par le fait
que le calcul actuel de la vitesse de la lumière sur la surface

(1) *Journal Astrophysique*, vol. XIV, p. 17. Juillet 1901.

de la terre donne un résultat complètement identique à celui qui prédomine dans les limites du système solaire; la mesure de la distance du soleil au moyen des satellites de Jupiter, combinée avec sa vitesse, mesurée du soleil, coïncide aussi presque exactement avec celle obtenue par le moyen des passages de Vénus, ou par celle des oppositions des planètes Mars ou Eros.

De même, les lois qui règlent les phénomènes lumineux sont identiquement pareilles, dans le soleil et les étoiles, à celles que l'on observe dans les étroites limites des expériences du laboratoire. Les faibles changements de position des lignes spectrales, sont causés par le fait que la lumière se mouvant vers nous ou loin de nous, nous permet de déterminer cette sorte de mouvement dans les étoiles les plus lointaines, dans les planètes ou dans la lune.

Ces résultats peuvent être vérifiés par le mouvement de la terre, soit dans son orbite, soit dans sa rotation, et ces dernières expériences concordent avec la détermination théorique de ce qui doit avoir lieu, pour les longueurs d'onde des différentes lignes sombres du spectre solaire, déterminées par les calculs du laboratoire.

De la même façon, les faibles changements dans l'expansion ou le rétrécissement des lignes spectrales, leurs divisions, leur nombre augmentant ou décroissant, et leur arrangement en cannelures, peuvent tous être interprétés par les expériences du laboratoire, montrant que de tels phénomènes sont dus à des changements de température, de pression ou de champ magnétique, et prouvant ainsi que les mêmes lois physiques et chimiques agissent de la même manière ici que dans les profondeurs les plus éloignées de l'espace.

Ces découvertes variées nous donnent la conviction que l'univers matériel entier est essentiellement un, soit pour ce qui concerne l'action des lois physiques et chimiques, soit dans ses relations mécaniques de forme et de structure. Cet univers est constitué dans toutes ses parties par les mêmes éléments qui nous sont si familiers sur la terre. Ainsi en est-il de l'éther, dont les vibrations nous procurent la lumière et la chaleur, l'électricité et le magnétisme, et tant d'autres forces mystérieuses et imparfaitement connues. La gravitation agit à travers toute son étendue, et, dans quelque direction que nous obtenions des connaissances sur l'univers stellaire, nous retrouvons les mêmes lois mécaniques, physiques et chimiques que sur notre terre, de façon à pouvoir reproduire dans nos laboratoires, dans bien des cas, des phénomènes observés tout d'abord dans le soleil ou parmi les étoiles.

Nous pouvons donc conclure avec assurance que les éléments étant les mêmes, ainsi que les lois qui les modifient, les êtres vivants organisés, doivent être primitivement et dans leur nature essentielle les mêmes aussi dans tout cet univers.

Les formes extérieures de la vie, si elles existent ailleurs, peuvent varier presque à l'infini, comme elles le font sur la terre; mais, au travers de toute cette variété de formes, depuis les algues et les mousses jusqu'aux rosiers, aux palmiers ou aux chênes; du mollusque, du ver ou du papillon jusqu'à l'oiseau-mouche, à l'éléphant ou à l'homme, le biologue reconnaît une unité fondamentale de substance et de structure dépendant des nécessités absolues de l'organisme, croissant, se mouvant, se développant, construit des mêmes éléments, combiné dans les mêmes proportions et assujetti aux mêmes lois.

Nous ne voulons pas dire que la vie organique ne pourrait pas exister dans des conditions différentes de celles que nous connaissons et que nous pouvons concevoir, conditions pouvant prévaloir dans d'autres univers construits différemment du nôtre, où d'autres substances remplacent la matière et l'éther de notre univers, et où dominent d'autres lois.

Cependant, au sein de l'univers que nous connaissons, il n'y a pas la moindre raison de supposer que la vie organique puisse être possible, excepté dans les mêmes conditions générales et d'après les lois qui règnent ici-bas.

Dans ce but, nous voulons chercher à décrire, très brièvement, quelles sont les conditions essentielles nécessaires à l'existence et au développement continu des végétaux et de la vie animale.

CHAPITRE X

Les Caractères essentiels de l'Organisme vivant.

Avant d'essayer de comprendre quelles sont les conditions physiques d'une planète, essentielles au développement et au maintien d'un système complet et varié de vie organique, comparable à celui de notre terre, il nous faut reprendre quelques notions sur la vie, ainsi que sur la nature fondamentale et les propriétés de l'organisme vivant.

Les physiologistes et les philosophes ont souvent essayé de définir la « vie »; mais, visant presque toujours à des idées générales absolues, ils sont restés dans le vague et n'ont rien enseigné.

Ainsi, de Blaireville définit la vie « comme étant un double mouvement intérieur de composition et de décomposition général et continu », tandis que la dernière définition de Herbert Spencer fut celle-ci: « La vie est la continuelle adaptation des relations intérieures aux extérieures ».

Toutefois, aucune de ces définitions n'est suffisamment précise, explicative ou distincte; elle peut s'appliquer tout aussi bien aux changements survenant dans le soleil ou dans les planètes qu'à l'élévation et à la formation graduelle d'un continent.

Une antique définition, celle d'Aristote, nous satisfait davantage: « La vie est la somme des opérations de nutrition, de croissance et de destruction ».

Ces définitions de la vie sont cependant incomplètes,

12

parce qu'elles s'adaptent à une idée abstraite plutôt qu'à un organisme actuellement vivant. Le miracle et le mystère de la vie, tels que nous les connaissons, résident dans le corps qui les manifeste, et ce corps vivant échappe aux définitions.

Les points essentiels dans le corps humain, tel qu'il se montre dans son développement supérieur, consistent: 1° dans un état de formes de la matière extrêmement compliquées, mais très instables, chacune de ces parcelles étant sans cesse en croissance ou en décomposition; 2° en ce que le corps absorbe ou s'assimile des substances mortes de l'extérieur; 3° qu'il absorbe ces substances dans l'intérieur de son corps ; enfin, qu'il agit sur elles mécaniquement et chimiquement, en rejetant ce qui est inutile ou nuisible; c'est ainsi qu'il transforme le reste, de façon à renouveler chaque atome de sa propre structure interne et externe, rejetant en même temps, particule par particule, toutes les parties usées ou mortes de sa propre substance. Puis, afin d'être en mesure d'accomplir tout cela, ce corps entier est pénétré de part en part par des vaisseaux ramifiés ou des tissus poreux, par lesquels les liquides et les gaz peuvent atteindre toutes ses parties, et mettre à exécution les différents systèmes de nutrition et d'excrétion indiqués ci-dessus.

Comme le dit fort bien le professeur Burdon Sanderson: « Le trait distinctif de la matière vivante, comparée à la non vivante, c'est qu'elle change sans cesse, tout en restant toujours la même ». Et ces changements sont d'autant plus remarquables qu'ils sont accompagnés et même produits par une forte somme de travail mécanique — chez les animaux par le moyen de leur activité normale en vue de la recherche de la nourriture et de son assimilation, en renouvelant et réparant sans cesse leur organisme; — chez les plantes, en élevant leur structure parfois bien haut dans les airs, comme le font les arbres de la forêt.

Comme un auteur récent le dit : « le phénomène le plus frappant et le plus fondamental de la vie peut être désigné sous le nom de « Trafic de l'énergie », ou l'acte de *faire commerce d'énergie*. »

La fonction principale de la matière vivante consiste à absorber de l'énergie, à l'accumuler en un réservoir supérieur plus élevé, pour la dépenser ensuite en partie sous forme active ou mécanique.

Troisièmement, — et c'est là peut-être ce qui est le plus curieux, — tout organisme vivant a le pouvoir de se reproduire ou de s'augmenter: dans les formes inférieures, par le système de la subdivision ou du fractionnement; dans les supérieures, par le moyen des cellules reproductives. Quoique celles-ci, dans leur première forme, soient presque impossibles à distinguer, chez des espèces très différentes, au point de vue physique et chimique, ces cellules, dis-je, possèdent cependant la faculté mystérieuse de développer un organisme parfait, identique à ses parents dans toutes ses parties, formes et organes, et leur ressemblant à tel point que le plus minime détail de taille, de forme, de couleur, de cheveux ou de plumes, de dents ou de griffes, dans les écailles, les épines dorsales ou les crêtes, sont reproduits avec une certitude sans pareille. Il arrive cependant que, durant leur croissance, il survient des changements métamorphiques si grands que, s'ils ne nous étaient pas familiers et qu'ils nous fussent contés comme venant de loin, ils nous apparaîtraient aussi fantastiques que ceux de Simbad le marin.

Afin que la substance des corps vivants soit capable de subir ces changements constants, tout en conservant la même forme et la même structure dans les détails, afin que lesdits corps soient dans un état constant de flux, tout en restant absolument sans changement, il est nécessaire que les molécules dont ils sont composés soient combinées de façon à être facilement séparées et aussi aisément réunies.

Elles doivent, suivant l'expression usitée, être instables ou fluides; et cela, par suite de leur composition chimique, laquelle, tout en contenant un petit nombre d'éléments, est cependant de structure très complexe, un grand nombre d'atomes chimiques pouvant être combinés de façons diverses jusqu'à l'infini.

La base physique de la vie, telle que Huxley l'a désignée, est le protoplasma, substance composée essentiellement de quatre éléments simples, à savoir, de trois gaz: l'azote, l'hydrogène et l'oxygène, et d'un corps solide, non métallique, le carbone, d'où il résulte que tous les produits spéciaux des plantes et des animaux sont nommés composés carboniques, et que leur étude constitue l'une des branches les plus vastes et les plus compliquées de la chimie moderne. Leur complexité est indiquée par le fait que la molécule du sucre contient 45, et celle de la stéarine non moins de 173 atomes constituants.

Les composés chimiques du carbone sont bien plus nombreux que ceux de tous les autres éléments chimiques combinés; cette merveilleuse variété, jointe à la richesse de ses combinaisons, explique le fait que tous les tissus animaux, — la peau, la corne, les poils, les ongles, les dents, les muscles, les nerfs, etc., — consistent dans les mêmes quatre éléments, avec parfois de légères traces de soufre, de phosphore ou de silice. Cela est prouvé par le fait que tous ces tissus sont produits aussi bien par le mouton herbivore, que par le phoque ou le tigre carnivores.

Il est encore plus étonnant de constater que les innombrables substances produites par les plantes et les animaux sont toutes formées des trois ou quatre éléments déjà nommés.

Telle est la variété infinie des acides organiques, de l'acide prussique jusqu'à celui des divers fruits; les nombreuses sortes de sucres, de gommes et d'amidons; les diverses espèces d'huiles, de cires, la variété des huiles essentielles, qui, pour la plupart, se trouvent sous forme de térébenthine, ainsi que le camphre, les résines, le caoutchouc et la gutta-percha; puis vient la vaste série des alcaloïdes végétaux, tels que la nicotine tirée du tabac, la morphine, de l'opium ; la strychnine, la curanine, et d'autres poisons; la quinine, la belladone et d'autres alcaloïdes employés en médecine. Ajoutons encore les principes essentiels du thé, du café et du cacao, ainsi que d'autres fort nombreux, tous, composés exclusivement des quatre éléments communs qui composent notre organisme presque entier. Si de tels faits n'étaient pas absolument prouvés, ils seraient à peine croyables.

Le professeur F. I. Allen estime que l'élément vital le plus important est le protoplasma, et que la substance qui lui communique ses propriétés les plus essentielles, — à savoir son extrême mobilité et son pouvoir de transposition — c'est l'azote.

Cet élément, quoique inerte par lui-même, entre facilement en combinaison, lorsque l'énergie lui est communiquée: l'exemple le plus frappant est la formation de l'ammoniaque, un composé d'azote et d'hydrogène, produit par des décharges électriques à travers l'atmosphère. L'ammoniaque et certains oxydes d'azote, produits de la même façon dans l'atmosphère, forment les sources principales d'azote assimilées par les plantes, et par là, chez les animaux, car, bien que les plantes soient continuellement en contact avec l'azote en liberté dans l'atmosphère, elles sont incapables de l'assimiler. Par leurs feuilles, elles absorbent l'oxygène et l'acide carbonique, pour constituer leurs tissus ligneux, tandis que, par leurs racines, elles pompent l'eau où se trouvent dissous l'ammoniaque et les oxydes d'azote; de ces derniers, les plantes tirent le protoplasma, qui forme la substance élémentaire du monde animal.

L'énergie requise pour produire ces combinaisons d'azote est abandonnée par ces dernières, lorsqu'elles subissent de nouveaux changements; c'est ainsi que nous voyons l'ammoniaque, formée par les décharges électriques, passer de l'atmosphère dans l'intérieur de la terre, entraînée par les pluies, pour fournir aux composés végétaux la substance nécessaire à leur développement.

Mais les transformations et les combinaisons remarquables qui s'accomplissent continuellement dans chaque corps vivant et qui sont, en fait, les conditions essentielles de sa vie, sont elles-mêmes dépendantes de certaines conditions physiques qui doivent toujours coexister.

Le professeur Allen remarque ce qui suit: « La sensibilité de l'azote, sa facilité à changer de combinaison et son énergie paraissent dépendre de certaines conditions de température, de pression, etc., qui existent à la surface de notre terre.

« La plupart des phénomènes vitaux se manifestent entre la température de la glace fondante et 40° centigrades. Si la température générale de la surface de la terre montait ou s'abaissait de 20° centigrades (variation relativement faible), le cours entier de la vie serait changé, peut-être même jusqu'à destruction totale. »

Un autre fait plus essentiel, en rapport avec la vie, est l'existence dans l'atmosphère d'une faible mais constante proportion de gaz acide carbonique, celle-ci étant la source dont le carbone entier des règnes animal et végétal est primitivement dérivé. Les feuilles des plantes absorbent le gaz acide carbonique de l'atmosphère, et la substance spéciale, la chlorophylle, dont elles tirent leur couleur verte, a le pouvoir, sous l'influence des rayons solaires, de le décomposer, en employant le carbone à construire sa propre structure et en exhalant l'oxygène.

Dans le laboratoire, le carbone peut seulement être séparé de l'oxygène par l'application de la chaleur, sous l'influence de laquelle certains métaux brûlent en se combinant avec l'oxygène, mettant le carbone en liberté.

La chlorophylle possède une composition chimique fort complexe, très mal connue, et l'on dit qu'elle ne se produit que là où le sol renferme du fer .

Les feuilles des plantes, si souvent considérées comme de simples appendices décoratifs, figurent parmi les organismes vivants, comme ayant la plus merveilleuse structure, puisqu'en décomposant l'acide carbonique à la température normale, elles font ce qu'aucun autre agent dans la nature ne saurait accomplir. Il en résulte que les feuilles utilisent un groupe spécial d'ondulations de l'éther, qui seules paraissent posséder ce pouvoir.

La complexité des opérations qui ont cours chez les feuilles est bien mise en lumière dans la citation suivante : « Nous avons vu de quelle façon les feuilles vertes sont fournies de gaz, d'eau et de sels en dissolution, et comment elles peuvent accaparer les vagues spéciales de l'éther.

« L'énergie active de ces vagues est employée à changer le simple mélange inorganique en un organisme compliqué; ce dernier est de nouveau réduit, par les fonctions respiratoires, en une substance plus simple, et l'énergie potentielle, de nouveau transformée en une énergie mécanique. Ces métamorphoses s'effectuent dans des cellules vivantes pleines d'une intense activité. Des courants passent à travers le protoplasma, ainsi que la sève, et cela dans toutes les directions, ainsi qu'entre les cellules, qui sont aussi reliées par les filaments de protoplasma. Les gaz employés et dépensés en respiration et en assimilation flottent au dedans et au dehors, et chaque particule de protoplasma, brûlée ou intacte, devient un centre d'activité.

« Le protoplasma pur est également influencé par tous les rayons; celui qui est associé à la chloryphylle est affecté par certains rayons rouges ou violets; ceux-ci, surtout les rouges, amènent la dissolution des éléments de l'acide carbonique, l'assimilation du carbone et la séparation de l'oxygène. »

C'est cette puissante activité vitale, toujours à l'œuvre dans les feuilles, les racines et les cellules à sève qui amène la plante à son complet épanouissement, outre ses bourgeons, ses feuilles, ses fleurs et ses fruits; elle produit en même temps, comme substances utiles ou superflues, tout ce luxe de parfums et de saveurs, de couleurs et de tissus, de fibres et de bois variés, de racines et de vaisseaux, de gommes, d'huiles et de résines innombrables, lesquelles, formant un tout, rendent la vie du monde végétal plus variée et plus belle, pour nos sens les plus élevés, que les beautés du monde animal. A la vérité, on ne peut cependant établir entre eux une comparaison. Nous pourrions avoir des plantes et pas d'animaux; mais nous ne saurions avoir des animaux sans plantes. Et tout ce système du monde végétal, mystère que nous méditons rarement, parce que ses résultats nous sont si familiers, est censé être suffisamment expliqué par l'argument que tout cela est dû aux propriétés spéciales du protoplasma.

Huxley pourrait bien dire que le protoplasma n'est pas seulement une substance, mais un mécanisme, mécanisme mis en mouvement par la lumière et la chaleur solaires, et capable de produire des résultats mille fois plus étonnants que tout mécanisme humain qui ait jamais été inventé.

Mais, outre qu'elles absorbent l'acide carbonique de l'atmosphère, séparant et utilisant le carbone et exhalant l'oxygène, les plantes, aussi bien que les animaux, s'assimilent continuellement l'oxygène de l'atmosphère, et cela est si généralement le cas que l'on dit que l'oxygène est l'aliment du protoplasma, sans lequel celui-ci ne pourrait prolonger son existence; et c'est la structure spéciale, quoique invisible du protoplasma, qui permet cette assimilation et qui donne aussi aux plantes la faculté d'absorber une quantité d'eau considérable.

Toutefois, bien que le protoplasma soit, chimiquement parlant, trop complexe pour permettre une analyse exacte, étant un édifice compliqué d'atomes groupés en molécules, dans laquelle chaque atome doit occuper sa place spéciale (comme chacune des pierres sculptées d'une cathédrale gothique), ledit protoplasma n'est cependant, dis-je, que le point de départ des structures infiniment variées, dont les organismes vivants sont formés. L'extrême mobilité et variabilité de la structure de ces molécules permet au protoplasma de se modifier continuellement dans son essence et dans sa forme, et aussi, par la substitution et l'addition d'autres éléments, de servir à des buts spéciaux.

C'est ainsi que, lorsque le soufre, absorbé en faibles quantités, est introduit dans la structure moléculaire, les protéines ou albuminoïdes sont formées. Celles-ci abondent dans l'organisme animal et fournissent leurs éléments nutritifs à la viande, au fromage, aux œufs et aux autres aliments animaux; mais on les retrouve aussi dans le règne végétal, surtout dans les noix et les graines, telles que le blé, les pois, etc. Ces derniers sont généralement connus sous le nom d'aliments azotés et sont très nourrissants, mais moins digestifs que la viande.

Les protéines prennent des formes très variées et contiennent souvent du phosphore, aussi bien que du soufre, mais leur trait distinctif est la forte proportion d'azote qu'ils contiennent, tandis que beaucoup d'autres produits animaux et végétaux, tels que les racines, les vaisseaux, les graines et les huiles sont surtout composés d'amidon et de sucre.

La protéine est décrite en des attributs chimiques et physiques par le professeur U. D. Haliburton comme suit : « Les protéines ne se produisent que dans le laboratoire vivant des animaux et des plantes; la substance protéine est la matière principale dans le protoplasma. Cette molécule est la plus complexe que l'on connaisse; elle contient toujours cinq, six ou même jusqu'à sept éléments. La tâche d'apprendre complètement sa composition est vaste, et les progrès sur ce point fort lents. Mais le problème se résout peu à peu, et lorsque cette conquête finale de la chimie organique sera faite, elle donnera aux physiologistes des lumières nouvelles sur beaucoup de domaines encore obscurs de la science physiologique ».

Ce qui rend encore plus merveilleux le protoplasma et ses modifications, c'est le pouvoir qu'il a d'absorber et de préparer nombre d'autres éléments dans maintes régions des organismes vivants et dans un but spécial. Ainsi en est-il de la silice dans les tiges des herbacées, de la chaux et de la magnésie dans les os des animaux, du fer dans le sang, et de bien d'autres encore.

Outre les quatre éléments constituant le protoplasma, la plupart des animaux et des plantes contiennent aussi en quelque partie de leur organisme du soufre, du phosphore, du chlore, de la silice, de la soude, de la potasse, du calcium, de la magnésie et du fer; tandis que, moins fréquemment il est vrai, le fluor, l'iode, le brome, le lithium, le cuivre, le manganèse et l'aluminium se rencontrent aussi dans certains organismes; les molécules de tous ces corps sont transportées par les liquides protoplasmiques jusqu'aux places requises et amenées dans la structure vivante avec autant de précision et pour le même but que les briques, la pierre, le fer, l'ardoise, le bois et le verre trouvent leur place spéciale dans n'importe quel grand édifice (1).

Toutefois, l'organisme non seulement se construit, mais il vit. Chaque organe, chaque fibre, cellule ou tissu est formé de divers matériaux, qui, décomposés d'emblée dans leurs molécules élémentaires, transformés ensuite par le protoplasma ou par divers dissolvants qui en dépendent, puis conduits dans les centres où les fluides vitaux les

---

(1) L'énumération des éléments qui entrent dans la structure des plantes et des animaux est tirée du journal du prof. T.-J. Allen, déjà cité.

réclament, sont enfin construits, atome par atome, ou molécule par molécule, pour former les structures spéciales dont ils doivent former une part.

Mais ce phénomène, cette réparation constante de chaque organisme individuel est encore surpassée par la grande merveille de la reproduction.

Chaque être vivant d'un ordre supérieur provient d'une simple cellule microscopique fertilisée par l'absorption d'une autre cellule microscopique dérivée d'un autre individu. Ces cellules sont souvent, même à l'aide des plus puissants microscopes, à peine distinctes d'autres cellules que l'on trouve chez les animaux et les plantes, et dont l'organisme est composé. Cependant, ces cellules spéciales croissent d'une façon toute différente, et au lieu de former une portion spéciale de l'organisme, se développent inévitablement en un être vivant complet, doué de tous les organes, de force et des traits distinctifs de ses parents, de façon à ce qu'il peut être reconnu comme appartenant à la même espèce.

Si le simple développement de l'organisme pleinement formé est un mystère, que dire de la croissance de milliers d'organismes complexes, chacun étant doué de tous ses traits distinctifs, tous provenant de minuscules germes et de cellules dont les natures diverses ne peuvent être vérifiées, même à l'aide des plus puissants microscopes. Cela est également dû au protoplasma, grâce à l'influence de la chaleur et de l'humidité, et les physiologistes modernes espèrent connaître un jour la clé de ce mystère.

Il est juste d'indiquer ici l'opinion d'un auteur moderne sur ce point.

En parlant d'une objection signalée il y a vingt-cinq ans par Clerke Maxwell, à savoir qu'il n'y avait pas place dans la cellule reproductive pour les millions de molécules requises comme unités de croissance, pour toutes les structures diverses dans le corps des animaux supérieurs, le professeur M. Kendrick dit: « Il est légitime, à l'époque où nous sommes, de supposer que la vésicule germinale peut contenir un million de millions de molécules organiques. L'arrangement complexe de ces molécules, adapté au développement de toutes les parties d'un organisme hautement compliqué, peut satisfaire à toutes les exigences de la théorie de l'hérédité ».

Il est certain que le germe a toujours été un système matériel: le physicien croyait jadis que les molécules existaient à différents états de mouvement, et les penseurs aspiraient à une théorie mécanique des molécules et des atomes de matière solide, qui pouvait être aussi fructueuse que la théorie mécanique des gaz. Il y avait des mouvements atomiques et moléculaires. On admettait alors que les particularités de l'action vitale étaient déterminées par une sorte de mouvement qui s'effectuait dans les molécules de ce que nous appelons la matière vivante. Ce mouvement peut différer de ceux dont s'occupent actuellement les physiciens. La vie est entretenue continuellement par des matières non vivantes, — tel est du moins le cas dans la croissance, — due à l'assimilation par la nourriture.

La création de la matière vivante par la non vivante peut être la transmission faite à la substance morte de mouvements moléculaires qui sont *sui generis* dans la forme. C'est là le point de vue physiologique moderne, pour expliquer « comment la chose se fait », et il paraît à peine plus plausible que l'antique théorie de l'origine des haches de pierre, donnée par Adrien Tollius, en 1649, et citée par M. E.-B. Tylor, en ces termes: « L'auteur expose les gravures représentant quelques haches et marteaux de l'âge de la pierre, et nous dit que les naturalistes *les déclarent créés dans le ciel par une exhalaison fulgurante, pétrifiée dans un nuage par l'humeur rotatoire; puis, que lesdites haches, amenées à un état de cuisson compacte, par la chaleur intense, sont appointies à un bout par l'humidité qui y est mêlée, l'autre bout restant plus dense. D'autre part, les exhalaisons les pressent si fortement qu'elles traversent les nuages et occasionnent la foudre et le tonnerre* ». Il conclut en disant: « Si vraiment telle est l'origine de ces haches, il est surprenant qu'elles ne soient pas rondes, et qu'elles soient percées de trous ».

De même, lorsque les physiologistes imputent l'entier développement et la croissance de l'éléphant ou de l'homme à de petites cellules pareilles à l'intérieur, par le moyen « de diverses sortes de mouvements », ou par la transmission de mouvements *sui generis* dans leur forme, plusieurs d'entre nous seront tentés de dire, avec le vieil auteur, lorsqu'il parlait des haches : *c'est difficile à admettre*.

Ce bref exposé des conclusions, auxquelles sont parvenus les chimistes et les physiologistes, quant à la composition et à la structure des corps vivants organisés, a paru nécessaire, car le lecteur, peu familiarisé avec la science n'a souvent aucune idée du mystérieux et merveilleux drame de la vie, et cela par le fait qu'il le voit toujours suivre son cours sans bruit dans le monde qui l'entoure. Combien le cas se présente fréquemment de nos jours, alors que les deux tiers de notre population, entassés dans les villes, ou privés des occupations, des charmes et des intérêts de la vie rurale, en sont réduits à chercher leurs distractions au théâtre, au café-concert ou à la brasserie. Combien ils se doutent peu, les infortunés, de tout ce qu'ils perdent, privés qu'ils sont de la communion paisible avec la nature ! Ils ne perçoivent pas ses aspects et ses rumeurs bienfaisantes, ses infinies beautés de formes et de couleurs, les mystères insondables de la naissance, de la vie et de la mort !

Le public croit généralement les hommes de science bien plus savants qu'ils ne le sont en ces matières, et bien des lecteurs instruits s'étonneront, à coup sûr, d'apprendre qu'un phénomène aussi simple en apparence que celui de l'ascension de la sève dans l'arbre n'est encore qu'à moitié expliqué. Quant aux problèmes plus ardus de la vie, de la croissance et de la reproduction, bien que nos physiologistes aient recueilli un grand nombre de faits instructifs, ils ne sauraient nous en donner aucune explication plausible.

La somme de détails contenus dans les traités de physiologie animale et végétale est telle que le lecteur habituel est écrasé par cet amas de documents, et qu'il en arrive à conclure qu'après d'aussi nombreuses recherches tout est mis en lumière, d'où résulte l'opinion générale qu'en dehors des lois et des forces mécaniques, physiques et chimiques, il n'existe pas d'autres causes.

J'ai cru devoir, en conséquence, présenter sur ce sujet, un résumé à vol d'oiseau, et montrer, en invoquant le témoignage des premières autorités contemporaines, soit la complexité des phénomènes, soit l'impuissance à en donner une explication satisfaisante.

J'ose espérer que ce très court exposé rendra mes lecteurs capables de se rendre un peu compte de l'infinie complexité de la vie, ainsi que des problèmes variés qui s'y rattachent. Cet exposé leur permettra d'apprécier l'extrême perfection de ces adaptations, de ces forces et de ces conditions complexes du milieu, qui seules rendent possible non seulement la vie mais aussi le grand spectacle du développement de la vie qui se déroule au travers des âges.

C'est vers ces conditions, telles qu'elles se déploient dans le monde qui nous entoure, que nous allons maintenant diriger notre attention.

CHAPITRE XI

Les Conditions physiques essentielles à la Vie organique.

Les conditions physiques qui paraissent nécessaires au développement et à la conservation des organismes vivants à la surface de notre globe peuvent rentrer sous les chefs suivants:

1° Régularité de fourniture de calorique, ayant pour résultat une amplitude limitée dans la variation de la température.

2° Une somme suffisante de lumière solaire et de chaleur.

3° De l'eau distribuée partout en grande abondance.

4° Une atmosphère de densité suffisante, renfermant les gaz essentiels à la vie animale et végétale, à savoir l'oxygène, l'acide carbonique, la vapeur d'eau, l'azote et l'ammoniaque.

5° Alternance du jour et de la nuit.

Faible Variation de Température requise pour la Croissance et le Développement

Le phénomène de la vie se passe presque toujours entre les températures de la glace fondante et 40° centigrades, fait censé dû aux propriétés de l'azote et de ses dérivés, lesquels ne peuvent conserver les particularités essentielles à la vie qu'entre ces deux températures.

Celles-ci sont d'une extrême instabilité, en ce qui concerne leurs combinaisons chimiques et leur énergie, sans parler d'autres propriétés qui seules rendent possibles la nutrition, la croissance et une récupération continuelles. Une très légère augmentation ou diminution de température au delà de ces limites, si elle durait tant soit peu longtemps, détruirait certainement la plupart des formes de la vie et couperait probablement court à tout autre développement, excepté dans certaines formations des plus élémentaires.

Citons ici, comme exemple des effets directs d'une hausse de température, la coagulation de l'albumine. Cette substance fait partie des protéines et joue un rôle important dans les phénomènes vitaux des plantes et des animaux, sa fluidité et le pouvoir qu'elle a de se combiner et de changer aisément de forme étant anéantis par la coagulation qui s'effectue autour de 70° centigrades.

L'extrême importance, pour tous les organismes supérieurs, d'une température modérée, est illustrée d'une façon frappante par les arrangements aussi heureux que complexes mis en œuvre, pour conserver un degré uniforme de chaleur à l'intérieur du corps. La chaleur normale du sang, chez l'homme, est de 37° cent., et ce taux est constamment maintenu à un ou deux degrés près, bien que la température extérieure puisse descendre jusqu'à 30° de froid. Les hautes températures à la surface du globe ne s'éloignent pas autant de la moyenne que les basses. Dans la plus grande partie des tropiques, la température de l'air atteint rarement 35° cent., quoique, dans les pays arides ou déserts, situés généralement le long des frontières tropicales du nord et du sud, le thermomètre dépasse souvent 43° cent., et s'élève parfois, en Australie et dans les Indes centrales, à 46° cent.

Cependant, avec des soins et une nourriture appropriée aux circonstances, la température d'un homme en bonne santé ne s'élève ou ne s'abaisse tout au plus que de deux degrés.

La grande importance de cette uniformité de température dans tous les organes vitaux se montre clairement par le fait que, lorsque, durant la fièvre, la température du malade s'élève de trois degrés au-dessus du taux normal, sa condition est critique, tandis qu'une augmentation de quatre ou cinq degrés est le signe presque certain d'une issue fatale. Même dans le règne végétal, les graines ne germent pas sous une température de quatre ou cinq degrés au-dessus de zéro.

Cette extrême sensibilité aux variations de la température interne s'explique pleinement, lorsque nous remarquons la complexité et l'instabilité du protoplasma et celle de toutes les protéines dans l'organisme vivant, et combien il importe que les phénomènes de nutrition et de croissance, comprenant le mouvement constant des fluides, ainsi que les décompositions et recombinaisons moléculaires constantes, puissent s'accomplir avec la plus grande régularité.

Et, bien qu'un petit nombre d'entre les animaux supérieurs, y compris l'homme, soient assez complètement organisés pour s'adapter ou s'armer suffisamment contre les conditions extrêmes de la température au sein de laquelle ils peuvent être placés, cependant tel n'est point le cas de la grande majorité, ni des types inférieurs, preuve en soit de l'absence presque absolue de reptiles dans les régions arctiques.

On doit aussi se rappeler que l'extrême froid et l'extrême chaleur ne sont perpétuels nulle part. Partout règne la diversité dans les saisons, et il n'y a pas un animal terrestre qui puisse passer toute sa vie dans un lieu où la température ne s'élève jamais au-dessus du point de congélation.

NÉCESSITÉ DE LA LUMIÈRE SOLAIRE

Il est douteux que les animaux supérieurs et les hommes pussent se développer sur la terre, en l'absence de la lumière solaire, même avec l'aide de toutes les autres conditions requises.

Je ne veux pas cependant m'arrêter actuellement sur ce point, mais me baser sur un autre beaucoup plus essentiel.

En tous cas, sans la vie végétale, les animaux terrestres n'eussent pu naître, parce qu'ils n'ont pas le pouvoir de tirer le protoplasma de la matière inorganique. La plante seule peut extraire le carbone contenu dans la petite proportion d'acide carbonique de l'atmosphère, et au moyen de celui-ci, ainsi que des autres éléments nécessaires, déjà décrits, construire ces merveilleux composés du carbone qui sont la vraie base de la vie animale.

Toutefois, la plante ne peut accomplir cela qu'au moyen de la lumière solaire, et même elle n'emploie qu'une partie spéciale de cette lumière. Donc, non seulement notre soleil est nécessaire pour donner la lumière et la chaleur, mais il est tout à fait possible que n'importe quel autre soleil ne répondrait pas au but.

Il faut un soleil, dont la lumière puisse émettre les rayons spéciaux nécessaires à cette opération; nous savons de même que les étoiles diffèrent grandement dans leurs spectres, et, par conséquent, dans la nature de leur lumière; toutes ne peuvent donc pas effectuer cette grande transformation, début indispensable pour rendre la vie animale possible sur notre terre, et conséquemment aussi sur tous les mondes.

L'Eau, essentielle a la Vie organique

Il est à peine nécessaire de faire ressortir l'absolue nécessité de l'eau, puisqu'elle représente actuellement une très forte proportion de matière dans chaque organisme vivant, et environ les trois quarts de notre propre corps. Il faut, par conséquent, que l'eau, sous une forme ou sous une autre, soit présente sur tout globe où la vie est possible. Aucun animal, aucune plante ne peut exister sans elle. Elle doit donc exister en quantité suffisante et être distribuée de façon à pouvoir se trouver dans toute partie du globe où la vie peut être maintenue; il est également urgent que l'eau ait existé en profusion égale et constante, durant les immenses époques géologiques pendant lesquelles la vie s'est développée.

Nous verrons plus tard combien spéciales sont les conditions qui ont assuré cette constante distribution d'eau sur notre terre; nous apprendrons aussi que cette grande somme d'eau, ainsi que sa vaste distribution, en rapport avec la surface de la terre, constituent un élément capital dans la production de cette variation limitée de température, condition essentielle, nous l'avons vu, au développement et au maintien de la vie.

L'Atmosphère doit être de densité suffisante, et être composée de gaz appropriés

L'atmosphère de toute planète sur laquelle la vie s'est développée doit posséder plusieurs qualités opposées dont la coïncidence constitue, par conséquent, un phénomène exceptionnel dans l'univers.

La première est d'avoir une densité suffisante pour rem-

plir deux buts, à savoir: 1° assimiler la chaleur et produire
en quantité suffisante l'oxygène, l'acide carbonique et la
vapeur d'eau nécessaires aux besoins de la vie animale et
végétale; 2° servir de réservoir de chaleur et de régulateur de température; à cet effet, une atmosphère plutôt
dense est de première nécessité, en tant qu'élément coopé-
rateur avec la masse d'eau largement distribuée, mentionnée ci-dessus.

La différence très notable entre notre vent du sud-ouest et
celui du nord-est illustre très bien le pouvoir qu'a ladite
atmosphère de distribuer la chaleur et l'humidité. Elle le fait,
grâce au pouvoir spécial qu'elle possède de permettre aux
rayons du soleil de la traverser librement pour atteindre
la terre qu'elle réchauffe, mais de lui servir en même temps
de couverture pour empêcher la fuite rapide de la chaleur
obscure ainsi produite. Toutefois, la chaleur emmagasinée
durant le jour est rendue à l'atmosphère durant la nuit, et
assure de ce fait une uniformité de température qui n'existerait pas autrement. Cet effet est frappant dans les hautes altitudes, où la température devient de plus en plus
basse, jusqu'à ce qu'ayant atteint une altitude suffisante,
même sous les tropiques, la neige reste sur le sol pendant
toute l'année. Cela est dû, en grande partie, à la rareté
de l'air, qui, de ce fait, a une capacité calorique moindre.

Cette rareté de l'air permet aussi à la chaleur acquise
de rayonner plus librement que dans l'air plus dense, ce
qui rend les nuits beaucoup plus froides. A environ
5.000 mètres d'altitude, notre atmosphère atteint exactement
la moitié de la densité au niveau de la mer. Ce niveau est
sensiblement plus élevé que la limite de la neige habituelle,
même sous l'équateur, d'où il ressort que si notre atmosphère n'avait que la moitié de sa densité présente, la terre
ne pourrait faire vivre les formes animales supérieures.

Il n'est pas aisé de dire exactement quel serait le résultat, sous le rapport du climat: mais il est probable qu'à

l'exception peut-être des régions tropicales limitées, avec des conditions très favorables, la surface terrestre tout entière serait ensevelie sous la neige et la glace. Cela paraît logique, parce que l'évaporation des océans par la chaleur solaire directe serait plus rapide que maintenant; toutefois, à mesure que la vapeur s'élèverait dans l'atmosphère raréfiée, elle se congèlerait bien vite et la neige tomberait presque toujours, bien qu'elle ne séjournât pas d'une façon permanente sur le sol, dans les plaines basses de l'équateur.

Il semble certain, par conséquent, qu'avec la moitié de notre quantité d'atmosphère, la vie serait à peine possible sur la terre, déjà même par le fait de l'abaissement de la température. Et, de même que cet état causerait un surcroît de difficultés pour l'appoint d'oxygène nécessaire aux animaux et d'acide carbonique aux plantes, il est fort probable qu'une réduction de densité d'un quart seulement suffirait à revêtir notre globe d'une vaste calotte de neige et de glace, et à exposer le reste de sa surface à des variations climatériques si extrêmes que, seules, les formes inférieures de la vie pourraient s'y maintenir d'une façon permanente.

Les Gaz de l'Atmosphère

Examinons maintenant les gaz constituants de l'atmosphère. Il y a tout lieu de croire qu'ils forment un mélange aussi bien équilibré, en ce qui concerne la vie animale et végétale, que le sont la densité et la température de l'air.

Au premier coup d'œil, nous pourrions conclure que l'oxygène est l'agent essentiel de la vie animale, et que tout le reste importe peu. Mais un examen plus approfondi nous montre que l'azote, bien qu'il ne soit qu'un diluant de l'oxygène dans la respiration des animaux, est de première importance pour les plantes, qui l'obtiennent de l'ammoniaque formé dans l'atmosphère et entraîné dans le sol par la pluie.

Quoiqu'il n'y ait qu'une partie d'ammoniaque sur un million de parties d'air, cependant l'existence même du monde animal dépend de cette proportion minime, parce que, soit les animaux, soit les plantes, ne peuvent pas s'assimiler l'azote libre de l'air dans leurs tissus.

Un autre gaz de première importance dans l'atmosphère est l'acide carbonique qui représente une proportion d'environ quatre sur dix mille. Comme nous l'avons dit, ce gaz est la source d'où les plantes tirent la grande masse de leurs tissus, aussi bien que le protoplasma et les protéines absolument nécessaires à la nourriture des animaux.

Remarquons ici le fait important que cet acide carbonique, si essentiel aux plantes et, par celles-ci, aux animaux, est cependant un poison pour ces derniers. Lorsqu'il dépasse de beaucoup la quantité normale, comme c'est souvent le cas dans les villes et les demeures mal aérées, il devient très nuisible à la santé; cela est dû, en partie, aux émanations corporelles et autres impuretés qui s'y trouvent jointes.

L'acide carbonique mélangé à l'air pur jusqu'à 1 p. 100 ne le rend pas toxique, mais dès que cette proportion est dépassée, il se produit bientôt des effets de suffocation. Il est donc probable qu'une proportion bien inférieure à 1 p. 100, mais constamment maintenue, serait dangereuse pour la vie; d'autre part, si elle eût été toujours la proportion, la vie aurait probablement pu s'y conformer.

VAPEUR D'EAU DANS L'ATMOSPHÈRE

La vapeur d'eau est un gaz qui se trouve dans l'atmosphère en quantités très variables et sous deux formes différentes; il est essentiel à la vie organique. D'abord, il empêche la déperdition trop prompte de l'humidité des feuilles des plantes, lorsqu'elles sont exposées au soleil. Ce gaz est également absorbé par la partie supérieure de la feuille et par les jeunes pousses, lesquelles obtiennent ainsi à la fois de l'eau et de faibles quantités d'ammoniaque, lorsque l'apport par les racines est insuffisant.

Il est toutefois, d'une importance plus capitale encore, en suppléant l'hydrogène qui, une fois uni à l'azote de l'atmosphère par des décharges électriques, produit l'ammoniaque, source principale de toutes les protéines de la plante, et, par elles, formant la véritable base de la vie animale.

Dans ce court résumé des buts de l'activité des différents gaz qui forment notre atmosphère, nous voyons que ceux-ci sont, en quelque mesure, rivaux, et que toute augmentation tant soit peu forte de l'un ou de l'autre conduirait à des résultats funestes, soit directement, soit dans leurs conséquences finales.

Et comme les éléments qui constituent la somme de toute matière vivante possèdent des vertus qui les rendent seuls capables de remplir leur but, nous pouvons en conclure que les proportions dans lesquelles elles existent au sein de notre atmosphère ne peuvent pas varier énormément, quel que soit le développement des formes organiques.

Alternance du Jour et de la Nuit

Malgré la difficulté de pouvoir décider nettement si l'alternance de la lumière et des ténèbres est absolument nécessaire au développement des formes supérieures de la vie, ou si un monde constamment éclairé remplirait le même but, il est probable, tout compte fait, que le jour et la nuit sont véritablement des facteurs importants.

La nature entière est pleine de mouvements rythmiques de toute espèce de degrés et de durées.

Tous les mouvements et toutes les fonctions des êtres vivants sont périodiques: la croissance et la réparation, l'assimilation et la déperdition se succèdent alternativement. Tous nos organes sont sujets à la fatigue et exigent le repos. Toutes sortes de stimulants doivent être de courte durée, sous peine d'être funestes. De là, l'avantage de l'obscurité, alors que les stimulants de la lumière et de la chaleur sont supprimés en partie, et que nous saluons « le réparateur de la nature lassée, le bienfaisant sommeil » qui donne le repos à toutes les forces physiques et mentales, nous communiquant une vigueur nouvelle pour une nouvelle période d'activité et de jouissance de la vie.

Les plantes, comme les animaux, bénéficient de ce repos nocturne; les uns et les autres profitent également des périodes plus longues qui se nomment l'été et l'hiver, les saisons sèches ou pluvieuses.

Un fait suggestif : dans les tropiques, où l'influence de la chaleur et de la lumière est la plus forte, les jours et les nuits sont de longueur égale, donnant des périodes égales d'activité et de repos. Mais, dans les régions arctiques, où, durant le court été, la lumière est presque permanente, et où toutes les fonctions vitales, végétales surtout, s'accomplissent avec une extrême rapidité, l'été est suivi d'un long repos d'hiver, avec de brèves journées et des périodes prolongées d'obscurité.

A la vérité, tout cela est plutôt supposé que prouvé. Il est possible que, dans un monde ou constamment éclairé, ou plongé dans la nuit éternelle, la vie puisse s'être développée.

D'autre part, considérant la grande variété de conditions physiques qui semblent être nécessaires au développement et au maintien de la vie dans ses variations infinies, la moindre influence fâcheuse, quelque peu que penchât la balance, empêcherait l'évolution constante et harmonieuse que nous savons devoir s'accomplir.

Jusqu'ici, je n'ai étudié la question du jour et de la nuit qu'en ce qui touche à la présence ou à l'absence de la lumière. Elle est toutefois, bien plus importante, probablement, au point de vue de la chaleur; ici, sa durée prend une importance vitale.

Durant la période actuelle de douze heures de jour et de douze heures de nuit, il n'y a pas assez de temps, même sous les tropiques, pour que la terre se réchauffe suffisamment pour être nuisible à la vie; tandis qu'une portion notable de la chaleur, emmagasinée dans le sol, l'eau et l'atmosphère, est exhalée durant la nuit et empêche de ce fait un contraste trop subit et funeste entre la chaleur et le froid.

Si le jour et la nuit étaient chacun beaucoup plus longs — disons de 50 ou de 100 heures — il est certain que, durant un jour de cette durée, la chaleur deviendrait intolérable et funeste, peut-être à presque toutes les formes de la vie; tandis que l'absence de toute chaleur solaire, durant ce même laps de temps, amènerait une température bien au-dessous de zéro.

Il est à supposer qu'aucune forme de vie animale n'a pu naître sous des contrastes aussi grands et aussi constants dans la température.

Nous voulons maintenant essayer de mettre en lumière les points spéciaux qui, sur notre terre, se sont unis pour amener et maintenir les conditions complexes que nous avons reconnues essentielles à la vie, telle qu'elle existe autour de nous.

CHAPITRE XII

La Terre en relation avec le Développement et le Maintien de la Vie.

La première chose à faire, relativement à la possibilité d'habiter une planète, est de chercher sa distance du soleil. Nous savons que la puissance qu'a le soleil de réchauffer notre globe suffit amplement à développer la vie sous des formes presques infinies; et nous avons la preuve que, si ce n'étaient les pouvoirs régulateurs de l'air et de l'eau, distribués tels qu'ils le sont à la surface terrestre, la chaleur reçue du soleil serait tantôt trop forte, tantôt trop faible.

Dans certaines parties de l'Afrique, de l'Australie et de l'Inde, le sol sablonneux devient si brûlant qu'un œuf peut être cuit rien qu'en le plaçant au-dessus de sa surface. D'un autre côté, à une élévation d'environ 4.000 mètres, sous la latitude de 40°, il gèle chaque nuit, et, durant le jour, à l'ombre, il ne dégèle pas. Donc, ces deux températures sont contraires à la vie, et si l'une ou l'autre se propageait sur une étendue importante de la terre, le développement de la vie y serait impossible.

La chaleur du soleil nous arrive en raison inverse du carré de la distance, ce qui fait qu'à moitié de la distance, nous devrions avoir quatre fois autant de chaleur, tandis qu'au double de cette distance, nous n'aurions qu'un quart de chaleur.

Même au deux tiers de la distance, nous devrions recevoir plus de deux fois autant de chaleur; en observant les faits relatifs à l'extrême sensibilité du protoplasma et de la coagulation de l'albumine, il paraît certain que nous sommes situés, dans ce que l'on a désigné comme la zone tem-

pérée du système solaire, et que nous ne pourrions pas
être très éloignés de notre position actuelle, sans compromettre une portion considérable de la vie existant aujour-
d'hui sur la terre, et sans rendre à coup sûr impossible le
développement actuel de la vie, à travers toutes ses phases
et ses gradations.

La Position oblique de l'Ecliptique

Les résultats de l'obliquité du plan de l'équateur terrestre sur le plan de l'orbite qu'elle décrit autour du soleil se
traduisent par les saisons variées et par l'inégalité du jour
et de la nuit, dans toutes les zones tempérées.

On ne relève pas fréquemment, toutefois, l'importance
de cette obliquité, en ce qui concerne l'adaptation de la
terre, pour le développement et le maintien de la vie; et il
semble qu'on ait passé là-dessus comme sur un accident
de faible importance, comme si tout autre obliquité, ou
même aucune, eût été également avantageuse. Mais si
nous examinons quelle aurait pu être la direction de la
terre, nous verrons que cette obliquité est réellement fort
importante, à notre point de vue spécial.

Supposons, en premier lieu, que l'axe de la terre soit,
comme celui d'Uranus, presque exactement dans le plan
de son orbite. On ne peut guère douter qu'une telle position eût rendu notre globe incapable de développer la vie.

Car le résultat serait de produire les contrastes les plus
énormes entre les diverses saisons. Au milieu de l'hiver,
sur une moitié du globe, la nuit arctique et le froid arctique
prévaudraient, tandis que, sur l'autre moitié, règnerait un
été perpétuel, avec un soleil vertical et une somme de chaleur qu'on ne voit nulle part ici bas. Aux deux équinoxes,
tout le globe aurait des nuits et des jours égaux; pour les
tropiques actuels et une portion de la zone subtropicale,

le soleil à midi serait tout à fait proche du zénith. Toutefois, le passage d'un mois de soleil constant à un mois de nuit sans interruption serait si rapide qu'il semble impossible que ni les plantes, ni les animaux puissent s'être jamais développés sous des conditions aussi défavorables.

L'autre position extrême de l'axe terrestre, serait d'être placé à angle droit sur le plan de l'orbite, position bien plus favorable, mais ayant aussi des inconvénients. La surface entière de l'équateur aux pôles jouirait de nuits et de jours égaux, chaque partie recevant la même somme de chaleur solaire durant toute l'année, de façon qu'il n'y aurait plus de changements de saisons; la chaleur reçue variant avec la latitude.

Chez nous, la hauteur du soleil à midi serait d'environ 45°, durant toute l'année, comme cela se passe actuellement aux équinoxes, et nous pourrions, de ce fait, avoir comme climat un printemps perpétuel.

Cependant, la constance de la chaleur dans les régions équatoriales et tropicales, ainsi que celle du froid vers les pôles, amènerait une circulation d'air plus rapide et plus continuelle, et nous aurions probablement à souffrir de vents du nord si prolongés que notre climat en deviendrait froid et fort humide. Près des pôles, le soleil serait toujours près de l'horizon, et donnerait si peu de chaleur que la mer serait toujours gelée et le terrain enseveli sous la neige; ces conditions s'étendraient probablement jusqu'à la zone tempérée, et peut-être aussi si avant dans le sud, que la vie deviendrait impossible dans nos latitudes, puisque, quels que soient les résultats, ils seraient dus à des causes permanentes.

Nous savons, du reste, avec quelle force irrésistible, la neige et la glace envahissent les contrées polaires, si elles ne sont pas contrebalancées par la chaleur solaire et par les vents chauds et humides.

En résumé, il est probable que cette position de l'axe

terrestre aurait pour résultat qu'une portion fort restreinte de notre globe serait seule capable de posséder une vie animale et végétale, telle qu'elle existe, tandis que la monotonie extrême des conditions partout existantes serait si opposée à la grande loi du rythme qui prédomine dans l'univers, et si funeste sous d'autres rapports, que le développement vital aurait probablement suivi un cours tout différent de celui dont nous sommes aujourd'hui les témoins.

On voit ainsi qu'une certaine position intermédiaire de l'axe terrestre est la plus favorable, et celle qui existe actuellement semble combiner l'avantage du changement des saisons et des bonnes conditions climatériques avec une plus grande étendue habitable.

Nous savons que, durant la plus grande période du développement de la vie, cette étendue était bien plus vaste qu'à présent, puisqu'une luxuriante végétation d'arbres et de buissons à feuilles persistantes s'étendait au delà du cercle arctique, produisant la formation de bancs de charbon aux temps paléozoïques et tertiaires; les conditions extrêmement favorables à la vie organique, qui prévalaient alors sur une si grande étendue de notre globe, et qui ont duré jusqu'à une époque comparativement récente, amènent à la conclusion qu'il n'était pas possible d'avoir un degré d'obliquité plus favorable que celui dont nous jouissons maintenant.

Donnons un court aperçu de l'évidence de cet intéressant sujet.

PERSISTANCE DES CLIMATS TEMPÉRÉS DURANT LES TEMPS
GÉOLOGIQUES

Toutes les recherches géologiques tendent à prouver que, dans les temps reculés, le climat de la terre était généralement plus uniforme, quoique peut-être plus chaud que maintenant. Cela s'explique aisément par une distribution un peu différente des terres et des mers, permettant aux eaux chaudes des océans tropicaux de pénétrer en différentes parties des continents, — ceux-ci étant plus divisés qu'ils ne le sont maintenant — et de s'étendre plus largement vers les régions arctiques.

Dès que nous remontons à la période tertiaire, nous trouvons des traces d'un climat plus chaud dans la zone tempérée du nord; et lorsque nous atteignons le milieu de cette période, nous découvrons, soit dans les fossiles végétaux, soit dans les animaux, d'abondantes indications de climats tempérés près du cercle arctique, soit même au delà de celui-ci. Sur la côte occidentale du Groenland, sous le 76° de latitude N., on trouve en abondance des plantes fossiles fort bien conservées, parmi lesquelles on reconnaît plusieurs espèces de chênes, de bouleaux, de peupliers, de platanes, de vignes, de châtaignes, de prunes, ainsi que des sequoias et de nombreux arbustes, en tout 137 espèces indiquant une végétation telle qu'on la trouve actuellement dans les contrées tempérées du nord de l'Amérique et de l'Asie orientale. Même plus au nord, au Spitzberg, sous le 78ᵉ et 79ᵉ degré de latitude nord, une flore semblable se retrouve, un peu moins variée, mais comprenant encore des chênes, des peupliers, des bouleaux, des platanes, des tilleuls, des noisetiers, des pins, ainsi que nombre de plantes aquatiques que l'on trouve de nos jours dans la Norvège occidentale et dans l'Alaska, près de 30° plus au sud.

Appartenant à des temps plus reculés, soit à l'époque crétacée, des plantes fossiles ont été trouvées au Groenland, consistant en bruyères, cycadées, conifères, peupliers, sassafras, andromèdes, magnolias, myrthes, et bien d'autres encore, semblables et souvent d'espèces identiques aux fossiles de même époque trouvés dans l'Europe centrale et les Etats-Unis, indiquant ainsi une unité de climat largement étendue, telle qu'elle aurait pu être causée par les grands courants océaniques entraînant les eaux chaudes des tropiques dans les mers arctiques.

Encore plus haut, dans la période jurassique, nous trouvons les preuves d'un climat doux dans la Sibérie orientale, ainsi qu'à Andô, en Norvège, juste sous le cercle arctique, dans un nombre important de fossiles végétaux, ainsi que dans ceux de grands reptiles, proches parents de ceux que l'on retrouve dans la même couche, sous toutes les parties du globe.

Des phénomènes semblables se rencontrent dans la période *triasique*, encore plus lointaine ; passons, de là, à l'époque carbonifère, plus ancienne encore, durant laquelle la plupart des grands dépôts de charbon du monde terrestre se sont formés par une végétation luxuriante, consistant surtout en fougères gigantesques, prêles et conifères primitifs. La vigueur de ces plantes, que l'on retrouve souvent fort bien conservées et en immenses quantités, paraît indiquer une atmosphère dans laquelle le gaz carbonique était bien plus abondant que de nos jours; et cela paraît plausible, étant donné le type des animaux terrestres consistant en un petit nombre d'insectes et d'amphibies de rang inférieur.

Mais ce qu'il y a de curieux, c'est que de forts dépôts de charbon, remplis des mêmes fossiles que ceux de nos propres mines, se trouvent au Spitzberg et à l'île de l'Ours, dans la Sibérie orientale, toutes deux bien avant dans le cercle arctique, indiquant aussi une grande uniformité de climat, et probablement une atmosphère plus dense et plus saturée de vapeurs, qui s'étendait comme une couverture sur la terre et conservait la chaleur amenée à l'Océan arctique par les courants océaniques des régions plus chaudes.

On trouve aussi abondamment dans les régions arctiques, les roches siluriennes encore plus anciennes, mais leurs fossiles appartiennent exclusivement à la faune marine. Cependant, en ce qui concerne le climat, ils présentent les mêmes phénomènes, puisque les coraux et les mollusques céphalopodes trouvés dans les bancs arctiques ressemblent à ceux de toutes les autres parties du globe.

Bien d'autres faits indiquent que, durant les énormes périodes requises pour le développement des formes variées de la vie sur la terre, les grands phénomènes de la nature ne différaient que bien peu de ceux qui s'accomplissent de nos jours.

Les procédés graduels et paisibles, par lesquels les différents fossiles végétaux et animaux ont été conservés, sont prouvés par l'état de conservation parfaite dans lequel nous les retrouvons.

Il arrive souvent que des troncs d'arbres, de cycadées et de fougères arborescentes sont trouvés debout, leurs racines encore enfouies dans le sol qui leur a donné naissance. De grandes feuilles de peupliers, d'érables, de chênes et d'autres arbres se retrouvent en aussi excellente condition que si elles sortaient d'un herbier, l'exemple est surtout frappant en ce qui concerne les belles fougères des périodes permiennes et carbonifères.

A travers ces formations et bien d'autres encore on retrouve des ondulations fort nettes sur la boue et le sable durcis de rives marines primitives, absolument pareilles à celles que l'on peut constater de nos jours sur les plages marines.

Il est aussi fort curieux d'observer les traces de gouttes de pluie demeurées sur les rochers de tout âge. Sir Charles Lyell a publié des reproductions représentant des traces de gouttes d'eau récemment tombées dans les vastes plaines boueuses de la Nouvelle-Ecosse, ainsi qu'une reproduction de gouttes de pluie sur une plaque de schiste de l'époque carbonifère de la même contrée; toutes deux sont aussi semblables que si elles représentaient les traces de deux averses se succédant à plusieurs jours de distance.

Les formes et les dimensions des gouttes sont presque identiques, et témoignent d'une grande analogie dans les conditions générales de l'atmosphère.

N'oublions pas que la présence de la pluie, durant les époques géologiques, implique, comme nous le disons au chapitre précédent, une distribution constante et universelle de poussière atmosphérique.

Les deux causes principales de cette poussière, dont la quantité répandue dans l'atmosphère doit être énorme, sont les volcans et les déserts ; c'est pourquoi nous ne pouvons douter du fait que ces deux grands phénomènes naturels n'aient toujours existé.

La présence des volcans se manifeste par la lave et les cendres volcaniques, aussi bien que par des cratères d'anciens volcans, et cela à travers toutes les formations géologiques.

Nous ne pouvons mettre non plus en doute l'existence des déserts, malgré leur étendue peut-être jadis moins considérable.

Il est très instructif de penser que ces deux phénomènes, habituellement considérés comme des taches dans la belle harmonie de la nature, et paraissant contraires aux intentions du bienveillant Créateur, sont aujourd'hui reconnus pour être réellement essentiels à l'habitation terrestre.

Malgré cette prédominance de conditions thermiques uniformes, on remarque aussi des preuves de changements importants de climat, et, durant deux périodes, l'éocène et le lointain permien, on trouve même l'indication de l'action de la glace, de telle façon que plusieurs géologues croient à des époques glaciaires durant cette période. Il paraît plus probable, toutefois, qu'il ne s'agit là que d'une congélation locale, par le fait qu'il s'est rencontré des terrains élevés et d'autres éléments favorables à la formation de glaciers d'une certaine étendue.

Tous les résultats des études géologiques indiquent

14

l'étonnante continuité des conditions favorables à la
vie, ainsi que des conditions climatériques généralement
plus favorables que celles d'aujourd'hui, puisqu'une vaste
contrée rapprochée du Pôle nord était favorisée d'une végétation abondante, et que tel était aussi le cas pour le règne
animal.

Nous savons, de plus, qu'il n'y eut jamais interruption
totale dans le développement vital; à aucune époque, un
abaissement ou une élévation de la température ne fut
jamais assez fort pour détruire la vie; aucun affaissement
considérable ne fut capable de submerger toute la surface
du globe.

Malgré l'imperfection de nos connaissances sur le cycle
géologique, il est, somme toute, remarquablement complet,
et il présente à nos yeux un progrès constant du simple
au complexe, du plus bas au plus haut. Un type après l'autre se spécialise fortement en s'adaptant à telle ou telle
condition climatérique, puis il meurt, cédant la place à un
autre type, lequel, à son tour, s'élèvera et se spécialisera
en s'harmonisant avec de nouvelles conditions.

Le caractère général du changement inorganique paraît
avoir passé de la condition insulaire à la continentale,
accompagnée du passage d'un état climatérique uniforme
à un état plus changeant. Nous le voyons débuter par une
chaleur et une humidité subtropicale, qui s'étend à peu
près jusqu'au cercle arctique, puis arriver à cette diversité
des zones tropicales, tempérées, seule capable de suppor-
ter les plus grandes variations possibles dans les formes de
la vie, et qui paraît être spécialement adaptée pour stimu-
ler l'humanité vers la civilisation et le développement
social, soit par la lutte nécessaire contre les différentes forces de la nature, soit pour leur utilisation ou pour leur conquête.

L'Eau, son Total et sa Distribution sur la Terre

Malgré la connaissance générale qui nous enseigne que les océans occupent plus des deux tiers de toute la surface du globe, l'énorme proportion de l'eau, comparée à la terre, qui s'élève au-dessus de sa surface, est difficilement appréciable. Toutefois, la chose étant d'une importance majeure, soit au point de vue de l'histoire géologique, soit au point de vue du sujet spécial ici traité, il sera nécessaire d'entrer dans quelques détails sur ce point.

Suivant les calculs les meilleurs et les plus récents, la surface du globe est de 0,28 de la surface totale, l'eau étant de 0,72. La hauteur moyenne de la terre au-dessus du niveau de la mer est de 686 mètres, tandis que la profondeur moyenne des mers et des océans est de 4.200 mètres; ce qui fait que, bien que la surface de l'eau soit de deux fois et demie plus considérable que celle de la terre, la profondeur moyenne de l'eau est six fois plus grande que l'épaisseur moyenne des continents. Cela est dû évidemment au fait que les terres basses occupent la plus grande partie de l'étendue terrestre, tandis que les plateaux et les hautes montagnes n'en représentent qu'une faible part.

Tandis que les plus grandes profondeurs des océans égalent environ les plus grandes hauteurs des montagnes, et cela sur d'énormes espaces, les océans sont assez profonds pour pouvoir submerger toutes les montagnes de l'Europe, excepté les sommets supérieurs de quelques-unes d'entre elles.

D'où il suit que le volume des océans, même en laissant de côté toutes les mers sans profondeur, est treize fois supérieur à celui de la terre ferme, qui dépasse le niveau de la mer; et si toute la surface terrestre et le sol océanique étaient réduits au même niveau, c'est-à-dire que si la masse solide du globe était un véritable sphéroïde aplati, le tout serait recouvert d'eau à une profondeur de 3,5 kilomètres.

Le diagramme ci-joint servira à mieux illustrer cet exemple.

DIAGRAMME PROPORTIONNEL
de la
HAUTEUR DES TERRES ET DE LA PROFONDEUR DES MERS

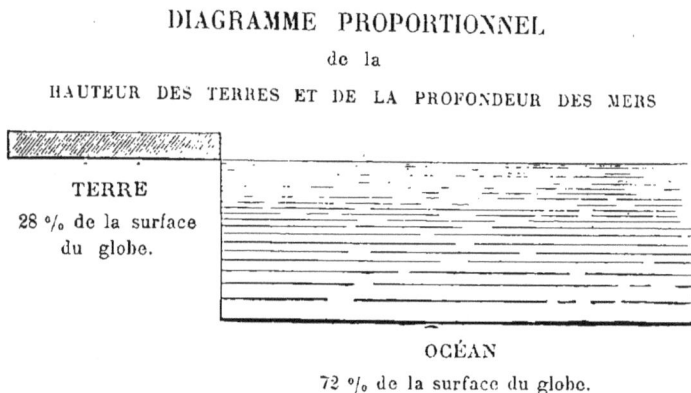

TERRE
28 % de la surface
du globe.

OCÉAN
72 % de la surface du globe.

Dans ce diagramme, les longueurs des sections représentant la terre ferme et les océans sont proportionnées à leurs surfaces, tandis que l'épaisseur de chacune d'elles est proportionnée à leur hauteur et à leur profondeur moyenne. D'où il suit que les deux sections sont en proportion exacte de leurs volumes.

Un simple coup d'œil sur ce diagramme suffit pour dissiper l'ancienne tradition, encore soutenue par quelques géologues et quelques biologues, à savoir que les océans et les continents ont maintes fois changé de place durant les temps géologiques, ou que les grands océans ont été, à fois réitérées, traversés par des isthmes, lesquels ont facilité la distribution des coléoptères ou des oiseaux, des reptiles ou des mammifères.

Il faut noter ceci, c'est que, bien que le diagramme indique les continents ou les océans comme un tout, cependant, il montre aussi, avec une suffisante exactitude, les proportions de chaque grand continent vis-à-vis des océans qui les bordent.

On doit aussi retenir ceci, que nulle part l'on ne trouve une élévation tant soit peu forte, sans qu'il existe ailleurs une dépression correspondante; s'il n'en était pas ainsi, un vaste creux sans support existerait sous le sol en pente ou quelque part près de lui.

Si vous consultez maintenant, soit un diagramme, soit une carte du globe, en essayant de réaliser l'élévation graduelle du fond de l'océan, de manière à former un continent joignant l'Afrique avec l'Amérique du Sud, ou avec l'Australie — conditions requises par plusieurs biologues — il est évident que, durant cette élévation, soit un pays continental, soit quelque autre partie du lit de l'océan devrait s'enfoncer dans la même proportion.

Nous voyons par là même, que, si de tels changements d'élévation dans l'échelle continentale se sont répétés souvent à des périodes différentes, il eût été presque impossible, à chaque récidive, et cela afin d'égaliser l'abaissement avec l'élévation, d'éviter la submersion d'un seul ou de tous les continents, tandis que de nouveaux continents émergeaient des énormes profondeurs de l'océan. Nous concluons donc en disant qu'à l'exception d'une zone relativement étroite autour des continents, qui peut être sommairement indiquée par des sondages de mille brasses, les profondeurs du grand océan sont des traits permanents de la surface de la terre.

C'est cette stabilité de la distribution générale de la terre et de l'eau qui a garanti la continuité de la vie sur la terre.

Si, d'autre part, les grands bassins océaniques avaient été instables, changeant de place avec les terres, durant les périodes variables des temps géologiques, ils eussent presque certainement englouti, et cela à plusieurs reprises, la terre ferme dans leurs vastes abîmes, détruisant de cette façon, toute vie organique sur le globe.

Cette opinion, confirmée de plusieurs côtés, est acceptée

généralement par les géologues et les physiciens. Indiquons quelques autres de ces preuves :

1° Aucun des continents ne nous offre des dépôts marins de n'importe quelle période géologique, occupant sur cette dernière une surface de quelque importance, comme cela aurait été le cas si ces dépôts se fussent enfoncés profondément sous l'océan, pour en émerger ensuite. De même, aucun d'eux ne renferme des formations considérables correspondant aux argiles et aux limons des profondeurs de l'océan, ce qui eût eu lieu, s'ils eussent été, à n'importe quelle époque, soulevés hors des profondeurs océaniques.

2° Tous les continents présentent une série presque incomplète et continuelle de rocs de tous les âges géologiques, et, dans chaque grande période géologique, on trouve de l'eau douce et des dépôts d'alluvion, ainsi que d'anciennes limites terrestres, indiquant la continuité des conditions continentales ou insulaires.

3° Tous les grands océans possèdent, disséminées à leur surface, quelques îles surnommées « océaniques », caractérisées par une structure volcanique ou corallifère, et ne possédant aucune roche ancienne et stratifiée; on ne trouve dans aucune d'elles des mammifères ou des amphibies.

Il est inadmissible que, si ces océans eussent jamais contenu de vastes continents, et si les îles océaniques étaient — comme on le prétend souvent — des fragments des continents actuellement submergés, il ne soit pas resté un seul des anciens rocs stratifiés, caractéristique de tous les continents existants, pour témoigner de leur origine.

Nous trouvons dans l'Atlantique, les Açores, Madère et Sainte-Hélène ; dans l'océan Indien, les îles Maurice, Bourbon et Kerguelen; dans le Pacifique, les îles Fidji, Samoa, de la Société Sandwitch, Galapagos: toutes nous prouvent sans exception qu'elles se sont élevées au-dessus des profondeurs océaniques, soit par les volcans sous-marins, soit par les constructions madréporiques, et qu'elles n'ont jamais fait partie des continents.

4° Le contour du sol de tous les grands océans, assez bien connu maintenant par les sondages des vaisseaux explorateurs, ainsi que par l'établissement des lignes télégraphiques sous-marines, confirme aussi l'évidence que ces îles n'ont jamais été des terres continentales; car, si une portion quelconque d'entre elles eût fait partie d'un continent submergé, cette portion eût retenu quelque empreinte de son origine.

Quelques-unes des nombreuses chaînes de montagnes qui caractérisent chaque continent y seraient restées. Nous y trouverions fréquemment des pentes de 20° à 50°, ainsi que des vallées bordées de rochers en précipices, comme au lac de Lucerne et ailleurs, ou des montagnes isolées en forteresses, comme le Roraïma, ou des rangées de précipices, comme dans les Ghâts de l'Inde ou les fiords de la Norvège. Toutefois, aucun de ces traits distinctifs n'a été découvert jusqu'ici dans les abîmes de l'océan. A leur place, nous trouvons de vastes plaines, lesquelles, débarrassées de l'eau qui les recouvre, paraîtraient presque au même niveau et dénuées de toute pente abrupte.

Disons encore que les dépôts terrestres n'ont jamais atteint les profondeurs de l'océan, et que le mouvement des vagues ne dépasse pas une trentaine de mètres, ce qui fait que ces apports continentaux, une fois submergés, seraient indestructibles. Leur absence totale indique donc qu'aucun des grands océans n'occupe la place de continents submergés.

COMMENT FURENT PRODUITES LES PROFONDEURS DE L'OCÉAN

Il est très difficile d'expliquer comment les vastes bassins qui sont comblés par l'eau des grands océans, surtout celui du Pacifique, furent primitivement créés.

Lorsque la surface de la terre était encore à l'état de fusion, elle devait forcément prendre la forme d'une véritable sphère aplatie, son aplatissement aux deux pôles étant dû à sa vitesse de rotation, laquelle est supposée avoir été excessive.

La croûte, formée par le refroidissement graduel d'un tel globe, devait suivre la même forme générale et, étant relativement mince, se rompre ou se gonfler, de façon à s'accommoder à n'importe quelle poussée venant de l'intérieur.

A mesure que la croûte s'épaississait, la masse entière, se refroidissant et se contractant lentement, des fissures et des rides survinrent, les premières servant de dérivatifs à l'activité volcanique, dont les résultats se retrouvent au travers de tous les âges géologiques; les secondes donnant naissance à des chaînes de montagnes dans lesquelles les rochers sont presque toujours courbés, pliés, ou même entassés les uns sur les autres, indiquant les forces puissantes causées par la juxtaposition d'une croûte solide sur un intérieur fluide ou demi-fluide.

Durant toute cette transformation, aucune force ne paraît cependant avoir été capable de produire un bassin tel que le Pacifique, cette vaste dépression qui couvre près d'un tiers de la surface entière du globe.

Autant que je puis m'en rendre compte, on ne peut expliquer la formation de ces grands océans que de la façon suivante, confirmée par une preuve astronomique tout à fait indépendante, et, comme celle-ci, se rattache directement au sujet traité dans le présent volume, consacrons-lui quelques instants.

Il y a quelques années, le professeur Darwin Georges, de Cambridge, arriva, quant à l'origine de la lune, à une certaine conclusion, assez bien rendue dans le récit populaire publié en un court volume par sir Robert Ball : *Temps et Marée.*

Voici, en résumé, cet exposé:

Les marées produisent une certaine friction sur la terre, et augmentent très lentement la longueur de notre jour; elles sont également cause que la lune s'éloigne de nous.

Le jour ne s'allonge que d'une petite fraction de seconde en mille ans, et la lune s'éloigne de même d'une quantité presque imperceptible. Mais, comme ces forces sont constantes et ont toujours influencé la terre et la lune, lorsque nous remontons, à l'infini, le cours des âges, nous arrivons à une époque où la rotation de la terre était si rapide que la force de gravitation à l'équateur pouvait à peine retenir sa partie extérieure, laquelle était assez distendue pour figurer un fromage aux coins arrondis. A la même époque environ, la distance qui nous séparait de la lune semble avoir été presque nulle.

Tout cela résulte de calculs mathématiques tirés des lois communes de la gravitation et des effets de la marée, et, comme il est malaisé de comprendre comment un corps aussi considérable que la lune pourrait avoir une autre origine, il faut supposer qu'à une époque encore plus ancienne la lune et la terre ne formaient qu'une seule masse, et que la lune se sépara de la masse supérieure, grâce à la force centrifuge créée par la rapide rotation de la terre.

La terre était-elle, à cette époque, liquide ou solide, et de quelle façon s'opéra la rupture, cela n'est expliqué ni par le professeur Darwin, ni par sir Robert Ball, toutefois, le fait suivant est très suggestif: au moyen du spectroscope, on s'est rendu compte que des étoiles doubles de courte durée proviennent d'une étoile simple, comme cela est déjà expliqué dans notre sixième chapitre; mais, dans ce cas-là, il paraît probable que cette étoile même est à l'état gazeux.

Les recherches du professeur G. Darwin ont été utilisées par le Rév. Osmond Fischer, dans son très important et intéressant ouvrage intitulé: *Physique de l'écorce terrestre*, pour expliquer l'origine des bassins des grands océans, le Pacifique représentant l'espace laissé libre, lorsque la plus grande portion de la masse de la lune se sépara de la terre.

Si nous adoptons, comme je le fais, la théorie de l'origine de la terre par l'accroissement météorique de la matière solide, nous devons considérer notre planète, comme ayant été produite par l'un de ces vastes anneaux de météores, qui circulent en grand nombre autour du soleil, mais qui, à une période bien antérieure, étaient à la fois plus nombreux et plus vastes.

Par suite des irrégularités produites dans un tel anneau, et des dérangements causés par d'autres corps, des agrégations de grandeurs diverses survinrent inévitablement et la plus grande de ces dernières attira toutes les autres à elle, avec le temps, et forma ainsi une planète.

Durant la première phase de cette opération, les particules furent si petites et s'agglomérèrent d'une façon si graduelle, qu'une faible quantité de chaleur fut produite et qu'il en résulta simplement une agrégation peu serrée de matière froide.

Toutefois, à mesure que l'opération suivit son cours, et que la masse de la planète naissante devint considérable — atteignant peut-être la moitié de la terre — le reste de l'anneau évolua avec une vitesse toujours grandissante ; ce fait, joint à la force d'attraction croissante de la masse, laquelle avait presque atteint sa dimension actuelle, a pu produire une température suffisamment haute pour liquéfier les couches extérieures, tandis que la partie centrale restait solide et, en quelque mesure, incohérente, remplie probablement, dans ses interstices, de grandes quantités de gaz lourds.

Lorsque la masse des accroissements météoriques fut tellement réduite qu'elle devint insuffisante pour conserver la matière à l'état de fusion, une croûte se forma, et atteignit peut-être la moitié ou les trois quarts de son épaisseur actuelle, à l'époque où la lune devint un corps séparé. Cherchons maintenant à nous rendre compte de ce qui se passa.

Imaginons un globe un peu plus grand que notre sphère actuelle, soit parce qu'il contenait alors la masse de la lune, soit parce qu'il était plus chaud, évoluant si promptement qu'il était fortement aplati aux pôles, tandis que la zone équatoriale était fortement distendue; cette zone se serait probablement séparée sous forme d'un anneau, pour peu que la vitesse de rotation se fût légèrement accrue, en supposant une durée de révolution de quatre heures. Ce globe aurait une écorce relativement mince, sous laquelle existerait une épaisseur de roc en fusion de profondeur inconnue, peut-être de quelques cents, peut-être de mille kilomètres.

A cette époque, l'attraction du soleil, agissant sur l'intérieur en fusion, y aurait produit des marées, poussant la mince écorce à se soulever, et à retomber toutes les deux heures, quoique sur une très faible étendue — un mètre ou deux environ — de façon à ne pas la rompre. On a calculé que cette légère ondulation rythmique coïncidait avec la période normale d'ondulation due à une telle masse semi-liquide, et tendait de la sorte à augmenter l'instabilité due à une rotation rapide.

La masse de la lune représente environ 1/50e du volume de la terre. Or, un simple calcul nous montre qu'en prenant la superficie du Pacifique, de l'Atlantique et de l'océan Indien réunis, comme étant environ les deux tiers de celle du globe, cette surface devrait avoir une épaisseur de 64 kilomètres, pour procurer la matière nécessaire à la formation de la lune.

Il faut évidemment admettre l'existence de certaines inégalités dans l'épaisseur de la croûte terrestre, ainsi que dans sa rigidité relative, ce qui fit qu'au moment critique,. alors que la terre ne put plus contenir sa protubérance équatoriale, par suite de la force centrifuge due à la rotation combinée avec les ondulations de marée, causées par le soleil, il se produisit ceci: au lieu d'un anneau continu, se détachant lentement, la croûte céda en deux ou trois grandes masses aux points les plus faibles, et, par le fait que la vague de marée s'éleva par-dessous, ainsi qu'une certaine masse de liquide des couches inférieures, le tout se rompit et, formant une masse subglobulaire à peu de distance de la terre, continua d'évoluer avec elle pour un temps, au même taux de vitesse que la surface avait suivi.

Mais, comme l'action de la marée est toujours égale des deux côtés opposés d'un globe, il dut se produire une légère rupture formant, on peut le supposer, le bassin atlantique, lequel, comme on peut le vérifier sur un petit globe, est situé à peu près juste à l'opposé du Pacifique central.

Aussitôt que ces deux grandes masses se furent séparées de la terre, cette dernière prit son équilibre, et la partie en fusion de l'intérieur, laquelle remplit maintenant les grands bassins océaniques jusqu'à un niveau de quelques kilomètres au-dessous de la surface générale, se refroidit suffisamment pour former une mince croûte. La plus grande portion de la lune naissante attira graduellement à elle d'autres corps plus petits et forma notre satellite; depuis cette époque, la friction causée par la marée, soit par la lune, soit par le soleil, commença à agir et à allonger graduellement notre jour et notre mois, tel que l'explique Sir Robert Ball dans son volume.

Mentionnons maintenant un point intéressant, parce qu'il paraît confirmer l'origine des grands bassins océaniques.

Dans le livre de M. Osmond Fischer, il est expliqué comment les faibles variations dans la force de gravité ou la pesanteur sur différents points du globe, ont été déterminées par des observations faites au moyen du pendule, et aussi comment ces variations donnent la mesure de l'épaisseur de la croûte solide, laquelle est de pesanteur spécifique inférieure à l'intérieur en fusion sur lequel elle repose.

On obtient de cette façon un résultat très intéressant. Les observations prises sur de nombreuses îles océaniques prouvèrent que la croûte subocéanique était considérablement plus dense que la croûte sous les continents, mais aussi plus mince, le résultat étant d'amener la masse moyenne de la croûte subocéanique et les océans à l'égalité complète avec celle de la croûte continentale, ce qui fait que la terre, en rotation autour de son axe, est en état d'équilibre.

Soit l'épaisseur de la croûte, soit sa densité progressive paraissent être bien expliquées par cette théorie de l'origine des bassins océaniques.

La nouvelle croûte doit avoir été pendant longtemps plus mince que sa partie plus ancienne formée auparavant , mais elle s'est bientôt suffisamment refroidie pour permettre à la vapeur aqueuse de l'atmosphère, ainsi qu'à celle émanant des fissures de l'intérieur en fusion, de se réunir dans les bassins océaniques; ceux-ci, dès lors, se sont refroidis plus rapidement, conservant une température et une pression uniformes, ces circonstances amenant un accroissement constant dans l'épaisseur, avec une structure bien plus solide que dans les surfaces continentales.

C'est, sans nul doute, à cette uniformité de conditions, avec l'abaissement de la température du fond, allant jusqu'à la congélation et cela, pendant la majeure partie des temps géologiques, que nous devons la persistance remarquable des vastes et profonds bassins océaniques dont a dépendu, comme nous l'avons vu, la continuité de la vie sur la terre.

Un autre fait tend à prouver cette théorie de l'origine des bassins océaniques, à savoir leur symétrie presque complète, par rapport à l'équateur. Soit l'Atlantique, soit le Pacifique s'étendent à égale distance au nord et au sud de l'équateur, égalité qui ne peut avoir été produite que par une cause étroitement liée avec la rotation de la terre.

Les mers polaires qui dépendent des deux grands océans sont beaucoup moins profondes et ne peuvent, par conséquent, pas être considérées comme faisant partie des véritables bassins océaniques.

L'EAU, RÉGULATEUR DE LA TEMPÉRATURE

L'importance de l'eau, au point de vue de la régularisation de la température de la terre, est si grande que, même s'il s'y trouvait assez d'eau pour toutes les plantes et tous les animaux, il est presque certain qu'en l'absence des grands océans, la terre n'aurait pu produire et conserver les formes variées de la vie qu'elle possède actuellement.

L'effet des océans est à deux fins. Grâce à la grande chaleur spécifique de l'eau, c'est-à-dire, à la propriété qu'elle possède d'absorber lentement une énorme quantité de chaleur, l'eau de surface des océans et des mers est chauffée à un si haut point par le soleil qu'au soir d'un beau jour, elle l'est à une profondeur de plusieurs mètres.

Toutefois, l'air possède beaucoup moins de chaleur spécifique que l'eau. Un kilogramme d'eau ne s'abaisse que d'un degré pour réchauffer 4 kilogrammes d'air d'un degré; mais, l'air étant 770 fois plus léger que l'eau, il en résulte que la chaleur d'un mètre cube d'eau réchauffera plus de 3.000 mètres cubes d'air du même nombre de degrés qu'il se refroidit lui-même. Conséquemment, l'énorme surface des mers et des océans, dont la plus grande partie est située sous les tropiques, réchauffe toutes les portions les plus basses et les plus denses de l'air, surtout durant la nuit; cette chaleur est emmenée par les vents dans toutes les parties du monde, et améliore, de ce fait, le climat.

Un autre effet distinct est dû aux grands courants océaniques, tels que le Gulf-Stream et le courant du Japon, qui conduisent l'eau chaude des tropiques vers les contrées tempérées et arctiques, et rendent ainsi habitables des contrées qui, sans cela souffriraient de la rigueur d'un hiver polaire. Ces courants sont, cependants, directement dus aux vents, et appartiennent au domaine de l'atmosphère.

La seconde action régulatrice, due primitivement à la grande étendue des mers et des océans, est le résultat de la vaste surface d'évaporation, dont le sol tire presque toute son eau sous la forme de la pluie et des rivières, et il est certain que s'il n'y avait pas suffisamment d'eau de surface, pour produire dans ce but une ample fourniture de vapeur, les déserts s'étendraient de plus en plus sur la surface terrestre.

Nous ne savons pas la quantité d'eau de surface nécessaire à la vie; mais si les proportions entre les surfaces d'eau et celles de terre étaient renversées, il est probable que la plus grande partie de la terre serait inhabitable. La vapeur ainsi produite sert aussi à égaliser la température; mais c'est là un point que nous réserverons pour le chapitre concernant l'atmosphère.

Ajoutons cependant encore quelques remarques qui touchent à la fourniture d'eau terrestre, ainsi qu'à ses rapports avec le développement de la vie.

A-t-on déterminé la quantité totale de l'eau sur la terre ou sur d'autres planètes? Nous l'ignorons jusqu'ici, mais, nous le présumons du moins, en partie, il est probable que la masse de la planète est capable de retenir, par la force gravitative, l'oxygène et l'hydrogène dont cette eau est composée. Les deux gaz se combinent aisément pour former l'eau, mais ne peuvent être séparés que sous certaines conditions; la quantité d'eau devrait ainsi dépendre de la fourniture de l'hydrogène que l'on trouve rarement à l'état libre sur la terre.

Cependant, le fait capital est que nous possédons une quantité d'eau telle que si la surface entière du globe était aussi régulièrement entourée que les continents, et que les chaînes de montagnes n'y parussent que sous forme de rides, alors l'eau existante couvrirait tout le globe à une profondeur de 3,5 kilomètres. On ne verrait à sa surface que le sommet des hautes montagnes, comme une rangée de petites îles, les hauts plateaux du Thibet et des Andes méridionales formant des îles plus grandes.

On se demande pourquoi cette distribution de l'eau ne s'est pas produite; en fait, elle aurait dû se passer ainsi sans l'heureuse coïncidence de la formation de vastes bassins océaniques.

Autant que je puis m'en rendre compte, personne n'a pu donner une explication suffisante de la formation de ces bassins, si ce n'est M. Osmond Fischer, et cette dernière dépend de trois circonstances uniques: 1° la formation d'un satellite à une période récente du développement de la planète, lorsque celle-ci possédait déjà une écorce très épaisse; 2° le satellite était bien plus grand, en proportion de sa planète, qu'aucune autre dans le système solaire; et 3° ce satellite a été produit par une déchirure de sa planète, ensuite d'une rotation extrêmement rapide, combinée avec les marées solaires dans son intérieur en fusion, ainsi qu'avec un rythme d'oscillation de cet intérieur en fusion coïncidant avec la période de la marée.

Cette remarquable théorie de l'origine de notre lune est-elle la vraie, et, si tel est le cas, l'explication qu'elle paraît donner des grands bassins océaniques est-elle correcte ? Je ne suis pas assez fort mathématicien pour décider.

La théorie de la marée, au sujet de l'origine de la lune, telle qu'elle a été exposée mathématiquement par le professeur G. H. Darwin, a été appuyée par sir Robert Ball et acceptée par plusieurs autres astronomes; d'autre part, le Rév. Osmond Fischer, par ses recherches dans la *Théo-*

rie physique de la croûte terrestre, jointes à ses travaux mathématiques et géologiques, a fait faire un grand pas à la question du mode d'origine des bassins.

Enfin, nous l'avons vu d'autre part, l'existence de ces vastes et profonds bassins, produits par une série de faits uniques dans le système solaire, joue un rôle important dans l'adaptation de la terre à toutes les formes supérieures de la vie animale; et il est à présumer que, sans leur existence, les conditions de la vie eussent été rendues presque impossibles pour toutes les formes variées de ce développement de la forme terrestre.

CHAPITRE XIII

La Terre en relation avec la Vie. — Conditions atmosphériques.

Nous avons vu, dans notre chapitre dixième, que la base physique de la vie, le protoplasma, consiste en ces quatre éléments: l'oxygène, l'azote, l'hydrogène et le carbone, et que, soit les plantes, soit les animaux, dépensent largement l'oxygène libre de l'air pour accomplir leur évolution ; tandis que l'acide carbonique et l'ammoniaque répandus dans l'atmosphère paraissent absolument nécessaires aux plantes.

La vie aurait-elle pu naître et se développer dans une atmosphère composée d'éléments dissemblables aux nôtres, c'est ce que l'on ne peut affirmer; mais il existe de certaines conditions physiques qui semblent absolument essentielles, quels que puissent être les éléments qui les composent. La première de ces nécessités est une atmosphère assez dense à la surface de la planète et d'assez grandes dimensions, pour que sa raréfaction ne l'empêche pas de remplir ses diverses fonctions à toutes les altitudes où s'étend une surface de terrain considérable.

Ce qui doit déterminer la quantité totale de substance gazeuse sur la surface d'une planète, c'est tout d'abord sa masse, ainsi que la température moyenne à sa surface.

Les molécules gazeuses se meuvent rapidement dans toutes les directions, les gaz les plus légers ayant les mouvements les plus rapides. La vitesse moyenne du mouvement des molécules a été déterminée en gros, sous des conditions diverses de pression et de température, ainsi que leurs limites probables, maximum et minimum. D'après ces données et certains faits connus, relatifs aux atmosphères planétaires, M. G. Johnstone Stoney, membre et correspondant de la Société Royale, a calculé quels sont les gaz qui peuvent ne pas faire partie des atmosphères de la terre et d'autres planètes.

Il a découvert que tous les gaz qui constituent l'air ont des vitesses moléculaires relativement si réduites, que la force de gravitation des limites supérieures de l'atmosphère terrestre est amplement suffisante pour les retenir; de là provient la stabilité de sa composition.

Il y a, toutefois, deux autres gaz, l'hydrogène et le hélium, connus tous deux pour faire partie de l'atmosphère, mais qui ne s'y amassent pas en quantité suffisante pour être mesurée; ces gaz possèdent, on le sait, un mouvement moléculaire suffisant pour échapper à ladite atmosphère.

Pour ce qui concerne l'hydrogène, si la terre était assez grande et massive pour pouvoir le retenir, des résultats désastreux pourraient s'ensuivre, parce que, pour peu qu'une quantité suffisante de ce gaz s'accumulât, il formerait un mélange explosif avec l'oxygène de l'atmosphère; un simple éclair, ou même une petite flamme, causerait une explosion si violente et si destructive, qu'elle rendrait peut-être cette planète inhabitable.

Il semble donc que la masse de notre terre soit juste à la limite supérieure pour en assurer l'habitabilité, et il en serait de même sur les planètes qui ne possèdent pas une source continue d'hydrogène libre.

Les fonctions mécaniques les plus importantes dépendant de l'atmosphère et de sa densité sont: 1° la production des vents, qui amène, de plusieurs façons, une égalisation de la température, et qui produit aussi des courants de surface sur l'océan: 2° la distribution de l'humidité sur la terre, au moyen de nuages, lesquels ont aussi d'autres importantes fonctions.

Les vents dépendent tout d'abord de la distribution locale de la chaleur dans l'air, spécialement de la grande somme de chaleur constamment présente dans la zone équatoriale; ce fait est dû à ce que le soleil est presque vertical à midi, et qu'il en est de même sous chaque tropique une fois par an, avec un jour plus long, amenant une température plus élevée qu'à l'équateur; ce fait produit aussi cette ceinture non interrompue de pays arides ou de déserts, qui entoure presque complètement le globe dans la région des tropiques.

L'air chauffé étant plus léger, l'air plus froid des zones tempérées se dirige constamment de ce côté, le soulevant et le faisant déborder au nord et au sud. Toutefois, comme le courant vient d'une région ayant une rotation moins rapide vers une autre plus rapide, le cours de l'air est dévié et produit les vents nord-est et sud-est, tandis que le surplus venant de l'équateur et se dirigeant vers les contrées où la rotation est moins rapide, dévie vers l'occident et produit les vents du sud-ouest, si prédominants sur l'Atlantique du Nord, et généralement sur la zone nord tempérée, tandis que le vent nord-ouest règne sur l'hémisphère sud.

C'est hors de la zone des vents alizés réguliers et dans la région s'étendant à peu de degrés des deux côtés des tropiques que prédominent les ouragans et cyclones destructeurs. Ceux-ci sont, en réalité, d'énormes tourbillons dus à l'atmosphère fortement surchauffée sur les régions arides déjà mentionnées, causant un appel d'air froid de différentes directions, et produisant, de ce fait, un mouvement rotatoire qui augmente de rapidité jusqu'à ce que l'équilibre soit rétabli.

Les cyclones des Indes-Orientales et de l'île Maurice, ainsi que les typhons des mers orientales sont causés de cette façon. Certains de ces ouragans sont si violents qu'aucune construction ne peut leur résister, tandis que les arbres les plus forts et vigoureux sont mis en pièces ou renversés. Si notre atmosphère était beaucoup plus dense, son plus grand poids donnerait à l'ouragan une force bien plus destructive, si l'on ajoute à cela une augmentation de chaleur solaire — fait qui pourrait résulter soit de notre plus grand rapprochement du soleil, soit d'une dimension ou d'un degré de chaleur plus forte chez ce dernier.

Ces tempêtes pourraient augmenter à un tel point, en fréquence et en violence, que de grandes étendues sur la terre en deviendraient inhabitables.

Les vents alizés réguliers créent les lointains courants océaniques si importants pour égaliser la température. Le Gulf-Stream est pour nous le plus essentiel de ces courants, parce qu'il est le principal facteur du climat, dont nous jouissons avec toute l'Europe occidentale, et qui se fait sentir jusque bien avant du cercle arctique; de même, le courant japonais qui remplit le même rôle pour toutes les régions tempérées du Pacifique nord, procure à une grande partie du globe des conditions d'existence dont il serait privé sans son influence bienfaisante.

Cependant, ces courants modérateurs sont presque entièrement dus à la forme et à la position des continents, et spécialement au fait qu'ils sont situés de façon à laisser de vastes espaces d'océans le long de la zone équatoriale, et à s'étendre au nord et au sud vers les régions arctiques et antarctiques.

Si, avec la même superficie de terre ferme, les continents eussent été groupés, de façon à occuper une portion considérable des océans équatoriaux, ce qui aurait été le cas si l'Afrique avait été jointe à l'Amérique du Sud, et si l'Asie eût été dirigée vers le sud-est, de façon à remplir une portion du Pacifique équatorial, les grands courants océaniques eussent alors été faibles ou nuls. Sans ces courants, beaucoup de pays tempérés du nord et du sud auraient été ensevelis sous, la glace, tandis qu'une grande partie des continents eût été ardemment surchauffée, ce qui les aurait rendus impropres à tout développement de la vie animale supérieure.

Nous avons essayé de démontrer (chap. X et XI) combien l'équilibre est délicat et combien sont limitées les conditions de température requises.

Il n'y aurait cependant aucune raison s'opposant à une telle distribution de la terre et de l'eau, s'il ne fallait pas tenir compte des conditions réputées exceptionnelles qui ont amené la production de notre satellite; celles-ci ont nécessairement formé de vastes abîmes près des régions équatoriales, où, soit la force centrifuge, soit les marées solaires intérieures étaient les plus fortes, et où la mince écorce terrestre était, par conséquent, contrainte de céder.

D'autre part, comme les plus hautes autorités déclarent qu'il n'y a pas d'indications d'une semblable origine de satellite, dans n'importe quel autre planète, toute la série des conditions favorables à la vie sur la terre paraît être d'autant plus remarquable.

LES NUAGES, LEUR IMPORTANCE ET LEUR CAUSE

Peu de personnes se rendent un compte exact de la nature réelle des nuages et du rôle important qu'ils jouent dans l'habitabilité et l'agrément du séjour terrestre.

La quantité d'eau pluviale tombant sur les océans est, en moyenne, bien inférieure à celle qui tombe sur le sol, la région totale des vents alizés possédant d'habitude un ciel sans nuages et très peu de pluie; tandis que tout autour de cet intervalle de calme, près de l'équateur, règne un ciel nuageux et de fortes pluies. Cela provient du fait que l'air chaud et humide est soulevé par l'air froid et lourd du nord et du sud, vers une région plus froide, où il ne peut retenir une aussi forte dose de vapeur aqueuse, laquelle s'y condense et retombe en pluie.

Généralement, partout où les vents soufflent, par-dessus des étendues d'eau considérables, vers la terre, surtout s'il s'y trouve des montagnes ou des plateaux élevés qui forcent l'air chargé d'humidité à s'élever à des hauteurs où la température est plus basse, les nuages se forment et il tombe plus ou moins de pluie.

Mais si le sol est de nature aride et très chauffé par le soleil, l'air est rendu capable de retenir bien plus de vapeur aqueuse, et même d'épais nuages de pluie peuvent se disperser sans produire aucune chute d'eau.

Par ces causes toutes simples, étant donnée la proportion d'eau bien supérieure à celle de la terre sur notre globe, une portion considérable de cette dernière est bien pourvue d'eau; celle-ci tombant en plus grande abondance dans les terres élevées et par conséquent plus fraîches, pénètre dans le sol, donnant naissance à ces innombrables sources et ruisseaux qui rafraîchissent et embellissent la terre, lesquels, s'unissant entre eux, forment les courants et les rivières qui retournent aux mers et aux océans, dont ils sont primitivement sortis.

Les Nuages et la Pluie dépendent de la Poussière

ATMOSPHÉRIQUE

Cette merveilleuse circulation d'eau, au moyen de l'atmosphère, fut longtemps jugée suffisante, pour expliquer tout le système: mais une expérience curieuse vint, il y a un quart de siècle, prouver qu'il existait là un autre facteur entièrement méconnu jusqu'alors.

Si l'on dirige un petit jet de vapeur dans deux grands bocaux de verre, l'un rempli d'air ordinaire, l'autre d'air

filtré au travers d'une épaisse couche de laine de coton, de
façon à retenir toutes les particules de substance solide, le
premier bocal sera rempli instantanément d'une vapeur
brumeuse, tandis que, dans l'autre bocal, l'air et la vapeur
resteront absolument transparents et invisibles.

L'on fit ensuite un autre essai, pour imiter de plus près
ce qui se passe dans la nature.

Les deux bocaux furent préparés comme auparavant,
mais une petite quantité d'eau fut placée dans chaque bocal
et livrée à l'évaporation jusqu'à ce que l'air fût presque
saturé de vapeur, laquelle resta invisible dans tous les
deux. Ces derniers furent légèrement refroidis, et de suite
un épais nuage se forma dans le bocal plein d'air non filtré,
tandis que l'autre restait tout à fait limpide.

Ces expériences prouvèrent que le simple refroidissement de l'air au-dessous du point de rosée n'oblige point
la vapeur aqueuse qu'il renferme à se condenser en gouttes, de façon à former des nuages ou des brouillards, à
moins que de faibles particules de matière solide ou liquide
ne servent de bases sur lesquelles commencera la condensation. La densité d'un nuage ne dépendra donc pas seulement de la quantité de vapeur dans l'air, mais de l'abondante présence de fines particules de poussière sur lesquelles la condensation peut s'opérer.

Que la poussière existe partout dans l'air, même à de
grandes hauteurs, ce n'est pas une supposition, mais un
fait avéré. En exposant des plaques de verre couvertes de
glycérine en divers lieux et à diverses altitudes, le nombre
de ces particules dans chaque décimètre cube d'air a été
déterminé, et il se trouve qu'on les constate partout à de
basses altitudes, mais qu'elles existent en nombre considérable, même au sommet des plus hautes montagnes. Ces
particules solides agissent aussi d'une autre façon. Elles se
refroidissent fortement par le rayonnement dans l'atmosphère supérieure, et condensent, de cette façon, la vapeur

par contact, comme les extrémités des brins d'herbe la retiennent sous forme de rosée.

Lorsque la vapeur s'échappe d'une ouverture, nous la voyons sous forme d'une masse dense et blanche, un nuage en miniature, et si nous nous en rapprochons par un temps froid et humide, nous sentons les petites gouttes de pluie qui en tombent. Toutefois, par un jour beau et chaud, ce nuage s'élève et se dissipe rapidement pour disparaître tout à fait. La même chose se passe, sur une plus vaste échelle, dans la nature.

Par un beau temps, de nombreux nuages peuvent passer constamment sur nos têtes, sans jamais produire de pluie, parce qu'à mesure que les minimes globules d'eau tombent lentement vers la terre, l'air chaud les transforme en vapeur invisible. De même, par le beau temps, nous voyons souvent un petit nuage stationner longtemps au sommet d'une montagne, bien qu'il souffle cependant un vent très fort. Le sommet de la montagne est plus froid que l'air environnant, et la vapeur invisible se condense en nuage, en passant sur lui; mais, dès que ces particules nuageuses sont emmenées par-dessus le sommet, dans l'air plus chaud et plus sec, elles s'évaporent et disparaissent de nouveau. Sur la montagne de la Table, au cap de Bonne-Espérance, ce phénomène se produit sur une grande échelle, et se nomme la nappe, la masse soyeuse du nuage semblant suspendue du haut du sommet plat, et retombant tout à l'entour où elle reste durant plusieurs mois, pendant que partout ailleurs règne un brillant soleil.

Un autre phénomène, qui indique la présence universelle de la poussière à de grandes hauteurs atmosphériques, c'est la couleur bleue du ciel. Elle est due à la présence de particules infiniment petites de poussière, au travers de l'énorme épaisseur de l'atmosphère supérieure — 40 à 60 kilomètres ou davantage — ce qui fait que ces particules réfléchissent seulement la lumière de la courte vague d'ondulation provenant de l'extrémité bleue du spectre. La preuve en a été faite, au moyen de l'expérience suivante :

Si l'on remplit un cylindre en verre, long de plusieurs mètres, d'air pur, dont toutes les particules solides ont été enlevées par le filtre, en l'amenant ensuite sur des fils de platine chauffés rouge, et si l'on fait passer au travers un rayon de lumière électrique, les parois du cylindre apparaîtront toutes noires à l'intérieur, la lumière les traversant en ligne droite et sans éclairer l'atmosphère. Mais si l'on amène dans le filtre un peu plus d'air, et cela assez rapidement pour ne permettre qu'aux plus petites particules de poussière d'y entrer, le vase se remplit graduellement d'une vapeur bleue, qui se fonce peu à peu et prend la teinte du ciel. Si l'on fait entrer alors un peu de l'air non filtré, le bleu passe et prend la teinte ordinaire du jour.

Depuis qu'il est reconnu que l'oxygène à l'état liquide est de couleur bleue, bien des gens en ont conclu que ce fait expliquait la couleur azurée du ciel. En réalité, il n'en est rien. La couleur bleue de l'oxygène liquide devient si pâle dans le gaz, atténuée qu'elle est par l'azote incolore, qu'elle ne garderait aucune couleur perceptible dans toute l'épaisseur de notre atmosphère.

De même, si l'oxygène avait une teinte bleue perceptible, nous ne pourrions la voir sur le fond noir de l'espace situé derrière lui, tandis que les objets lumineux vus au travers de l'oxygène, tels que la lune et les nuages, paraîtraient tout bleus, ce qui n'est point le cas.

La couleur bleue que nous voyons concerne le ciel entier, et n'est, après tout, que de la lumière réfléchie, et comme l'air pur est extrêmement transparent, il doit exister des particules solides et liquides assez petites pour réfléter seulement la couleur bleue.

Dans une atmosphère plus basse, les molécules produisant la pluie sont plus grandes, et réfléchissent tous les rayons, diluant de ce fait, la couleur bleue près de l'horizon, et produisant, au moyen de la réfraction et de la réflexion combinées, les belles teintes variées du lever et du coucher du soleil.

Cette production de couleurs superbes, due à la poussière dans l'atmosphère, ajoute beaucoup à l'agrément de l'existence, mais elle n'en forme cependant pas une nécessité vitale. Il est une autre circonstance, liée à la poussière atmosphérique, laquelle, bien qu'on l'apprécie fort peu, pourrait avoir des effets incalculables.

S'il n'existait aucune poussière dans l'atmosphère, le ciel paraîtrait noir, même à midi, excepté dans la direction actuelle du soleil, et les étoiles seraient visibles de jour comme de nuit, conséquence du fait que l'air ne reflète pas la lumière et n'est pas visible. Nous ne recevrions aucune lumière du ciel, comme cela se passe actuellement, et le côté nord des collines, des maisons et des autres corps solides serait absolument noir, à moins que quelques surfaces placées dans le voisinage pussent réfléter la lumière.

La surface du sol, exposée au soleil à certaines distances, représenterait seule la lumière diffuse, partout où la lumière directe du soleil serait supprimée. Pour obtenir une somme de lumière suffisante et agréable dans les maisons, il serait nécessaire de les bâtir sur un sol presque plat, ou s'élevant vers le nord, avec des murs de verre tout autour et jusque vers le sol, afin de recevoir de celui-ci autant de lumière réfléchie que possible. Il est difficile de dire quel effet aurait cette sorte de lumière sur la végétation, mais les arbres et les arbustes pousseraient probablement du côté latéral, vers le sud, l'est et l'ouest, afin de recevoir autant de lumière solaire directe que possible.

Un résultat plus important serait le suivant: comme la lumière solaire serait constante durant le jour, il y aurait une telle évaporation, que le sol deviendrait aride et nu aux places où il est maintenant couvert de végétation; ailleurs, il donnerait naissance à des plantes semblables aux cactus de l'Arizona et aux euphorbes de l'Afrique du Sud.

Laissons maintenant ce sujet secondaire de la lumière et de la couleur, pour revenir au côté important de la question — l'absence de nuages et de pluie; — considérons ce qui se passerait dans cette hypothèse, et de quelle façon l'énorme quantité d'eau évaporée par le rayonnement constant du soleil serait rendue à la terre.

Elle le serait tout d'abord par des rosées d'une abondance anormale, déposées presque chaque nuit sur toute végétation feuillue. Non seulement les herbes de tout genre, mais les feuilles de tous les arbres et arbustes condenseraient assez d'humidité pour remplacer la pluie, autant que les besoins d'une pareille végétation pourraient le réclamer.

Mais, sans un système de canalisation installé préalablement, la végétation serait rendue impossible par le fait que le sol, ardemment chauffé durant le jour, resterait trop brûlant durant la nuit, pour que la rosée pût se condenser à sa surface. Il faut donc chercher un moyen plus effectif de rendre la vapeur d'eau de l'atmosphère à la terre et à l'océan; ce moyen est dû à l'existence de collines et de montagnes ayant une hauteur suffisante pour rendre sa température bien plus basse que celle des plaines.

L'air, au-dessus des océans, serait constamment chargé d'humidité et, chaque fois que les vents souffleraient vers la terre, l'air, entraîné vers les régions plus froides le long des collines, se condenserait rapidement sur la végétation; il en serait de même sur la terre nue et sur les rochers des pentes situées au nord, partout, enfin, où le sol se refroidirait suffisamment pendant l'après-midi ou la nuit, pour descendre au-dessous de la température de l'air.

La masse de vapeur ainsi condensée réduirait la pression atmosphérique, ce qui amènerait un afflux d'air inférieur, causant une plus forte quantité de vapeur. Cela donnerait naissance à des torrents perpétuels, surtout sur les pentes situées au nord ou à l'est.

Toutefois, comme l'évaporation, grâce au soleil constant, serait bien plus forte qu'actuellement, la quantité d'eau fournie à la terre augmenterait d'autant, et n'étant plus, comme actuellement, également distribuée sur la terre, voici ce qui en résulterait probablement : de vastes pentes montagneuses dévastées par des torrents furieux, rendant presque impossible une végétation permanente, tandis que d'autres espaces plus étendus, vu l'absence de pluie, deviendraient des déserts arides, pouvant tout au plus donner asile à quelques types de végétation caractéristiques à ces sortes de régions.

Il ne faudrait pas poser en principe, que lesdites conditions d'existence rendent impossibles les formes supérieures de la vie, mais il est certain qu'elles leur seraient défavorables, et pourraient avoir des conséquences bien plus fâcheuses qu'aucune de celles suggérées jusqu'ici.

Nous avons peine à imaginer qu'avec des vents et des formations rocheuses à peu près semblables aux nôtres, d'autres mondes puissent être absolument débarrassés de poussière atmosphérique. Si, cependant, l'atmosphère elle-même était beaucoup moins dense, disons de moitié, ce qui rentre dans les hypothèses possibles, alors les vents auraient moins de puissance soulevante et, à la hauteur nécessaire pour la formation des nuages, il ne se trouverait pas assez de molécules de poussière pour aider à leur formation. Donc, les brouillards se traînant à la surface du sol remplaceraient, en bonne partie, les nuages flottant bien au-dessus de la terre, et les premiers seraient certainement moins favorables à la vie humaine et à celle des animaux supérieurs, que les seconds.

La présence générale de poussière dans l'atmosphère est un phénomène remarquable. La couleur bleue du ciel étant universelle, l'atmosphère supérieure tout entière doit être pénétrée de myriades de particules ultra-microscopiques, lesquelles, reflétant seulement les rayons bleus, nous procurent tout d'abord la voûte azurée du ciel; puis, ces mêmes particules combinées avec la poussière plus grossière des altitudes inférieures, produisent la lumière diffuse du jour, ainsi que les nuages floconneux aux grands mouvements et aux belles formes, se résolvant en cette pluie bienfaisante qui rafraîchit la terre altérée et la recouvre de verdure et de fleurs.

Par-dessus toute l'étendue de l'océan Pacifique, dont les îles doivent produire un minimum de poussière, le ciel est toujours bleu et ses milliers d'îles ne souffrent point du manque de pluie.

Quant à la vaste forêt de plaine de la vallée de l'Amazone où la somme de poussière doit être très faible, il y règne un régime suffisant de nuages et de pluie. Ce fait a pour origine les deux grandes sources naturelles de la poussière, à savoir, les volcans actifs, ainsi que les déserts et les régions les plus arides du monde; en second lieu, cela tient à la densité et à la mobilité étonnante de l'atmosphère, laquelle ne transporte pas seulement les plus fines particules de poussière à une grande hauteur, mais les distribue sur toute son étendue avec une uniformité frappante.

Chaque parcelle de poussière est évidemment beaucoup plus lourde que l'air, et si ce dernier était calme, elle serait rapidement précipitée vers le sol. Tyndall remarque que l'air d'une cave située sous l'Institut royal, à Albemarle street, laquelle était restée fermée depuis plusieurs mois, était si pur qu'un rayon de lumière projeté au travers restait tout à fait invisible. Toutefois, des observations précises ont prouvé que, non seulement l'air est en mouvement perpétuel, mais que ce mouvement est extrêmement irrégulier, n'étant jamais absolument horizontal, et qu'il s'élève et s'abaisse sans cesse dans toutes les directions, formant d'innombrables tourbillons; ce mouvement complexe doit s'étendre à une vaste hauteur, probablement jusqu'à 50 kilomètres et plus, afin d'obtenir une épaisseur suffisante de ces fines particules qui produisent le bleu du ciel.

Tout cela est dû, soit à l'action du soleil qui réchauffe la surface de la terre, soit à l'extrême irrégularité de cette surface, au point de vue de ses contours, comme à sa capacité d'absorption de chaleur.

Dans certaines régions, nous avons du sable, du roc ou de l'argile pure, qui, une fois exposés à la chaleur solaire, s'échauffent à un haut degré; dans d'autres, nous trouvons une épaisse végétation, qui, grâce à l'évaporation causée par la lumière solaire, reste relativement fraîche, ainsi que les surfaces encore plus tempérées des rivières et des lacs alpins.

Si l'air était baucoup moins dense, ces mouvements seraient moins énergiques, tandis que toute la poussière soulevée à une hauteur quelque peu considérable retomberait, par son propre poids, bien plus rapidement que maintenant. Il y aurait ainsi, de ce fait, beaucoup moins de poussière permanente dans l'atmosphère, et cela amènerait inévitablement une chute de pluie moins forte et, peu à peu, les inconvénients déjà énumérés.

Électricité atmosphérique

Nous avons déjà dit que les organismes végétaux tirent la plus grande partie de l'azote contenu dans leurs tissus de l'ammoniaque produit dans l'atmosphère et conduit par la pluie dans le sol. Cette substance peut seule être produite au moyen de décharges électriques ou de la foudre, qui amènent la combinaison de l'hydrogène de la vapeur d'eau avec l'azote libre de l'air.

Les nuages sont, toutefois, d'importants facteurs, accumulant l'électricité en quantité suffisante pour produire les violentes décharges que nous nommons la foudre, et il est douteux que, sans eux, il se produisît, dans l'atmosphère, des détonations assez fortes pour décomposer la vapeur d'eau qu'elle renferme.

Les nuages sont nécessaires, non seulement pour produire l'eau et pour modérer l'action continue de la chaleur solaire, mais ils servent à former dans les végétaux ces composés chimiques qui sont si importants pour tout le monde animal.

Autant que nous pouvons le savoir, la vie animale ne pourrait pas exister à la surface du globe sans cette source d'azote, et, par conséquent, sans nuages et sans éclairs; ces derniers, nous l'avons vu, dépendent, primitivement, d'une proportion de poussière suffisante dans l'atmosphère.

Cette juste proportion de poussière est surtout fournie par les volcans et les déserts, et sa distribution, ainsi que sa constante présence dans l'air, dépend de la densité de l'atmosphère. Celle-ci, à son tour, dépend de deux autres facteurs: la force de gravité due à la masse planétaire, et la quantité absolue des gaz libres constituant l'atmosphère.

Nous remarquons ainsi que le vaste et invisible océan d'air, dans lequel nous vivons, milieu si indispensable que nous serions bien vite anéantis par sa suppression, produit, en outre, une foule d'effets bienfaisants, auxquels nous ne prenons point garde, excepté lorsque la température, ou le froid ou le chaud excessifs, nous font apprécier la délicatesse de l'équilibre des conditions d'où dépend notre confort et parfois notre vie.

Dans cette simple esquisse, j'ai cherché à décrire les fonctions variées que nous trouvons dans ce mécanisme admirable, à structure si complexe, qui, par ses gaz de compositions diverses, ses actions et réactions sur l'eau et sur la terre, sa production de décharges électriques, ainsi que par les éléments qui composent la vie organique sans cesse renouvelée, peut être considéré comme étant lui-même la véritable source de la vie. Nous le réalisons non seulement par notre absolue dépendance vis-à-vis de lui, à chaque instant de notre existence, mais par les terribles résultats causés par la plus légère impureté survenant dans cet élément vital. Et cependant, c'est parmi les nations réputées les plus civilisées, celles qui professent être guidées par les lois de la nature, celles qui se glorifient le plus de leurs notions scientifiques avancées, que nous trouvons la plus grande apathie, la plus coupable insouciance; ces nations ne font que de contaminer sans cesse l'air, et cela de façon à diminuer la vitalité de nombreux êtres humains, en les forçant à respirer, durant la plus grande partie de leur vie, un air malsain et impur.

Les cités sans cesse en croissance, les grandes villes manufacturières exhalant la fumée et les gaz délétères, avec leurs logements entassés, dans lesquels des milliers d'êtres humains sont contraints de vivre, et cela, dans les conditions les plus malsaines, sont les témoins accusateurs de cette apathie et de cette insouciance véritablement criminelles.

Depuis un demi-siècle, tous ces faits sont cependant connus, et jusqu'ici, pas un effort n'a été tenté pour y remédier. Dans notre beau pays, il y a abondance d'espace et d'air pur pour chacun (1). Cependant, soit les classes cultivées, soit nos législateurs, soit nos ecclésiastiques et nos hommes de science consacrent toute leur énergie et leurs talents à toutes les conquêtes possibles... sauf à celle-là. Cette condition, essentielle au bien-être et à la prospérité d'un peuple tout entier, devrait, toutefois, primer toutes les autres. Jusqu'à ce que ce but soit atteint, notre civili-

---

(1) *Note du Traducteur :* La grande propriété anglaise, qui réduit à un nombre limité de possesseurs terriens la jouissance du sol, nous paraît contredire cette assertion.

sation; notre science, notre religion, notre politique, ne font toutes qu'œuvre de néant.

C'est en étudiant notre merveilleuse atmosphère dans ses relations variées avec la vie humaine, que j'ai cru devoir élever la voix en faveur des enfants et de l'humanité souffrante.

Quand verrons-nous surgir un groupe d'hommes et de femmes dévoués, qui luttent jusqu'à ce que cette iniquité soit abolie, et, avec elle, les neuf dixièmes des autres maux qu'elle engendre ? Tout devrait céder devant ce progrès à accomplir.

De même que, dans une guerre de conquête ou d'agression, rien ne s'oppose à la marche de la victoire, et que tous les droits particuliers sont subordonnés à la cause publique, ainsi, dans cette croisade contre la saleté, la maladie et la misère, que rien ne nous arrête, ni intérêts propres, ni droits acquis, et nous arriverons certainement au but. Prêchons cette réforme en temps et hors de temps, jusqu'à ce que les nations écoutent et agissent. Voici notre mot d'ordre. L'air pur et l'eau propre pour chaque habitant des Iles Britanniques. Ne votez pas pour celui qui dit: « Cela ne peut se faire », mais pour celui qui dit: « Cela se fera ».

La réforme exigera cinq ou dix ou même vingt années, mais tous les replâtrages provisoires doivent passer au second plan, jusqu'à ce que cet abus criant soit détruit. A ce moment, lorsque nous aurons fourni à notre peuple de l'air pur et de l'eau pure, une nourriture saine, le travail et le délassement dans de bonnes conditions, alors il sera temps de penser à d'autres réformes.

Songez-y ! Nous aspirons à être un peuple de haute civilisation, de science avancée, de grande humanité, possédant beaucoup de richesses. Ayons donc honte de devoir avouer que notre peuple est forcé de respirer un air empoisonné.

CHAPITRE XIV

La Terre est la seule planète habitable de tout le système solaire.

Ayant montré dans les trois derniers chapitres combien nombreuses et complexes sont les conditions qui rendent la vie possible sur notre terre, combien les forces contraires sont habilement équilibrées et par quels moyens délicats et étranges les combinaisons essentielles des éléments sont produites, il ne sera relativement pas difficile de montrer combien les autres planètes sont inaptes, soit au développement, soit à la préservation des formes de la vie, quand il ne s'agit pas des plus élémentaires d'entre celles-ci.

Afin de rendre cet exposé plus clair, nous reprendrons par ordre les plus importantes de ces conditions, en voyant si les différentes planètes les remplissent.

La Masse d'une Planète et son Atmosphère

La hauteur et la densité de l'atmosphère d'une planète sont importantes, sous plus d'un rapport, en ce qui concerne la vie.

De cette densité dépend son pouvoir de transporter l'humidité, de contenir une quantité suffisante de particules de poussière nécessaires à la formation des nuages; de transporter des molécules extra-minimes à une telle hauteur et en telle quantité, que la lumière du soleil soit répandue par la réflexion du ciel entier; de soulever les vagues de l'océan et d'aérer ainsi ses eaux; de produire, enfin, ces courants océaniques qui égalisent à un si haut degré la température. Notons que cette densité dépend de deux facteurs: la masse de la planète et la somme des gaz atmosphériques. Cependant, il y a toute probabilité que la dernière dépend directement de la première, parce que c'est seulement après qu'une certaine masse est produite, qu'un gaz quelconque, plus léger et permanent, peut être retenu à la surface de la planète.

Ainsi, suivant le Dr G. Johnstone Stoney, qui a spécialement étudié ce sujet, la lune ne peut pas même retenir un gaz aussi lourd que l'acide carbonique ou même que le bisulfure de carbone, encore plus lourd; tandis qu'aucune particule d'oxygène, d'azote ou de vapeur d'eau ne peut rester sur elle, grâce au fait que sa masse ne représente qu'un quatre-vingtième de celle de la terre.

On croit qu'il existe, dans les espaces stellaires, des amas considérables de gaz et qu'il en est de même dans le système solaire, mais peut-être sous forme liquide ou solide. Ces gaz pourraient, il est vrai, être attirés par une masse même aussi faible que celle de la lune, mais la chaleur de sa surface, exposée aux rayons solaires, les ramènerait rapidement à l'état gazeux, et alors, ils échapperaient bien vite à son attraction.

Ce n'est que lorsqu'une planète atteint une masse d'au moins un quart de celle de la terre qu'elle est capable de retenir de la vapeur d'eau, l'un des gaz les plus essentiels; toutefois, la masse de la lune étant si exiguë, son atmosphère entière serait probablement si limitée et si rare à sa surface, qu'elle serait incapable de remplir les buts divers requis d'une atmosphère pour maintenir la vie. Pour remplir cette obligation, la masse d'une planète ne doit pas être très inférieure à celle de la terre.

Nous devons mentionner ici l'une de ces heureuses coïncidences auxquelles nous avons déjà fait allusion.

Le Dr Johnstone Stoney arrive à la conclusion que l'hydrogène échappe à la terre. Il est continuellement produit en petites quantités par des volcans sous-marins, par des fissures dans les régions volcaniques, par la végétation en décomposition et par d'autres causes; cependant, bien qu'on le trouve parfois en faibles quantités, il ne forme aucun élément constitutif de l'air atmosphérique.

La quantité d'hydrogène combinée avec l'oxygène pour former la masse d'eau nécessaire aux vastes océans est énorme. Toutefois, si elle eût dépassé d'un dixième sa quantité actuelle, la surface du sol eût été presque entièrement submergée. Comment la proportion fut assez exacte pour qu'il y eût juste assez d'hydrogène, afin de remplir d'eau les vastes bassins océaniques, de façon à ce qu'il restât suffisamment de surface terrestre pour le développement de la vie végétale et animale, et qu'en même temps, cette quantité ne nuisît pas au climat, voilà qui est difficile à comprendre.

Le fait est cependant vrai. Premièrement, nous avons un satellite unique comme grandeur, si nous le comparons à la terre, et unique aussi comme origine récente; puis, nous voyons que ce satellite a une origine certainement à part dans le système solaire. Comme conséquence de cette origine, du moins c'est à présumer, nous avons de profonds bassins océaniques placés symétriquement par rapport à l'équateur, arrangement peu important pour la circulation océanique; puis, nous avons une quantité proportionnée d'hydrogène, obtenue d'une façon inconnue, qui fournit assez d'eau pour remplir ces abîmes, de façon à réserver une ample étendue de terre solide, mais qu'un dixième d'eau en plus eût submergée; enfin, nous avons assez d'oxygène pour former une atmosphère suffisamment dense pour toutes les exigences de la vie.

Remarquons encore la coïncidence que voici: Tous les faits sus-mentionnés montrent que la masse terrestre est suffisante pour réunir les conditions favorables à la vie. Si notre globe eût été quelque peu plus grand et plus dense, il est probable que nul être n'y eût pu vivre. Entre une planète de 12.800 et une autre de 15.200 kilomètres de diamètre, il n'y a pas grande différence, lorsqu'on les compare aux planètes d'énormes dimensions qui nous entourent. Cette faible augmentation de diamètre accroîtrait toutefois des deux tiers sa capacité et, grâce à l'agrandissement proportionnel de densité, dû à une plus grande force gravitative, la masse serait le double de ce qu'elle est actuellement. Cette masse étant doublée, la quantité de gaz de toute espèce, attirée et retenue par la gravité, serait aussi probablement doublée; et, dans ce cas, l'hydrogène ne pouvant s'échapper, il y aurait une double quantité d'eau. Toutefois, la surface du globe ne serait que d'une moitié plus étendue que de nos jours, et il y aurait alors suffisamment d'eau pour couvrir sa surface entière à une profondeur de plusieurs kilomètres.

LES AUTRES PLANÈTES SONT-ELLES HABITABLES ?

Lorsque nous observons les autres planètes de notre système, nous découvrons partout des exemples montrant les rapports entre leurs dimensions, leur masse et leur habitabilité. Les moindres planètes, telles que Mercure et Mars, n'ont pas une masse suffisante pour retenir la vapeur d'eau et, sans cette dernière, elles ne peuvent être habitables.

Quant aux plus grandes planètes, leur faible densité montre que, malgré leurs énormes dimensions, elles ne peuvent posséder qu'une faible quantité de matière solide. Il est donc très logique de penser que l'adaptation d'une planète au développement complet de la vie est dépendant, avant tout, de sa dimension ou, pour mieux dire, de sa masse.

Mais si la terre, dira-t-on, doit son atmosphère spéciale

et sa juste proportion d'eau aux causes générales sus-indiquées, les mêmes causes agissant sur les autres planètes du système solaire, la seule planète où la vie puisse être possible est Vénus. A cela, nous répondrons que, si des causes exceptionnelles peuvent avoir donné à d'autres planètes un avantage égal sous le rapport de l'eau et de l'air, il nous faut brièvement étudier les conditions censées essentielles à la vie, conditions qu'il est impossible de retrouver sur d'autres planètes du système solaire.

UNE TEMPÉRATURE VARIANT ENTRE DES LIMITES ÉTROITES ET DÉFINIES

Nous avons déjà constaté dans quelles étroites limites la température doit être maintenue sur la terre pour y développer et y maintenir la vie. Nous avons dit aussi combien sont nombreuses et délicates les conditions requises, telles que la densité de l'atmosphère, l'étendue et la permanence des océans, et la distribution de la terre et des mers. pour pouvoir, même sur notre planète, conserver continuellement une température suffisamment uniforme.

De faibles altérations, soit d'un côté, soit d'un autre, rendraient la terre inhabitable, en produisant des alternatives de trop grand froid et de trop grande chaleur.

Comment donc supposer que n'importe quelle autre planète, qui reçoit beaucoup moins ou beaucoup plus de chaleur solaire, puisse, par une modification quelconque, être rendue capable de produire et de maintenir tout le développement varié de la vie ?

Comparé à nous, Mars reçoit moins de la moitié de la chaleur solaire par unité de surface. Et comme il est presque certain qu'il ne s'y trouve point d'eau (ses neiges polaires étant causées par l'acide carbonique ou par quelque autre gaz lourd), il en résulte que, bien que l'on y puisse trouver une vie végétale de forme élémentaire, il ne peut pas y exister d'animaux supérieurs. Sa petite dimension, qui n'est qu'un neuvième de celle de la terre, ne lui permet, probablement, de posséder qu'une très rare atmosphère d'oxygène et d'azote, si même ces gaz y existent, et ce manque de densité rendrait cette planète incapable de conserver durant la nuit la somme de chaleur très minime qu'elle pourrait absorber durant le jour.

Cette conclusion est confirmée par sa puissance réflective très limitée, montrant qu'il n'y a presque pas de nuages dans sa faible atmosphère. Durant la majeure partie de sa rotation, sa température de surface est probablement très en dessous du point de congélation, et cela, joint au fait de l'absence totale de l'eau à l'état de vapeur ou à l'état liquide, ajoute encore davantage à son incapacité de posséder la vie animale.

Sur Vénus, les conditions sont également défavorables, mais dans le sens opposé. Cette planète reçoit du soleil presque le double de la chaleur que nous recevons, et cela seul rendrait nécessaire une étrange combinaison de circonstances modifiantes, pour diminuer et uniformiser une température très élevée.

On sait aujourd'hui qu'il existe dans Vénus une particularité qui y rend impossible toute vie animale, ainsi que les formes végétales les plus élémentaires. Cette anomalie est celle-ci: par le fait d'une influence de marée due au soleil, le jour, chez Vénus, coïncide avec l'année, ou, pour nous exprimer plus exactement, Vénus tourne sur son axe dans la même période de temps qu'elle évolue autour du soleil. D'où il résulte qu'elle présente toujours la même face au soleil et, tandis que cette face possède un jour perpétuel, l'autre est plongée dans des ténèbres constantes, avec un crépuscule continu, causé par la réfraction, formant une zone étroite aux environs de la moitié illuminée.

Toutefois, le côté qui ne reçoit jamais les rayons directs du soleil doit être extrêmement froid, atteignant dans sa partie centrale la température du zéro absolu, tandis que l'autre moitié, exposée à des rayons solaires deux fois plus intenses que sur notre globe, doit certainement s'élever à une température trop forte pour l'existence du proto-plasma, et probablement pour celle de n'importe quelle forme de vie animale.

Vénus paraît avoir une atmosphère dense, et son éclat suggère l'idée que nous voyons la surface supérieure d'un dais de nuages, ce qui réduirait sensiblement, à coup sûr, l'excessive chaleur solaire. Sa masse, atteignant un peu plus des trois quarts de celle de la terre, lui permettrait de retenir les mêmes gaz que celle-ci. Toutefois, sous le régime extraordinaire qui sévit sur cette planète, il est à peine possible que la température du côté illuminé pré-sente une uniformité suffisante pour le développement des formes supérieures de la vie.

Mercure présente une particularité semblable, de pré-senter toujours la même face au soleil, et comme il est beaucoup plus petit et plus rapproché de ce dernier (le soleil), les contrastes du chaud et du froid doivent y être bien plus grands; dans ces conditions, l'on ne peut suppo-ser que cette planète soit habitable. Sa masse n'équivalant qu'à un trentième de celle de la terre, la vapeur d'eau, l'azote et l'oxygène s'en échappent. Cette planète ne pos-sède certainement que peu d'atmosphère. Cela est prouvé par son faible pouvoir réflectif, au moins 83 p. 100 de la lumière solaire étant absorbée et seulement 17 p. 100 réfléchie, tandis que les nuages reflètent 72 p. 100.

Cette planète est donc intensement chauffée d'un côté et gelée de l'autre; elle n'a ni eau, ni atmosphère, et se trouve ainsi, à tous les points de vue, absolument incapable de conserver des êtres vivants.

En supposant même que, dans le cas de Vénus, un dais nuageux constant puisse égaliser la température de surface en faveur du développement de la vie animale, l'agitation

extrême de son atmosphère, due aux températures si différentes de son hémisphère sombre et de son hémisphère
lumineux, doit nuire en tous cas fortement à la vie. Car,
sur la plus grande portion de l'hémisphère qui ne reçoit
jamais un rayon solaire, toute l'eau et la vapeur aqueuse
qui s'y trouvent doivent être transformées en neige et en
glace, et il paraît même impossible que l'air lui-même n'y
soit pas gelé. Il ne pourrait y échapper que par une circulation fort rapide de toute l'atmosphère, laquelle serait produite par la différence énorme et permanente de température entre les deux hémisphères.

Des traces de réfraction dues à une atmosphère dense
se montrent durant le passage de la planète sur le disque
du soleil, ou durant une conjonction avec ce dernier, et
cette réfraction est si forte que Vénus possède une atmosphère bien plus élevée que la nôtre. Cependant, durant la
circulation rapide de ladite atmosphère, réchauffée sur une
moitié de la planète et refroidie sur l'autre, une grande
portion de la vapeur d'eau doit être enlevée de la partie
obscure aussi rapidement qu'elle est produite sur le côté
lumineux, bien qu'elle ne puisse rester suffisamment pour
produire un dais de nuages très élevés analogues à nos
cirrus.

Si nous considérons tous les traits exceptionnels de cette
planète, il apparaît comme certain que ses conditions climatériques ne peuvent pas même lui fournir la température
essentielle aux nécessités vitales, tandis qu'il est peu probable qu'elle ait pu, à une époque antérieure, posséder et
conserver, durant de longues époques, la stabilité nécessaire audit développement.

Avant d'examiner les planètes de grandes dimensions,
il sera bon d'indiquer un argument que l'on a invoqué, afin
d'aplanir les difficultés déjà indiquées pour les planètes
qui se rapprochent le plus de la terre, comme dimensions
et distances du soleil.

L'Argument tiré des conditions extrêmes de la Terre

Contre l'évidence montrant la délicatesse des adaptations requises pour le développement de la vie, l'on objecte souvent que cette dernière existe de nos jours sous des conditions absolument opposées, la chaleur tropicale et les neiges arctiques : dans le désert brûlant, comme dans la forêt imprégnée de chaleur moite et tropicale, dans l'air comme dans l'eau ; sur de hautes montagnes aussi bien que dans les plaines basses. Cela est vrai, sans doute, mais ne prouve point que la vie puisse s'être développée dans un monde généralement caractérisé par ces extrêmes de température. Les déserts sont habités, parce qu'il s'y trouve des oasis où l'eau est accessible, aussi bien que dans les contrées fertiles environnantes. Les régions arctiques sont habitées, parce qu'elles possèdent un été, et que, durant l'été, il s'y trouve de la végétation. Si la surface du sol était toujours gelée, il n'y aurait ni végétation, ni vie animale.

Feu M. R. A. Proctor a fort bien mis en lumière cet argument de la diversité des conditions, par laquelle la vie existe actuellement sur la terre. Il parle comme suit : « Lorsque nous étudions les conditions variées dans lesquelles la vie suit son cours, de telle façon qu'aucune différence dans les relations climatériques ou d'altitudes de pays, d'air, d'eau ou de sol, ou de degré de salure de l'eau, ou de densité dans l'air, ne semble nuire à la vie, nous sommes forcés de conclure que la capacité de maintenir celle-ci s'étend à un haut degré dans la nature ».

Cela est vrai, mais sous certaines réserves. La seule espèce animale qui puisse vraiment vivre sous les conditions les plus variées, c'est l'homme, et il ne peut le faire que grâce à son intelligence qui le rend maître de la nature. Aucun animal inférieur n'a ce privilège, et la diversité des conditions n'est pas si grande qu'elle paraît l'être. Les limi-

tes strictes ne sont nulle part dépassées d'une façon constante, il y a toujours le changement de l'hiver à l'été et la
possibilité d'émigrer vers des pays plus hospitaliers.

Les grandes Planètes sont toutes inhabitables

Après avoir démontré que les conditions de Mars, relativement à l'eau, à l'atmosphère et à la température, sont
tout à fait incapables de conserver la vie, opinion pleinement confirmée par les principes généraux et par les exa-
mens télescopiques, passons aux planètes extérieures, lesquelles, disons-le, ont été depuis longtemps mises de côté
par les partisans les plus ardents de la vie dans les autres
mondes.

Leur éloignement du soleil — Jupiter étant même cinq
fois plus distant de ce dernier que la terre, et n'en recevant
de ce fait qu'un vingt-cinquième de la lumière et de la chaleur que nous recevons par unité de surface, — cet éloignement, dis-je, rend presque impossible, même s'il existait
dans d'autres conditions favorables, la supposition qu'elles
possèdent des températures de surface appropriées aux
nécessités de la vie organique.

Leurs très faibles densités, combinées avec leurs fortes
dimensions, prouvent qu'aucune d'elles ne possède de surface solide ou même les éléments constitutifs de cette dernière.

Il est à supposer que Jupiter et Saturne, de même que
Neptune et Uranus, gardent une forte somme de chaleur
interne, mais qui n'est cependant pas suffisante pour conserver à l'état de vapeurs les éléments métalliques et autres
dont sont formés la terre et le soleil; s'il en était ainsi, ils
seraient des étoiles planétaires et brilleraient de leur propre éclat. Et si une portion considérable quelconque de
leur masse consistait en ces éléments à l'état solide, ou
liquide, leurs densités seraient nécessairement bien plus
grandes que celle de la terre, au lieu d'être moindres. Jupi-

ter n'a qu'une part de la densité de la terre, Saturne un huitième, tandis qu'Uranus et Neptune possèdent des densités intermédiaires, bien que leur volume soit bien inférieur à celui de Saturne.

Il résulte de tout ceci que le système solaire consiste en deux groupes de planètes qui diffèrent grandement l'un de l'autre. Le groupe extérieur des quatre grandes planètes est presque entièrement gazeux et consiste probablement en gaz permanents, de ceux qui ne peuvent être liquéfiés ou solidifiés qu'à une température très basse.

Quant au groupe extérieur, composé de quatre planètes, il est absolument autre que le précédent. Celles-ci sont de petites dimensions, la terre étant la plus grande. Toutes ont une densité à peu près proportionnée à leurs dimensions. La Terre est la plus grande et la plus dense du groupe; non seulement elle est située à la distance requise du soleil, dont la chaleur permet à l'eau de rester à l'état liquide sur presque toute sa surface, mais elle possède de nombreuses particularités qui maintiennent une température très égale, et cela dès le début des énormes périodes géologiques nécessaires au développement de la vie terrestre.

Nous avons déjà montré qu'aucune planète ne possède actuellement ces traits distinctifs, et il est presque certain que, de même qu'elles ne les ont jamais possédés dans le passé, il en sera ainsi pour l'avenir.

Dernier argument en faveur de l'habitabilité des Planètes

Bien qu'il ait été admis, par M. Proctor et par d'autres astronomes, que la plupart des planètes ne sont pas actuellement habitables, elles peuvent cependant, dit-on, l'avoir été dans le passé, ou pourront le devenir. Certaines d'entre elles sont, pour l'instant, trop brûlantes; d'autres, trop froides; d'autres sont dépourvues d'eau; d'autres encore en ont trop; mais toutes suivent leurs évolutions déterminées, et, durant certains de ces stages, la vie peut y avoir été possible.

Cet argument, quoique vague, frappera quelques lecteurs; c'est pourquoi j'estime qu'il faut y répondre. Cela est d'autant plus nécessaire que plusieurs astronomes l'invoquent encore.

Dans une critique de mon article, tirée de la *Fortnightly Review*, M. Camille Flammarion, de l'Observatoire de Juvisy, déclare avec emphase: « Oui, la vie est universelle et éternelle, car le temps est un de ses facteurs. Hier, c'était la lune, aujourd'hui la terre, demain, Jupiter. Dans l'espace, il y a à la fois des berceaux et des tombes ».

On suggère ainsi l'idée que la lune fut un jour habitée, et que Jupiter le sera dans un avenir éloigné ; mais l'on n'essaie nullement de tenir compte de l'absence des conditions physiques essentielles qui les rendent, non pas seulement de nos jours, mais constamment, incapables de développer et de maintenir une vie terrestre ou aérienne. Cette vague supposition, — qui peut à peine passer pour un argument, — concernant l'adaptation passée ou future, pour la vie, de toutes les planètes et de quelques satellites du système solaire, est battue en brèche par une objection générale, à laquelle les partisans de cette supposition ne paraissent avoir accordé aucune attention.

Comme ladite objection ne fait que confirmer la croyance à la position unique de la terre dans le système solaire, il sera nécessaire de nous y arrêter un instant.

Limite de la Chaleur solaire

Chacun sait que, depuis un demi-siècle, il existe une profonde divergence d'opinions entre les géologues et les physiciens, au sujet de la durée de la vie sur la terre.

Les géologues, fortement impressionnés par les résultats fort lents produits par l'usure des rochers et par les dépôts dans les mers et les lacs, lesdits dépôts tantôt se soulevant pour former la terre sèche, tantôt se dilatant sous l'influence du vent et de la pluie, du froid et du chaud, de la neige et de la glace, pour se mouler en collines, en vallées, puis en longues chaînes de montagnes; ces savants, frappés, dis-je, par le fait que les plus hautes montagnes, sur le globe entier, montrent souvent à leurs sommets des roches stratifiées, qui contiennent des organismes marins, ayant été à l'origine formées dans les mers, et bien plus encore par le fait que les plus vastes montagnes sont souvent les plus récentes, et que ces grands sillons à la surface de la terre ne sont que les résultats les plus récents de forces à l'œuvre au travers de tous les temps généalogiques, ces savants, dis-je, étudiant durant leur vie entière tous ces changements, sont arrivés à la conclusion que ces énormes périodes ne peuvent être mesurées que par des cinquantaines ou par des centaines de millions d'années.

L'étude collatérale des restes fossiles, dans les longues séries de formations rocheuses, renforce cette opinion. A l'époque de l'histoire de l'homme, et, auparavant, dans les temps préhistoriques où il vivait déjà, « bien que plusieurs espèces d'animaux fussent éteints, nous n'avons pas de preuve qu'aucune espèce nouvelle se soit développée.

Toutefois, cette ère humaine, autant du moins qu'elle est connue, si l'on remonte à la période glaciaire, et probablement plus haut, ne peut pas être évaluée à moins d'un million, et peut-être de plusieurs millions d'années ; et, comme il a dû survenir, durant cette époque, de considérables variations de niveau, des vallées creusées, le dépôt de vastes lits de gravier et d'autres changements superficiels, on a pu obtenir une sorte d'échelle de mesure pour les temps géologiques, en comparant les changements très minimes arrivés durant la période historique.

Cette échelle, évidemment fort imparfaite, vaut mieux qu'aucune, et c'est en comparant ces transformations minimes avec d'autres infiniment plus importantes, qui se sont effectuées durant chaque étape successive, si l'on remonte à l'époque géologique, que l'on a pu arriver à l'estimation de ces âges.

Ces idées sont partagées par les paléontologues, pour qui le vaste panorama des formes supérieures de la vie est une constante réalité. Dès que l'on passe au dernier stage de la période tertiaire, — le pliocène de sir Charles Lyell, — apparaissent dans le monde entier de nouvelles formes de la vie, qui sont évidemment les précurseurs de beaucoup d'espèces existant encore de nos jours ; et si l'on remonte quelque peu, dans le miocène, surgissent des preuves d'un climat plus chaud en Europe, avec un grand nombre de mammifères, pareils à ceux qui habitent actuellement les tropiques, mais appartenant à des espèces, et parfois même à des genres et familles tout à fait spéciaux. Et ici même, quoique nous ne soyons parvenus qu'à la moitié de la période tertiaire, les changements de vie, de climat et de surfaces terrestres sont si grands, comparés avec ceux qui sont survenus durant la période humaine, qu'ils nous obligent à multiplier bien des fois le temps écoulé.

Et cependant, la période tertiaire, durant laquelle tous les grands groupes d'animaux supérieurs naquirent de quelques formes ancestrales, généralisées et peu nombreuses, est de beaucoup la plus courte des trois grandes phases géologiques, la période mésozoïque ou secondaire, avec ses vastes transformations dans l'écorce terrestre et dans les formes de la vie, ayant été bien plus longue.

Quant à la période paléozoïque ou primaire, qui nous reporte, par les restes fossiles, aux premières formes de la vie, cette période, dis-je, a toujours été estimée par les géologues aussi longue et probablement bien plus longue que les deux autres réunies.

D'après ces considérations, les savants qui ont calculé les âges géologiques, dès la période des premières roches à fossiles, sont arrivés à la conclusion qu'il faut compter sur une somme de 200 millions d'années. Toutefois, d'après la variété des formes de la vie à cette époque reculée, on doit conclure qu'il faut compter une durée beaucoup plus longue pour la période entière de la vie.

En parlant de la faune marine variée de l'époque cambrienne, le professeur Ramsay s'exprime comme suit : « A cette première époque de la vie, rien ne prouve que cette dernière ait été le début des séries zoologiques. Pris dans leur sens le plus large et comparés, au point de vue biologique, avec ce qui s'est passé auparavant, tous les phénomènes liés à cette période reculée, paraissent, à mon avis, appartenir à une description tout à fait récente ; les climats des mers et des continents étaient de même sorte que ceux qui se présentent à nous à l'époque actuelle ».

Le professeur Huxley s'exprime, de son côté, en ces termes : « Si les légères différences que l'on peut discerner, entre les crocodiles des anciennes formations secondaires et celles du temps présent, peuvent servir de jalons pour calculer un taux moyen de changement chez les reptiles, il est stupéfiant de constater combien haut il faut remonter dans les temps paléozoïques, avant d'espérer atteindre l'ancêtre commun dont sont dérivés les crocodiles, les lézards, les ornithocélides et les plésiosaures, qui avaient atteint un développement si grand à l'époque triasique ».

D'autre part, en opposition à ces exigences presque unanimes des géologues, les plus célèbres physiciens, après avoir bien étudié à fond les ressources possibles de la chaleur solaire, et connaissant son degré de chaleur actuel, déclarent avec une conviction absolue que notre soleil ne peut pas avoir existé, comme corps émettant de la chaleur, durant une période aussi longue ; par conséquent, ils réduisent d'environ un quart du chiffre indiqué par les géologues, la période durant laquelle la vie a régné sur la terre.

Lord Kelvin écrit, dans un article récent : « Maintenant, nous pouvons prouver, au moyen de faits irréfutables, que toute la vie lumineuse de notre soleil peut être évaluée au taux fort modéré de 50 à 100 millions d'années (*Phil. Mag.*, vol. II, sér. 6, p. 175, août 1901.) » Dans ma *Vie des Iles* (chap. X), j'ai moi-même indiqué mes raisons pour croire que les changements, soit stratigraphiques, soit biologiques, peuvent s'être effectués plus rapidement qu'on ne l'a supposé jusqu'ici, et que la durée géologique (c'est-à-dire le temps durant lequel le développement de la vie s'est accompli sur la terre), peut être réduit, de façon à être ramené à la période maximum indiquée par les physiciens; en tout cas, les planètes dépendant de notre soleil, dont la durée d'habitabilité est déjà écoulée ou à venir, ne peuvent pas avoir ou avoir eu suffisamment de temps pour l'évolution, forcément lente, des formes supérieures de la vie.

D'autre part, les physiciens estiment que le soleil est en train de se refroidir, et que, dans l'avenir, la vie sera bien moins intense que durant le passé.

Dans un discours à l'Institut Royal (publié dans les *Séries de la Nature*, en 1819), lord Kelvin dit ceci : « Il serait téméraire d'affirmer comme dépassant vingt millions d'années la lumière solaire pour le passé terrestre, ainsi que de compter plus de cinq à six millions desdites années pour l'avenir ».

Ces extraits montrent qu'à moins de supposer que les géologues et les physiciens se trompent grandement dans leurs calculs sur le passé et l'avenir du soleil, il y a de grandes difficultés à les harmoniser ou à tenir compte des faits actuels de l'histoire géologique de la terre et de tout son développement vital. Nous sommes donc de nouveau ramenés à la conclusion qu'il n'y a point de temps superflu ; que toute la période vitale passée du soleil a été utilisée pour le développement de la vie terrestre, et que l'avenir sera juste suffisant pour l'accomplissement du grand drame de l'histoire humaine et pour le développement des capacités parfaites de la nature morale et mentale de l'homme.

Nous avons donc ici, et à un point de vue tout à fait différent de ceux énumérés jusqu'ici, un puissant argument en faveur de l'idée que la place de l'homme dans le système solaire est *unique*, et qu'aucune planète n'a pu ni ne pourra développer des séries vitales aussi complètes que celles mises au jour actuellement par la terre.

Même si elles eussent joui de conditions plus favorables que d'autres planètes, Mercure, Vénus et Mars n'eussent pu conserver des états constants d'assez longue durée pour le développement de la vie, puisque, depuis des âges inconnus, elles doivent avoir lentement atteint leur état actuel, impropre à la vie.

Pour Jupiter et pour les planètes situées au delà, s'il faut supposer que le développement parfait ne sera accompli que dans un futur lointain, lorsque ces planètes seront assez refroidies pour y permettre l'existence humaine, elles ne seront alors que faiblement éclairées et réchauffées par un soleil mourant, et se transformeront évidemment en blocs de glace. C'est là l'enseignement que nous donne la véritable science du xxᵉ siècle. Cependant, il se trouve des astronomes, ceux-là même qui, par leur position, devraient tenir compte des enseignements si précieux des sciences sœurs, qui ne craignent pas d'émettre des élucubrations dans le genre de celle-ci :

« Dans le système solaire, notre petite terre n'a pas obtenu de la nature des avantages bien remarquables, et le désir de confiner la vie dans le cercle de la chimie terrestre me paraît étrange ».

Et encore : « L'infini nous environne de toutes parts ; la vie s'affirme universelle et éternelle, notre existence n'est qu'un instant passager, la vibration d'un atome dans un rayon de soleil, et notre planète n'est qu'une île flottant dans l'archipel céleste, auquel aucune pensée ne pourra jamais fixer de limites ».

A la place de ces phrases creuses et tourbillonnantes, je me suis efforcé de citer les sobres conclusions des premiers savants et des penseurs sur la nature et l'origine du monde que nous habitons, et de l'univers qui nous entoure. A mes lecteurs de décider quel est le guide le plus sûr à suivre.

CHAPITRE XV

Les Étoiles ont-elles des systèmes planétaires ? — Sont-elles utiles ?

La plupart de ceux qui ont écrit sur la pluralité des mondes, de Fontenelle à Proctor, prenant en considération le nombre immense des étoiles et leur inutilité apparente à l'égard de notre monde, ont déclaré que plusieurs d'entre elles doivent posséder des systèmes de planètes évoluant autour d'elles, et qu'une partie de celles-ci, tout au moins, doivent contenir des habitants, les uns inférieurs, les autres supérieurs à notre race humaine.

. L'un de nos astronomes modernes, bien connu, dans ses écrits d'il y a dix ans, soutient le même point de vue. Il dit :

« Les soleils que nous nommons étoiles n'ont évidemment pas été créés en notre faveur. Ces astres n'offrent aucun avantage pratique aux habitants de la terre. Ils ne nous donnent que très peu de lumière ; un petit satellite additionnel — de dimension inférieure à la lune — nous serait, sous ce rapport, bien plus utile que les millions d'étoiles révélées par le télescope. Donc, elles doivent avoir été formées pour quelque autre but...

« Il nous faut, par conséquent, conclure, selon toute probabilité, que les étoiles — au moins celles munies de spectres du type solaire, — forment des centres de systèmes planétaires assez semblables aux notres ».

Après cela, l'auteur discute les conditions nécessaires à la vie, analogues à celles de notre terre, telles que la température, la rotation, la masse, l'atmosphère, l'eau, etc. C'est le seul, à ma connaissance, qui ait examiné ces conditions : mais il y touche très brièvement, et il arrive à cette conclusion, à savoir que, dans le cas des étoiles du type solaire, il est probable qu'une seule étoile, située à une distance convenable, serait qualifiée pour posséder la vie. Il admet en gros qu'il existe environ dix millions d'étoiles de ce type, c'est-à-dire ressemblant tout à fait au soleil, et que, si seulement un sur dix de ceux-ci possède, à la bonne distance et dans de favorables conditions, une seule planète, il y aura un million de mondes qualifiés pour le maintien de la vie animale.

Il en infère donc qu'il existe probablement beaucoup d'étoiles ayant des planètes habitées et évoluant autour d'elles. L'auteur néglige toutefois bien des remarques, qui tendent à réduire considérablement ses calculs. Il est reconnu aujourd'hui que d'énormes quantités d'étoiles de faibles grandeurs sont plus rapprochées de nous que la plupart des étoiles de première et de seconde grandeur, de sorte qu'il est à présumer que celles-ci, ainsi qu'une majeure portion de très faibles étoiles télescopiques, sont réellement de petites dimensions.

Nous avons la preuve que beaucoup des plus brillantes étoiles sont infiniment plus grandes que notre soleil, mais il en existe probablement un nombre dix fois supérieur de beaucoup plus petites.

Nous avons vu que toute la période antérieure de notre soleil, émettant la chaleur et la lumière, a suffi tout juste à développer la vie sur la terre. Toutefois, la durée du pouvoir calorifique du soleil dépend surtout de sa masse, ainsi que de ses éléments constitutifs. C'est pourquoi il arrive que des soleils infiniment plus petits que le notre sont, uniquement pour cette raison, incapables de donner, pour un temps suffisant et d'une façon assez uniforme, la chaleur et la lumière nécessaires, indispensables au développement vital sur les planètes, même si celles-ci étaient à une distance convenable, et possédaient les nombreuses et minutieuses conditions d'équilibre que j'ai montré être nécessaires.

Enfin, nous devons classer dans les régions impropres au développement vital, celle de la Voie lactée tout entière; il y a là des forces puissantes à l'œuvre, prouvées par l'énorme dimension de beaucoup d'étoiles, leur grande puissance calorifique, la foule d'étoiles et de masses nébuleuses, le grand nombre d'amas stellaires, et surtout, parce que cette région est celle des « nouvelles étoiles », ce qui implique des collisions entre de vastes masses, suffisamment grandes pour être visibles à l'énorme distance qui nous en sépare, mais, cependant, très petites, comparées avec des étoiles dont la durée de lumière doit être mesurée par des millions d'années.

La Voie lactée est donc le théâtre d'une puissante activité et d'un mouvement considérable; elle est relativement remplie de substances qui subissent de continuels changements; c'est pourquoi elle n'est pas suffisamment en repos durant d'assez longues périodes pour pouvoir posséder des mondes habitables.

En conséquence, il nous faut limiter les systèmes planétaires favorables au développement vital, aux étoiles situées à l'intérieur du cercle de la Voie lactée, et fort éloignées d'elle, c'est-à-dire de celles composant le groupe solaire. On a estimé que le nombre de ces dernières pouvait atteindre de quelques cents à bien des milliers d'étoiles, bien faible chiffre, en tout cas, comparé « aux centaines de millions » de l'univers stellaire entier. Là même, nous voyons qu'une partie seulement du tout conduit au but que nous recherchons.

Le professeur Newcomb, ainsi que quelques autres

astronomes, arrive à la conclusion que les étoiles, en général, possèdent, relativement à la lumière qu'elles émettent,
une masse bien inférieure à celle de notre soleil; et, après
un long débat, il conclut, en disant que les plus brillantes
étoiles sont, en moyenne, bien moins denses que ce dernier. C'est pourquoi il est à présumer qu'elles ne peuvent
rayonner de la lumière et de la chaleur pendant une aussi
longue période, et, comme dans le cas de notre soleil, cette
durée a été tout juste suffisante pour permettre le développement vital, il est peu probable que d'autres soleils aient
pu réunir les conditions requises.

Il y a plus; parmi ces étoiles possédant la même constitution physique que notre soleil, et ayant une masse égale
ou plus grande, une portion seulement de leur période
lumineuse serait favorable au maintien de la vie planétaire.
Durant leur processus de formation, par l'adjonction de
masses solides ou gazeuses, elles seraient sujettes à de telles fluctuations de température, ainsi qu'à de telles confla-
grations, en cas de collision avec une masse dépassant la
moyenne, que cette période entière, — peut-être la plus
longue de leur existence, — doit être laissée en dehors du
calcul des soleils producteurs de planètes.Cependant, ceux-
ci représentent pour nous des étoiles d'éclats divers.

Il est presque avéré que c'est seulement à la fin de la
croissance d'un soleil, et lorsque sa chaleur a atteint son
maximum, que la vie peut commencer à se développer sur
l'une des planètes existant à la distance requise, et sur
laquelle devront être réunies toutes les conditions nécessaires à la vie.

Je dois mentionner ici le fait qu'il existe, au delà de notre
groupe solaire, mais encore au dedans du cercle de la Voie
lactée, aussi bien que vers les pôles de celle-ci, un grand
nombre d'étoiles que je n'ai pas mentionnées. Toutefois ces
régions sont peu connues, du fait qu'il est impossible de
dire si ces étoiles sont situées dans la partie extérieure du

groupe solaire, .ou dans les régions au delà de ce dernier.

Quelques astronomes paraissent croire que ces régions peuvent être presque dénuées d'étoiles, et je me suis efforcé de représenter en deux diagrammes de l'univers stellaire, ce que l'on admet généralement sur ce point difficile.

Les régions situées au delà de notre groupe et au-dessus ou au-dessous du plan de la Voie lactée, sont celles où abondent les petites nébuleuses irréductibles, celles-ci paraissant indiquer que la formation solaire n'est pas encore en activité dans ces régions.

Les deux cartes illustrant les nébuleuses et les amas, à la fin du volume, confirment peut-être l'opinion que nous venons d'émettre.

Systèmes stellaires doubles et multiples

Nous avons déjà vu, au chapitre sixième, combien rapide et surprenante fut la découverte de ce que l'on nomme les étoiles binaires spectroscopiques, c'est-à-dire des paires d'étoiles si rapprochées qu'elles ne paraissent en former qu'une seule, même si on les observe au moyen des plus puissants télescopes.

Il n'y a que peu d'années que l'on a commencé d'étudier systématiquement lesdites étoiles, et cependant leur nombre s'accroît, de façon à étonner les astronomes. L'un des principaux pionniers dans ce champ de travail, le professeur Campbell, de l'observatoire de Lick, a émis l'opinion que, à mesure que progressera l'exactitude dans les calculs, ces découvertes continueront sans fin, jusqu'à ce que l'on trouve une étoile qui ne soit pas une binaire spectroscopique, celle-ci constituant une exception. D'autres éminents astronomes partagent la même opinion.

On admet toutefois généralement que ces systèmes so-

laires à courtes révolutions doivent être placés hors de la
catégorie des soleils produisant la vie. Les perturbations
mutuelles causées par les marées doivent être énormes, et
nuire ainsi au développement des planètes, à moins
qu'elles ne soient très rapprochées de chaque soleil, et placées par cela même dans des conditions vitales défavorables.

Nous constatons donc que le résultat des recherches
stellaires les plus récentes est entièrement opposé à l'ancienne théorie, à savoir que les myriades innombrables
d'étoiles possèdent toutes des planètes évoluant autour
d'elles, et que le dernier but de leur existence est de maintenir la vie, de même que pour notre soleil de conserver
notre vie terrestre. Cela est si loin d'être le cas, qu'il faut
mettre de côté un grand nombre d'étoiles qui ne sont absolument pas qualifiées pour remplir ce but; et lorsque, par
des éliminations successives, nous avons réduit ce nombre
à quelques millions et même à quelques milliers, nous arrivons à la dernière frappante découverte, à savoir que l'entière cohorte stellaire contient des systèmes binaires en
nombre tellement progressif, que les premiers astronomes
arrivent à la conclusion qu'un jour les étoiles simples for-
meront une grande exception.

Cette stupéfiante généralisation supprimerait toutefois
d'un seul coup une forte proportion des étoiles: de ce fait
aussi, notre soleil, avec deux ou trois autres collègues en
plus, subsisterait seul pour le maintien de la vie sur quelqu'une des planètes évoluant autour de lui.

Mais nous ne savons pas réellement si ces étoiles existent, et, si elles existent, nous ignorons si elles possèdent
des planètes. En admettant que ce soit le cas, celles-ci peuvent n'être pas à une bonne distance, ou ne pas posséder
une masse suffisante pour rendre la vie possible. Si ces
conditions élémentaires étaient remplies, et s'il s'en trouvait, non pas même une ou deux, mais une douzaine ou

plus, pouvant remplir les premières conditions essentielles, quelle chance y aurait-il que les autres conditions et adaptations, en un mot, tout l'équilibre si parfait entre des forces opposées, toutes choses que nous avons vues prédominer sur la terre, et dont la combinaison est due à des circonstances exceptionnelles, comment tout cela, dis-je, pourrait-il exister à nouveau sur quelques planètes entourant ce soleil problématique ?

J'admets que les probabilités sont actuellement toutes du côté de mes contradicteurs. Aussi longtemps que nous pouvions affirmer que toutes les étoiles ressemblaient, pour l'essentiel, à notre soleil, il paraissait presque ridicule de supposer que celui-ci pût seul être en état de maintenir la vie.

Toutefois, lorsque nous constatons que d'énormes séries, telles que les étoiles gazeuses de petite densité, les étoiles solaires en formation de croissance et de chaleur, les étoiles sensiblement plus petites que notre soleil, les nébuleuses, probablement toutes les étoiles de la Voie lactée, et, enfin, le vaste groupe des doubles spectroscopiques — verges d'Aaron, qui menacent d'absorber tout le reste, — que toutes celles-là, dis-je, ne paraissent pas, et pour diverses raisons, posséder des planètes adaptées à la vie, alors il semble plus que probable que le nombre de soleils ayant des terres habitables comme annexes doit être fort restreint.

De même que l'habitat de toutes les planètes et des grands satellites, autrefois tenu pour certain, est maintenant mis de côté, tellement qu'en parlant de la vie dans les systèmes stellaires, M. Gore estime qu'une seule planète par soleil peut être habitable, de la même façon, dis-je, il se vérifiera un jour que plus on étudiera de près les myriades d'étoiles, plus le nombre de celles que l'on suppose pouvoir éclairer et réchauffer des mondes habitables sera restreint.

Et si, à cette probabilité fort limitée, nous ajoutons celle-ci, encore plus problématique, à savoir qu'une même planète puisse réunir toutes les conditions requises pour le plein épanouissement de la vie, l'hypothèse, par laquelle la terre seule a pu offrir ce plein développement, sera considérée, non plus comme une rêverie, mais comme une réalité.

TOUTES LES ETOILES NOUS SONT-ELLES UTILES ?

Lorsque, dans ma première publication sur ce sujet, j'émis l'idée que certaines émanations provenant des étoiles pouvaient être salutaires ou nuisibles, et qu'une position centrale avait son importance quant à l'équilibre de ces émanations, l'un de mes critiques astronomes traita cette idée avec mépris, et déclara « que nous pourrions voyager à travers l'espace sans perdre autre chose que ce que nous perdons, lorsque la nuit est sombre et sans étoiles ».

Mon adversaire ne donne aucune preuve; il se contente d'affirmer, comme en présence d'un fait absolu. Il sera donc nécessaire de nous assurer des phénomènes en cause. Les astronomes sont tellement préoccupés du vaste nombre et de la variété des phénomènes présentés par l'univers stellaire et par les problèmes ardus qui en dépendent, que des recherches secondaires, mais ayant cependant leur importance, ont été fort négligées par eux. Ainsi, je citerai, comme exemple, la détermination de la quantité de chaleur ou d'autre radiation active que nous recevons des étoiles ; les résultats de quelques observations sur ce point sont fort intéressantes.

En 1900 et 1901, M. E. F. Nichols, de l'observatoire de Yerkes, fit une série d'expériences avec un radiomètre de construction spéciale, pour déterminer la chaleur émise par certaines étoiles. Le résultat obtenu fut le suivant : Véga donna 1/200.000.000ᵉ de la chaleur d'une bougie à un mètre de distance, et Arcturus environ deux fois et demie autant.

En 1895 et 1896, M. G. M. Minchin fit une série d'expériences sur « la mesure électrique de la lumière stellaire », au moyen d'un élément ou d'une cellule photo-électrique de construction spéciale, laquelle est sensible à l'ensemble des rayons du spectre, ainsi qu'à quelques rayons infra-rouges et ultra-violets. Cet instrument fut combiné avec un électromètre très délicat. Le télescope employé à concentrer la lumière était un réflecteur d'environ soixante centimètres d'ouverture.

M. Minchin fut secondé dans ces expériences par feu le professeur G. F. Fitzgérald, de *Trinity College*, à Dublin, ce qui offre une garantie de plus en faveur de l'exactitude de ces observations. Voici les principaux résultats obtenus:

La surface sensible sur laquelle la lumière stellaire était concentrée avait 1 millim. 3 de diamètre. C'est pourquoi il faut diminuer, dans cette table, la somme de lumière de bougie, en proportion du carré du diamètre du miroir, c'est-à-dire dans la proportion de 1 à 230.400.

Si nous faisons la réduction nécessaire, en ce qui concerne Véga, et si nous égalisons aussi la distance à laquelle la bougie était placée, nous trouvons les résultats ci-après:

OBSERVATEUR	ÉTOILE	Pouvoir de la bougie à 3 mètres
Minchin.	Véga.	$\dfrac{1}{162.250}$
Nichols.	Véga.	$\dfrac{1}{220.000\,000}$

Cette énorme différence est, sans doute, due au fait que l'appareil de M. Nichols mesurait seulement la chaleur. tandis que celui de M. Minchin enregistrait presque tous les rayons. Et cela est encore démontré par le fait que, tandis que M. Nichols trouva qu'Arcturus était une étoile rouge, plus chaude que Véga, étoile blanche, M. Minchin, mesurant aussi l'émission de la lumière et quelques rayons chimiques, constata que Véga était bien plus énergique qu'Arcturus.

Ces comparaisons font aussi supposer que d'autres modes de calcul pourraient donner des résultats plus importants; mais l'on devra aussi convenir, d'autre part, que d'aussi minimes résultats ne doivent avoir aucune influence sur le monde organique. Il faudrait pourtant tenir compte de certaines observations. M. Minchin remarque le fait imprévu que Betelgeuse produit le double de l'énergie électrique de Procyon, étoile beaucoup plus brillante que la première. Cela indique que beaucoup d'étoiles de faibles dimensions visuelles peuvent produire une grande somme d'énergie, et cette énergie, que nous savons maintenant pouvoir prendre des formes étranges, paraîtrait devoir exercer une influence sur la vie organique.

Quant à l'argument mis en avant, à savoir que la somme de cette énergie est trop faible pour être appréciable, nous savons que la très minime somme de lumière provenant des plus petites étoiles télescopiques produit des changements assez sensibles sur une plaque photographique, pour qu'il se forme des images distinctes, avec des réflecteurs et des lentilles relativement faibles, et moyennant une exposition de deux ou trois heures. Et si ce n'était la lumière diffuse du ciel environnant, qui agit aussi sur la plaque et efface les images faibles, des étoiles beaucoup plus petites pourraient encore être photographiées.

Nous savons qu'une partie des rayons seulement sont capables de produire ces résultats ; nous savons aussi que les étoiles émettent des radiations fort différentes, dont quelques-unes sont semblables aux rayons X et autres.

Remarquons aussi la variété infinie et l'instabilité extrême des produits protoplasmiques dans l'organisme vivant, dont plusieurs sont peut-être aussi sensibles aux rayons spéciaux que la plaque photographique. Nous ne sommes point limités ici à une action de quelques minutes ou de quelques heures, mais celle-ci peut durer nuit et jour, et se prolonger, lorsque le ciel est clair, durant des mois et des années. De ce fait, l'effet total de ces très faibles radiations peut devenir important. Il est probable que leur action serait plus marquée sur les plantes, et, ici, nous trouvons toutes les conditions requises pour son accumulation et son emploi dans la vaste expansion foliacée qui lui est présentée.

Un grand arbre doit offrir une surface feuillue considérable, en rapport avec sa taille ; remarquons ici que les buissons et les herbes ont souvent une surface feuillue de plus grande étendue que les objectifs de nos forts télescopes.

Certains processus d'une très grande complexité chimique, qui s'accomplissent dans les plantes, peuvent être facilités par ces radiations, et leur action s'accroître du fait que, venant de toutes les directions et de la surface entière du ciel, les rayons stellaires seraient en mesure d'atteindre et d'agir sur chaque feuille des plus épais feuillages.

La grande somme de croissance qui s'accomplit pendant la nuit peut être due, en partie, à cette cause. Il est évident que tout cela est hypothétique, mais je soutiens, en vertu du fait que la lumière des plus petites étoiles produit des changements chimiques distincts, que même les plus faibles effets caloriques sont mesurables, aussi bien que les forces électromotrices produites par eux; et de plus, que, lorsque nous considérons les millions, peut-être les centaines de millions d'étoiles, agissant toutes de concert sur un organisme qui peut être impressionné par elles, il ne faut point rejeter *a priori*, comme indigne d'attention, l'hypothèse concluant à leur influence possible.

Cependant, ce ne sont pas ces actions directes probables

des étoiles auxquelles j'attache beaucoup d'importance, en ce qui concerne notre position centrale dans l'univers stellaire. Une étude plus approfondie du sujet m'a convaincu de l'immense importance de cette position dans le monde physique, ainsi que l'ont déjà suggéré sir Norman Lockyer et d'autres astronomes.

En résumé, la position centrale paraît être la seule dans laquelle les soleils puissent avoir une stabilité, une durée suffisante pour le long cycle de développement vital nécessaire à l'une ou l'autre de leurs planètes.

Ce point sera développé dans le chapitre dernier et final.

CHAPITRE XVI

Stabilité du Système stellaire. — Importance de notre position centrale.

Une des plus grandes difficultés concernant le vaste système stellaire qui nous entoure, réside dans le problème de sa permanence et de sa stabilité, sinon absolue et indéfinie, du moins de période suffisamment longue pour justifier les nombreux millions d'années nécessaires au développement de notre vie terrestre.

Cette période, en ce qui concerne la terre, comme je l'ai démontré, a été constamment caractérisée par son extrême uniformité ; d'autre part, la persistance de cette uniformité devant durer encore quelques millions d'années, est aussi presque certaine.

Mais nos astronomes mathématiciens ne peuvent trouver aucune indication d'une telle stabilité dans l'univers stellaire considéré comme un tout, soumis à la seule loi de la gravitation.

En réponse à certaines questions sur ce sujet, mon ami, le professeur G. Darwin, écrivait ce qui suit: « Un système annulaire et symétrique de corps célestes pourrait évoluer en cercle, avec ou sans un corps central. Un tel système serait instable. Si les corps sont disposés en masses inégales et asymétriques, la rupture du système devra être probablement plus rapide que dans le cas idéal de la symétrie ».

18

Cela indiquerait que le grand système annulaire de la Voie lactée est instable. Mais, s'il en est ainsi, son existence devient un grand mystère. Bien que, vue en détail, sa structure paraisse fort irrégulière, elle est, en général, remarquablement symétrique, et il paraît impossible d'admettre que sa forme, généralement annulaire, puisse résulter d'une agrégation de matières issue, au hasard, de quelque forme différente et préexistante.

Les amas stellaires sont également instables, ou plutôt, rien ne peut être affirmé, quant à leur stabilité ou instabilité, au dire des professeurs Newcomb et Darwin.

M. E. T. Whittaker, secrétaire de la Société royale astronomique, auquel Darwin fit part de mes questions, écrivit ceci :

« Je doute fort que les phénomènes principaux de l'univers stellaire soient des conséquences de la loi de gravitation. J'ai étudié moi-même les nébuleuses en spirales, et j'ai à peu près trouvé une explication, mais elle est d'ordre électro-dynamique et pas gravitatif. En fait, l'on peut se demander si, lorsqu'il s'agit de corps aussi vastes que la Voie lactée ou les nébuleuses, le mouvement que nous appelons gravitation est produit par la loi de Newton; ajoutons ici que les formules ordinaires d'attraction électro-statique disparaissent, lorsque nous observons des masses se mouvant avec de très grandes vitesses ».

Tout en acceptant ces déclarations des deux mathématiciens, qui ont fixé spécialement leur attention sur de semblables problèmes, nous n'avons pas à nous limiter aux lois de gravitation, comme ayant déterminé la forme présente de l'univers stellaire : et ceci est d'autant plus important que, de ce fait, nous pouvons échapper à une conclusion que beaucoup d'astronomes croient inévitable, à savoir que les mouvements propres des étoiles que l'on a observés ne peuvent être expliqués par les formes gravitatives du système lui-même.

J'ai cité le calcul du professeur Newcomb, au chapitre huitième de son ouvrage, quant à l'effet de la gravitation dans un univers de 100 millions d'étoiles, chacune d'elles étant cinq fois plus grande que la masse de notre soleil, et répandues sur une sphère que la lumière mettrait 30.000 années à traverser; donc, un corps tombant de ses limites extérieures au centre pourrait tout au plus acquérir une vitesse de 40 kilomètres par seconde; c'est pourquoi tout corps placé dans n'importe quelle partie de cet univers, et possédant une vitesse plus grande, disparaîtrait dans l'espace infini. Comme plusieurs étoiles ont, à ce qu'il paraît, une vitesse bien supérieure à celle-ci, il s'ensuit que non seulement elles échapperont inévitablement à notre univers, mais que, comme leur grande vélocité doit avoir été acquise ailleurs, elles n'appartiennent point audit univers.

Telle semble avoir été l'opinion d'un astronome qui soutint que, même au taux de vitesse très modéré de notre soleil, nous serions en cinq millions d'années profondément engagés dans le courant actuel de la Voie lactée.

J'ai parlé déjà suffisamment de ce sujet, mais je désire maintenant présenter à mes lecteurs un bon exemple de l'importance de la remarque du professeur Huxley, à savoir que les résultats tirés du « moulin mathématique » dépendent entièrement de ce qu'on y met.

Dans le *Magasin philosophique* (janvier 1902), a paru un remarquable article de lord Kelvin, dans lequel il discute le même problème déjà étudié longtemps auparavant par Newcomb; mais, partant de prémisses différentes, également basées sur des faits avérés et sur les probabilités qui en découlent, — ce qui conduit à un résultat fort différent, — lord Kelvin suppose une sphère ayant un rayon tel qu'une étoile placée à sa périphérie aurait une parallaxe d'un millième de seconde (0",001), équivalant à une distance de 3.215 années de lumière.

Uniformément distribuée sur cette sphère, se trouve une masse égale à mille millions de soleils tels que le nôtre. Si cette masse est soumise à la gravitation, elle commencera à se mouvoir, au début, avec une extrême lenteur, surtout près de son centre; mais beaucoup de ces soleils pourraient, néanmoins, en vingt-cinq millions d'années, avoir acquis des vitesses de 20 à 30 kilomètres à la seconde, tandis que plusieurs auraient moins et d'autres plus de 120 kilomètres.

De telles vitesses concordent généralement avec celles des étoiles, ce qui fait supposer à Lord Kelvin qu'il peut y avoir là matière égale à mille millions de soleils dans la distance sus-nommée. Il affirme encore que si nous supposons l'existence de 10.000 millions de soleils dans la même sphère, il se produirait des vitesses bien plus grandes que celles d'étoiles connues; donc, il est probable que la masse est bien inférieure à 10.000 millions de fois la masse du soleil.

Il dit ensuite que, si la matière n'était pas uniformément distribuée dans la sphère, alors, quelle que fût son irrégularité, les mouvements acquis seraient plus grands, ce qui prouve de nouveau que les mille millions de soleils suffiraient amplement à produire les effets constatés pour la vitesse stellaire.

Lord Kelvin calcule aussi la distance moyenne qui sépare les mille millions d'étoiles, il la trouve être environ 480 millions de millions de kilomètres. L'étoile la plus rapprochée de notre soleil est à environ 42 millions de millions de kilomètres, et, comme cela paraît évident, elle est située dans la partie la plus dense du groupe solaire.

Ce fait compense largement le vide relatif de l'espace compris entre notre groupe et la Voie lactée, aussi bien que toute la région vers les pôles de ladite Voie (comme on peut le voir dans les diagrammes du chapitre IV), tandis que la densité relative de portions étendues de la Voie lactée elle-même peuvent contribuer à faire la moyenne.

Des écrivains anciens peuvent ainsi être arrivés à une conclusion opposée, en suivant les mêmes arguments, parce ce qu'ils sont partis d'assertions différentes.

Le professeur Newcomb, dont l'argument, énoncé il y a quelques années est généralement admis, estime qu'il y a 100 millions d'étoiles cinq fois plus grandes que notre soleil, égales à 500 millions de soleils au total, et il les distribue également sur une sphère de 30.000 années de lumière de diamètre. Il arrive ainsi à la moitié de la masse indiquée par Lord Kelvin, mais à près de cinq fois son étendue, le résultat étant que la gravitation ne pourrait produire qu'une vitesse maxima de 40 kilomètres par seconde, tandis que, au dire de Lord Kelvin, une vitesse maxima de 110 kilomètres par seconde pourrait être produite, et même dépassée.

Par ce dernier calcul, nous estimons qu'il n'est point difficile de croire que la vitesse d'une étoile quelconque dépasse le pouvoir de gravitation à produire, parce que les valeurs indiquées ici sont le résultat direct de la gravitation, agissant sur des corps distribués presque uniformément au travers de l'espace.

Une distribution irrégulière, telle que nous la voyons partout dans l'univers, pourrait produire à la fois des vitesses plus grandes ou plus faibles; et si nous tenons ensuite compte des collisions et du rapprochement de grandes masses, résultant de ruptures explosives, nous arriverions à n'importe quel taux de vitesse; toutefois, ce mouvement étant produit par la gravitation au dedans du système, il pourrait également bien être contrôlé par les lois de cette dernière.

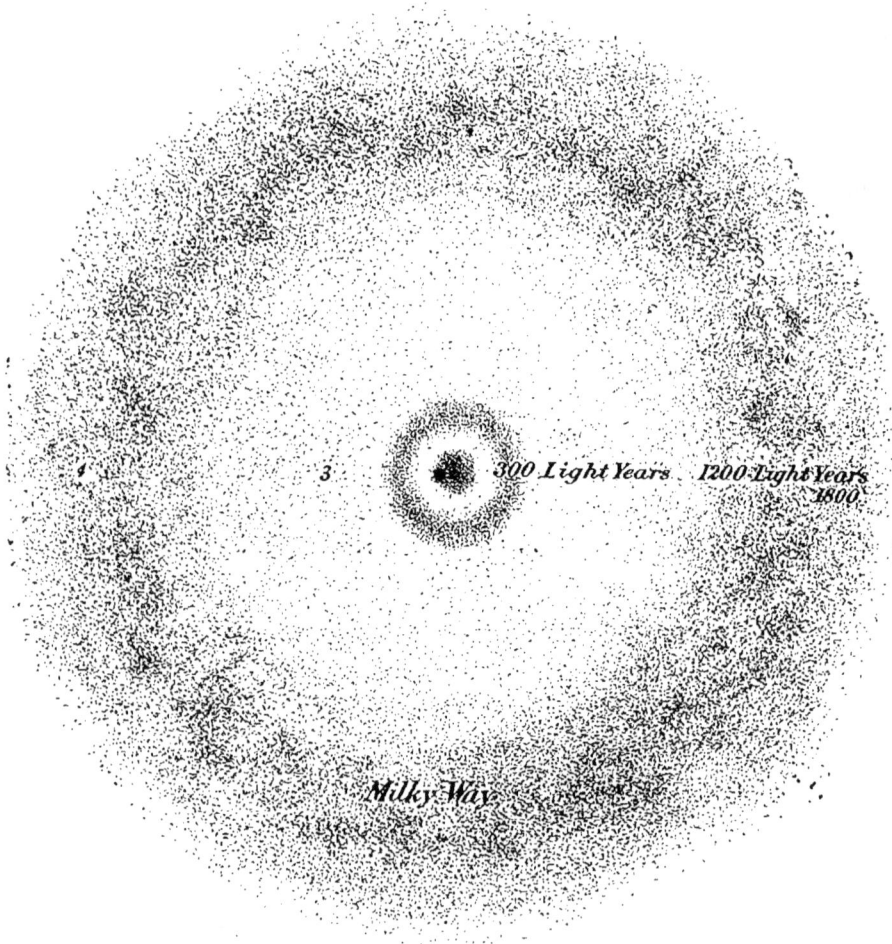

300 Light Years   1200 Light Years   1800

Milky Way

Univers stellaire.

Afin que mes lecteurs puissent mieux comprendre les calculs de Lord Kelvin, ainsi que les conclusions générales des astronomes, quant aux formes et aux dimensions de l'univers stellaire, j'ai dessiné deux diagrammes, l'un montrant en plan le plan central de la Voie lactée, l'autre, une section au travers de ses pôles. Tous deux sont à la même échelle, et ils montrent que le diamètre total au travers de la Voie lactée est de 3.600 années de lumière, environ la moitié du chiffre mis en avant par Lord Kelvin, pour son univers hypothétique.

Je fais cela parce que les dimensions données par lui sont suffisantes pour amener des mouvements près du centre, tels que les étoiles en possèdent maintenant, pour une période minima de 25 millions d'années, après l'arrangement initial qu'il suppose: à cette dernière époque que nous sommes supposés avoir actuellement atteinte, tout le système serait certes grandement réduit en étendue par des agrégations autour du centre. Ces dimensions semblent aussi s'accorder suffisamment avec les distances actuelles des étoiles jusqu'ici mesurées.

La plus faible parallaxe qui ait été calculée avec quelque certitude, selon la liste du professeur Newcomb, est celle de Gamma Cassiopée, qui est d'un centième de seconde (0"01'), tandis que Lord Kelvin n'en indique aucune d'inférieure à 0"01', toutes étant renfermées dans le groupe solaire tel que je l'ai expliqué.

Il doit être clairement compris que ces deux planches sont de simples diagrammes, destinés à montrer les traits principaux de l'univers stellaire, recueillis par les meilleurs informations, avec les dimensions proportionnelles desdits traits, pour autant que l'on peut faire concorder le fait de la distribution des étoiles avec les vues des astronomes qui ont voué à cette étude le plus d'attention.

On ne veut certainement pas dire par là que tout l'arrangement soit aussi régulier qu'il est ici exposé, mais on a essayé, et cela au moyen de l'ombre ponctuée, de représenter les densités relatives des portions différentes de l'espace autour de nous.

Quelques remarques sur ce point sont nécessaires.

Le groupe solaire est indiqué comme très dense à sa partie centrale, occupant un dixième de son diamètre, et c'est près de l'intérieur de ce centre que notre soleil est censé être placé. Au delà, paraît régner un espace vide, après lequel on retrouve la portion extérieure du groupe, consistant en étoiles, relativement très clairsemées, rappelant comme forme la belle nébuleuse annulaire de la Lyre, ainsi que l'ont suggérée plusieurs astronomes.

Cette forme annulaire a été passablement bien vérifiée; le professeur Newcomb, dans son livre récent sur les étoiles, donne la liste de toutes celles dont la parallaxe est un peu clairement connue. Il y en a soixante-neuf, et, en les classant selon la valeur de leurs parallaxes, je n'en trouve pas moins de trente-cinq qui possèdent des parallaxes entre 0,1 et 0,4 de seconde, montrant ainsi qu'elles constituent une part de la masse centrale; tandis que trois autres, de 0,4 à 0,75, indiquent les plus rapprochées de nous à l'heure actuelle, bien qu'elles soient encore à une énorme distance.

Les étoiles ayant des parallaxes de moins d'un dixième et jusqu'à un centième de seconde ne sont, en tout, qu'au nombre de trente et une, mais, comme elles sont dispersées sur une sphère ayant dix fois le diamètre, et par conséquent mille fois le volume de la sphère contenant celles qui sont placées au-dessus d'un dixième de seconde, elles devraient être infiniment plus nombreuses, même si elles étaient beaucoup plus clairsemées. Cependant, le point important est que nous avons 26 étoiles avec une parallaxe allant de 0,02 à 0,06, tandis qu'au-dessus de 0,06, nous n'avons que trois étoiles encore mesurées; et, comme elles sont dispersées dans toutes les directions, elles indiquent un espace presque vide, suivi par un anneau extérieur de densité moyenne. Dans l'énorme espace situé entre notre groupe et la Voie lactée, et aussi au-dessus et au-dessous de son plan, par rapport à ses pôles, les étoiles paraissent très clairsemées, peut-être plus denses dans le plan de la Voie lactée qu'au-dessus ou au-dessous d'elle, où les nébuleuses irrésolubles sont si nombreuses; il n'est pas improbable qu'il existe au delà de notre groupe, — et cela à une grande distance, — un espace presque vacant, mais cela ne peut être affirmé, jusqu'à ce qu'on ait trouvé le moyen de mesurer les parallaxes de un à cinq centièmes de seconde.

Ces diagrammes servent aussi à mettre en lumière un autre point important de la thèse que nous soutenons ici. En plaçant le système solaire près du bord extérieur de la portion dense et centrale du groupe solaire (lequel peut très plausiblement contenir une grande portion d'étoiles obscures, et présenter de cette façon beaucoup plus de densité qu'il ne nous paraît, vers le centre), on peut, dis-je, aisément supposer qu'il évolue avec les autres étoiles qui le composent, autour du centre de gravité du groupe; ladite force de gravitation peut être vingt ou cent fois plus grande que dans les autres portions du groupe, beaucoup moins denses et plus éloignées.

Le soleil, tel qu'il est indiqué sur le diagramme, est situé à trente années de lumière de ce centre, correspondant à une parallaxe d'un peu plus d'un dixième de seconde, avec une distance actuelle d'environ 300 millions de millions de kilomètres, soit à environ 70.000 fois la distance du soleil à Neptune.

Nous voyons, toutefois, que cette position est si peu distante du centre exact de tout l'univers stellaire, que si quelque influence salutaire est due à cette position centrale, par rapport à la Voie lactée, le soleil en bénéficiera peut-être tout autant que s'il était situé au centre actuel.

Mais s'il est vraiment situé, comme nous l'indiquons ici, il n'est point difficile de supposer que son mouvement propre l'entraîne d'un côté à l'autre de la Voie lactée en moins de temps qu'il n'en a fallu pour développer la vie sur la terre.

Et si le groupe solaire est réellement subglobuleux et

suffisamment condensé pour servir de centre de gravité,
afin que l'ensemble des étoiles du groupe évoluent autour
de lui, toutes les étoiles qui en dépendent et qui ne sont
pas situées dans le plan de son équateur — et de celui de la
Voie lactée — doivent évoluer obliquement sous divers
angles allant jusqu'à 90°. Ces nombreux mouvements
divergents, ainsi que les mouvements des étoiles plus rapprochées hors du groupe dont plusieurs doivent évoluer
autour d'autres centres de gravité, composés surtout de
corps obscurs, suffiraient peut-être à expliquer les mouvements en apparence excentriques de beaucoup de ces étoiles.

APPORT DE CHALEUR UNIFORME DÛ A LA POSITION CENTRALE

Nous arrivons maintenant à un point de grand intérêt,
concernant le problème que nous étudions. Nous avons
vu la grande différence existant entre les estimations des
géologues et celle des physiciens, quant au temps écoulé
durant le complet développement de la vie. Toutefois, la
position que nous avons trouvée pour le soleil, dans la portion extérieure du groupe stellaire central, peut faire de la
lumière sur ce problème.

Ce qu'il nous faut, c'est un moyen de maintenir la chaleur solaire durant les immenses périodes géologiques, qui
démontrent la merveilleuse uniformité de la température
terrestre, et, par là même, de la chaleur émise par le soleil.

Le grand anneau central avec sa masse condensée,
laquelle s'est probablement formée durant une période bien
plus longue que celle pendant laquelle le soleil a réchauffé
la terre, cet anneau, dis-je, doit avoir, durant tout ce temps,
exercé une attraction puissante sur les matières répandues
dans l'espace autour de lui, espace presque vide en comparaison de son passé.

Nous découvrons quelques rares vestiges de ces matières dans les nombreux essaims météoriques attirés dans notre système. Une position vers le bord de cette agrégation centrale de soleils serait évidemment très favorable à la croissance par adjonction de toute masse un peu considérable.

L'énorme distance en dehors des composantes extérieures du groupe (anneau extérieur), permettrait à une forte proportion de la substance météorique affluente de leur échapper, et alors, les soleils plus grands, situés près de la surface du groupe dense et intérieur, attireraient à eux la plus grande partie de cette substance (1).

Les diverses planètes de notre système furent sans doute édifiées à l'aide d'une part de la matière affluant près du plan de l'écliptique, mais encore davantage par de la matière venant de toutes les directions et attirée vers le soleil lui-même ou vers les soleils voisins.

Une certaine partie de cette matière s'unirait de suite à ces astres; d'autres masses, venant de directions différentes et se heurtant l'une l'autre, verraient leurs mouvements contrariés, et tomberaient de nouveau dans le soleil; et aussi longtemps que les masses affluentes ne seraient pas trop considérables, les lentes additions faites à la masse solaire, et l'augmentation de sa chaleur seraient suffisamment graduelles pour ne nuire en aucune façon à une planète située à la distance de la terre.

Ce que je tiens à dire ici, c'est que la plus grande portion de la masse de tout l'univers stellaire s'est vue, soit par la

1) Depuis la composition de ce chapitre, j'ai lu un article de Luigi d'Auria, traitant mathématiquement le « Mouvement stellaire », et je suis heureux de constater que, par des considérations très différentes, il a trouvé nécessaire de placer le système solaire à une distance du centre qui n'est pas très éloignée de la position que j'ai indiquée. Il s'exprime ainsi : « Nous avons de bonnes raisons de supposer que le système solaire est plutôt situé près du centre de la Voie lactée; et ce centre, suivant notre hypothèse, devant coïncider avec le centre de l'Univers; la distance présumée de 159 années de lumière n'est pas trop grande, et ne peut pas être beaucoup plus petite ». (Journal de l'Institut Franklin, mars 1903).

gravitation, soit par sa combinaison avec des forces électriques, comme l'avance M. Whittaker, attirée et concentrée dans le vaste anneau de la Voie lactée, lequel, — c'est
à présumer, — évolue lentement et a été de ce fait contrarié
dans son mouvement primitif vers la masse centrale de
l'univers stellaire.

La Voie lactée a probablement aussi attiré à elle les portions voisines des matériaux épars de tous côtés dans l'espace.

Si la vaste masse de matière, mise en avant par Lord
Kelvin, n'avait acquis aucun mouvement évolutif, mais
s'était sans cesse effondrée vers le centre de la masse, les
mouvements, développés à mesure que les corps les plus
distants se rapprochaient de la masse, eussent été extrêmement rapides; tandis qu'attirés dans toutes les directions,
ils se seraient agrégés de façon toujours plus dense, ce qui
aurait amené de graves collisions, circonstance éminem-
ment fatale à la stabilité et au développement de la vie sur
la terre.

Mais, dans les circonstances actuelles, c'est tout le contraire qui a lieu. La somme de matière restant entre notre
groupe et la Voie lactée étant relativement faible, l'agrégation de ceux-ci en soleils a continué toujours plus régulière et plus lente. Les mouvements acquis par notre soleil
et ses voisins ont été tempérés par deux causes :

1° Leur rapprochement du centre du groupe à agrégation lente, où le mouvement dû à la gravitation est le moins
considérable.

2° La légère attraction différentielle hors du centre, par
la Voie lactée, du côté le plus rapproché de nous. De même
cette action protectrice de la Voie lactée s'est répétée, sur
une plus petite échelle, par la formation de l'anneau extérieur du groupe solaire, lequel a, de la sorte, préservé le
groupe central lui-même d'une influence trop directement
exercée par une grande masse de matière.

Toutefois, bien que la matière composant la portion extérieure de l'univers originel ait été en grande partie agrégée dans le vaste système de la Voie lactée, il semble probable, peut-être même certain, qu'une portion de l'ensemble échappe à ses forces attractives, passe à travers ses nombreux espaces vides — indiqués par les fentes, les canaux et les taches sombres déjà décrits — et s'écoule ainsi sans encombre vers le centre de la masse du système entier.

La quantité de matière, atteignant ainsi le groupe central, au travers des énormes espaces vides au delà de la Voie lactée, peut paraître bien minime, comparée à la réserve gardée pour élever ce merveilleux système stellaire; mais sa grandeur totale pourrait être assez importante pour jouer un rôle principal dans la formation du groupe central des soleils. Elle affluerait vers l'intérieur d'une façon constante et, atteignant enfin le groupe solaire, elle posséderait une grande vitesse. Si donc, elle était largement répandue, consistant en masses de dimensions faibles et moyennes comparées aux planètes et aux étoiles, cette masse, dis-je, procurerait l'énergie nécessaire pour amener ces étoiles, lentement accrues, à l'intensité de chaleur nécessaire pour former les soleils lumineux.

Nous trouvons ici, je le crois, une explication plausible de la capacité prolongée de notre soleil, comme producteur de chaleur et de vie; il en existe probablement d'analogues, placés dans la même position au sein du groupe solaire. Ces derniers se sont accrus, au début, de la masse diffuse et à lents mouvements des portions centrales de l'univers originel; mais, à une période plus récente, ils se seront renforcés par un apport constant de matières venant des régions extérieures; de ce fait, ils ont acquis une vitesse assez grande pour produire et conserver la température requise pour un soleil tel que le nôtre, durant les longues périodes nécessaires à un développement continu de la vie.

L'énorme extension et la masse de l'univers originel,

composé de matière diffuse (ainsi que le dit Lord Kelvin) acquerrait, par conséquent, en ce qui concerne ce dernier résultat de l'évolution, une très grande importance, car, sans elle, les régions à lente évolution, relative et tempérée du centre, n'auraient pu produire et maintenir l'énergie nécessaire sous forme de chaleur; tandis que l'agrégation de la plus grande portion de cet anneau, évoluant de la Voie lactée, était également important, afin d'empêcher l'afflux trop grand et trop rapide de matière vers ces régions favorisées.

Il semble donc que, si nous admettons comme probable un système de développement, comme celui que je viens d'indiquer, nous pouvons discerner quelque peu l'influence des grands traits de l'univers stellaire sur l'heureux développement de la, vie. Ce sont, tout d'abord, ses grandes dimensions, la forme qu'il a acquise dans le vaste anneau de la Voie lactée, puis notre position, légèrement excentrique, par rapport à son centre. Nous savons que le système stellaire a acquis ces formes par le fait de conditions plus simples et plus générales. Nous savons être situés près du centre de ce vaste système. Nous savons que notre soleil a émis de la lumière et de la chaleur, presque uniformément, pendant des périodes incompatibles avec une rapide agrégation et un refroidissement également rapide, préconisés par les physiciens.

J'ai suggéré ici un mode de développement qui conduit à une très lente mais continuelle croissance des soleils plus centraux; à une fort longue période de puissance calorifique restant stationnaire ensuite et s'acheminant enfin vers une longue période de refroidissement graduel, période au début de laquelle notre soleil vient peut-être d'entrer.

Si nous revenons maintenant à la physique terrestre, j'ai montré que, grâce à la nature fort compliquée des détails requis pour rendre un monde habitable et lui conserver cet attribut durant le temps énorme nécessaire au développement vital, il est plus qu'improbable que ces conditions aient pu s'effectuer sur d'autres soleils ou planètes, même si celles-ci possédaient, soit notre situation favorable, soit nos dimensions et notre puissance calorifique.

Enfin, je déclare que tout l'ensemble des arguments que j'ai réunis amène à la conclusion suivante, à savoir que notre terre est certainement la seule planète habitée de notre système solaire, et que, de plus, il n'y a rien d'absurde à affirmer qu'afin de produire un monde exactement adapté, dans chaque détail, au développement régulier de la vie organique, ayant l'homme pour point culminant, un univers aussi vaste et complexe que celui qui existe autour de nous ne soit absolument nécessaire.

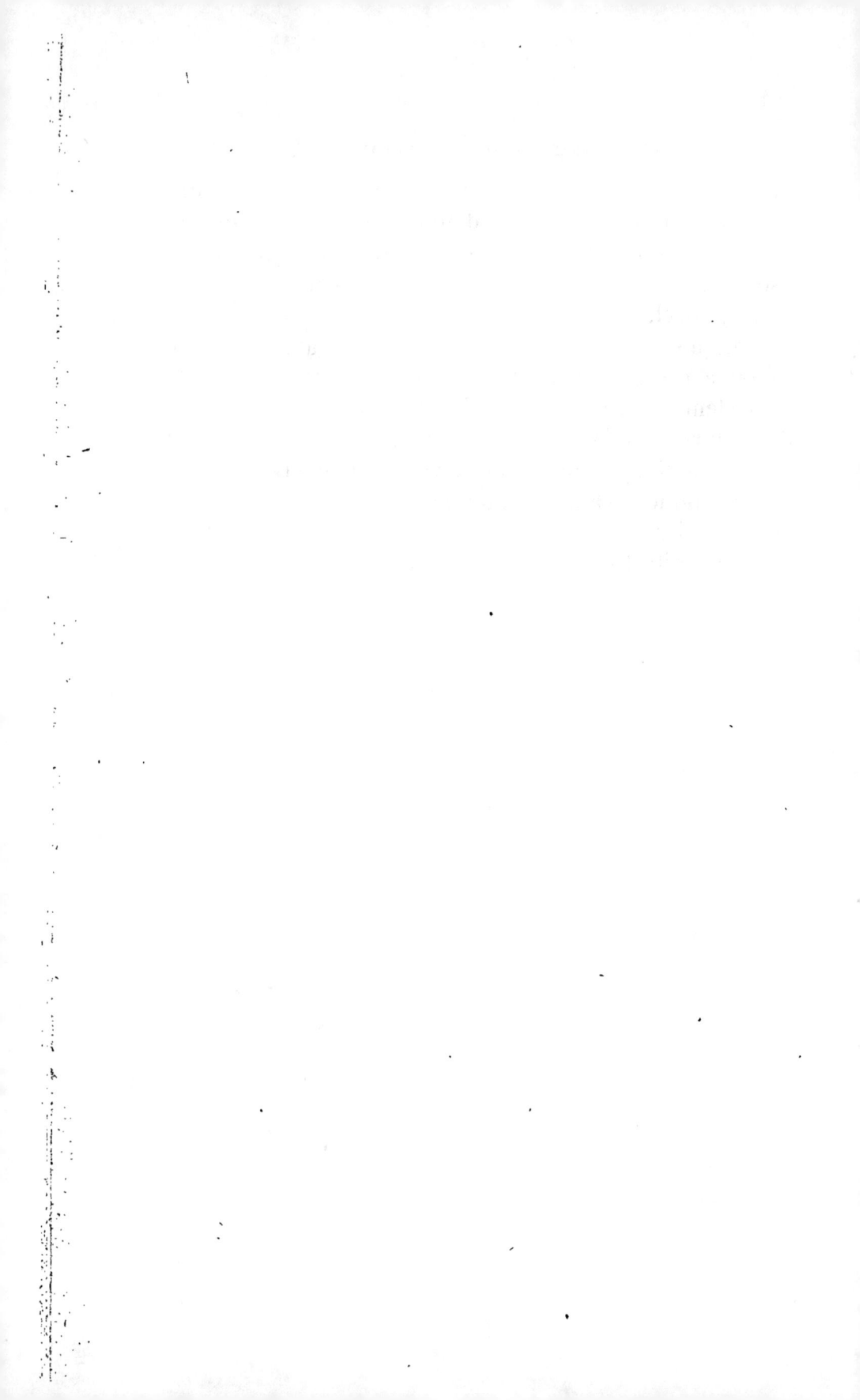

RÉCAPITULATION DES ARGUMENTS

Les dix derniers chapitres de ce volume contiennent une suite d'arguments logiques tendant à la conclusion ci-dessus indiquée. Il sera donc utile, pour nos lecteurs, de résumer à nouveau les degrés successifs de ces preuves, les faits sur lesquels ils sont basés, et les conclusions subsidiaires qui en découlent.

1° Un des plus importants résultats de l'astronomie moderne, c'est d'avoir établi l'unité du vaste univers stellaire qui nous environne. Ce fait repose sur une foule d'observations, qui démontrent la complexité merveilleuse de l'arrangement des étoiles et des nébuleuses, arrangement combiné avec une non moins remarquable symétrie indiquant, non point un nombre de systèmes totalement différents l'un de l'autre, de façon à n'avoir aucun rapport physique mutuel, mais bien des systèmes soumis à une dépendance réciproque.

2° Cette opinion est appuyée par de nombreuses preuves convergentes et tendant à démontrer que les étoiles ne sont pas infinies en nombre, ainsi qu'on le croyait jadis, et comme le soutiennent encore quelques astronomes. Les calculs fort remarquables de Lord Kelvin, mentionnés au début de ce chapitre, confirment cette opinion, puisqu'ils prouvent que si les étoiles s'étendaient bien au delà de ce que nous voyons ou de ce que nous pouvons connaître, sans constater de très grands changements dans la distance moyenne qui les sépare, alors là force de gravitation vers

19

le centre aurait produit, en moyenne, des mouvements plus rapides que les étoiles n'en possèdent généralement.

3° Un ensemble aussi remarquable d'opinions, émanant des meilleurs astronomes connus, établit le fait de notre position presque centrale dans l'univers stellaire. Ils s'accordent tous à dire que la Voie lactée est presque circulaire; tous sont d'avis que notre soleil est situé à peu près dans son plan médian. Ils disent tous que notre soleil, bien que n'étant pas placé au centre exact du cercle galactique, n'en est cependant point éloigné, parce qu'il n'y a point de signes concluants montrant que nous sommes plus rapprochés de lui d'un côté, et plus éloignés du côté opposé. Aussi, la position presque centrale de notre soleil dans le grand système stellaire est presque universellement admise.

Les opinions varient davantage au sujet de l'amas ou du groupe solaire. Cependant, tous s'accordent de nouveau sur l'existence d'un tel groupe. Ses dimensions, sa forme, sa densité et sa position exacte sont quelque peu incertaines, mais j'ai cherché à m'entourer, pour les éclaircir, de toutes les preuves possibles.

Si nous adoptons l'idée générale de la condensation graduelle d'une masse énorme de matière diffuse vers son centre commun de gravité, ce centre serait approximativement le centre de ce groupe. De même, la force gravitative, près de ce centre, serait relativement faible, les mouvements produits là seraient lents, et les collisions, étant seulement dues à des mouvements différentiels, seraient de nature très douce. Nous pouvons donc nous attendre à rencontrer en ce lieu beaucoup d'agrégats de matières obscures, ce qui peut expliquer pourquoi nous ne trouvons aucun amas d'étoiles visibles dans la direction de ce centre. De plus, aucune étoile ne possédant un disque sensible, les étoiles sombres, vues de loin, risqueraient fort rarement de cacher les brillantes.

Il me paraît donc que l'on peut expliquer de cette façon la force dominante qui a retenu notre soleil dans la même orbite, autour du centre de gravité de ce groupe central, durant toute son existence, en tant que soleil, et durant la nôtre, comme planète. Cette circonstance nous a préservés de la possibilité, peut-être même de la certitude de collisions ou de rapprochements funestes, auxquels les soleils peuvent être exposés. Il semble tout à fait probable que, dans cette région où les mouvements sont plus ou moins rapides et où se trouvent de plus grandes masses de matière, aucune étoile, en ce qui concerne la température, ne peut conserver une position assez stable, durant un temps suffisamment long pour permettre le développement vital complet sur quelqu'une de ses planètes.

4° Puis, viennent les preuves qui nous confirment l'uniformité presque complète de la matière, ainsi que des lois chimiques et physiques dans tout notre univers. Cela n'est nié par personne, nous aimons à le croire, et devient fort important lorsque nous examinons les conditions requises pour le développement et le maintien de la vie, puisqu'il nous prouve que des conditions semblables, sinon identiques, doivent prédominer partout où la vie doit se développer.

5° Ceci nous amène à l'étude des caractères essentiels de l'organisme vivant, consistant dans une abondante diffusion de ces éléments matériels, lesquels sont toujours soumis aux lois générales de la matière.

Les meilleures autorités physiologiques sont citées, lorsqu'il s'agit de traiter de l'extrême complexité des composés chimiques qui constituent la base physique des manifestations de la vie, de leur grande instabilité, de leur mobilité merveilleuse, combinée avec la permanence de la forme et de la structure: enfin, de la faculté étonnante qu'ils ont de créer des transformations chimiques et de tirer les organismes les plus compliqués de simples éléments.

Je me suis efforcé d'exposer les phénomènes de la vie

19*

végétale et animale, de façon à permettre à mes lecteurs
de se faire une faible idée du fouillis, de la délicatesse de
forme et du mystère des myriades d'espèces vivantes qui
les entourent. Cette conception leur permettra de comprendre combien vaste est la vie organique, et d'apprécier
mieux, peut-être, la nécessité absolue des adaptations si
nombreuses et si complexes de la nature inorganique, sans
laquelle il serait impossible à la vie d'exister maintenant,
ou de s'être développée durant l'incommensurable passé.

6° Les conditions générales absolument indispensables à
la vie, ainsi manifestée sur notre planète, sont ensuite dis-
cutées; ce sont: la lumière solaire et la chaleur, l'eau universellement distribuée sur la surface de la planète et dans
l'atmosphère, une atmosphère de densité suffisante et composée des gaz, qui seuls peuvent former le protoplasma,
les alternances de lumière et d'obscurité et d'autres encore.

7° Ayant traité longuement ces conditions et expliqué
pourquoi elles sont importantes et même indispensables à
la vie, nous montrons comment elles s'accomplissent sur
la terre, et combien nombreuses, combien complexes et
exactes sont les combinaisons nécessaires pour les produire et les maintenir presque intactes durant les vastes
périodes nécessitées par le développement de la vie.

Deux chapitres sont consacrés à ce sujet, et j'espère que
les points de vue qui y sont exposés seront nouveaux pour
mes lecteurs.

Les combinaisons des causes qui conduisent à ce résultat
sont si variées et dépendent à l'occasion de particularités
si exceptionnelles de constitution physique, qu'il semble
presque impossible qu'elles puissent se retrouver toutes
réunies, soit dans le système solaire, doit dans l'univers
stellaire.

C'est le moment d'énumérer ici ces conditions qui sont
essentielles dans des limites plus ou moins étroites :

Distance de la planète au soleil

Masse de la planète.

Obliquité de son écliptique.

Proportions relatives de l'eau et de la terre ferme.

Permanence de cette distribution, dépendant probablement de l'origine unique de notre lune.

Une atmosphère de densité suffisante et de gaz constitutifs appropriés.

Une somme de poussière suffisante dans l'atmosphère.

Électricité atmosphérique.

Ces circonstances agissent et réagissent l'une sur l'autre et conduisent à des résultats fort compliqués.

8° Passant à d'autres planètes du système solaire, nous démontrons qu'aucune d'elles ne réunit toutes les conditions complexes que l'on voit fonctionner si harmonieusement sur la terre; tandis que souvent, elles ont un défaut qui suffirait seul à les exclure de la catégorie des planètes aptes à produire et à maintenir la vie. Parmi ces dernières, mentionnons Mars, avec ses petites dimensions, telles qu'elle ne peut retenir aucune vapeur d'eau. Quant à Vénus, elle évolue sur son axe dans le même espace de temps qu'elle tourne autour du soleil. Aucun de ces faits n'était connu, lorsque Proctor écrivit sur la question de l'habitabilité des planètes.

Toutes les autres planètes sont maintenant abandonnées — - Proctor l'avait déjà fait — comme ne pouvant maintenir la vie dans leur état actuel; mais lui et d'autres ont affirmé que, s'il en est ainsi de nos jours, quelques-unes d'entre elles peuvent avoir été le théâtre d'un développement vital, ou pourront l'être dans les âges futurs.

Afin de montrer la frivolité de cette supposition, nous discutons le problème de la durée du soleil, comme émissaire constant de chaleur, et nous démontrons que ce n'est qu'en réduisant les périodes réclamées par les géologues et les biologistes, pour le développement de la vie sur la terre, et en allongeant la durée du temps accordé par les physiciens jusqu'à ses limites extrêmes, que les deux exigences peuvent être satisfaites.

Il résulte de cela que la période entière de la durée du soleil, comme émissaire de lumière et de chaleur, a été requise pour le développement de la vie sur la terre; et que c'est seulement sur les planètes, dont les phases de développement coïncident avec celles de la terre, que l'évolution vitale est possible. Pour celles dont l'évolution matérielle a été plus rapide ou plus lente, il n'y a pas eu, ou il n'y aura pas assez de temps pour le développement de la vie.

9° On passe ensuite au problème des étoiles, comme mondes habitables et l'on explique pourquoi ils ne pourraient l'être que pour une faible partie d'entre eux. Même pour cette faible portion, probablement réduite à un petit nombre de soleils composant le groupe solaire, la plupart d'entre eux paraissent devoir être écartés comme étant des systèmes binaires fermés, les autres, comme étant en voie d'agrégation. Pour le reste, qu'ils se comptent par dizaines ou par centaines, les chances contre une réunion de conditions semblables à celles que nous voyons sur la terre paraissent très fortes.

10° Me référant brièvement aux récents calculs sur la radiation des étoiles, je suppose qu'elle peut avoir un effet important sur la vie animale et végétale; finalement, je discute le problème de l'univers stellaire, ainsi que l'avantage spécial que nous retirons de notre position centrale, suggérée par les dernières recherches de notre grand mathématicien et physicien Lord Kelvin.

CONCLUSIONS

Ayant ainsi réuni toute la somme possible de preuves, concernant les questions traitées dans ce livre, je pose en fait que certaines conclusions peuvent être considérées comme démontrées, tandis que d'autres ont de fortes probabilités en leur faveur.

Les conclusions formulées par les astronomes modernes sont :

1° Que l'univers stellaire forme un tout bien lié, et, bien qu'il soit d'énorme étendue, il est cependant fini et ses limites déterminables;

2° Que le système solaire est situé dans le plan de la Voie lactée, et qu'il n'est pas éloigné du centre de ce plan. La terre est donc près du centre de l'univers stellaire;

3° Que cet univers consiste partout en une même sorte de matière, soumise aux mêmes lois physiques et chimiques.

Les conclusions que je présente comme probables sont les suivantes :

4° Qu'aucune autre planète que notre terre, dans le système solaire, n'est habitée ou habitable;

5° Que les probabilités sont presque aussi grandes pour qu'aucun autre soleil ne possède de planètes habitées;

6° Que la position presque centrale de notre soleil est

probablement permanente, et s'est trouvée spécialement
favorable, peut-être absolument essentielle au développement de la vie sur la terre.

Ces dernières conclusions dépendent de la combinaison
d'un grand nombre de conditions spéciales, chacune d'elles
devant être en relation définie avec plusieurs autres, et qui
doivent avoir toutes persisté simultanément durant de très
longues périodes. Le poids donné à cette sorte de raisonne-
ment dépend de l'examen approfondi de tous les faits que
j'ai tenté d'exposer dans les sept derniers chapitres de ce
livre. C'est à cette démonstration que je fais appel.

Ceci complète mon ouvrage, comme suite d'arguments
coordonnés, entièrement basés sur les faits et les expériences accumulés par la science moderne; si les faits que
j'avance sont en substance corrects, et si mon argumentation est solide, ma démonstration aboutit enfin à la conclusion définie que voici, à savoir que dans tout le vaste univers matériel qui nous entoure, ce n'est qu'ici, sur cette
terre, qu'existe l'homme, point culminant de la vie organique consciente.

Je pose en fait que nous arrivons à cette solution logique, si nous apprécions cette évidence sans parti pris. Je
maintiens que c'est là une question sur laquelle nous
n'avons pas le droit de nous former une opinion *a priori*,
qui ne serait pas fondée sur l'évidence. Quant à une évidence contraire — ou simplement opposée — à cette conclusion, nous n'en possédons aucune.

Toutefois, si nous admettons cette conclusion, il n'y a là
de quoi alarmer aucun esprit scientifique ou religieux,
parce qu'elle peut s'expliquer dans deux sens. Un grand
nombre de personnes, parmi lesquelles probablement la
majorité des savants, admettront les faits qui conduisent
apparemment à cette conclusion, mais émettront le point
de vue qu'il ne s'agit ici que d'une heureuse coïncidence.
Il aurait pu y avoir une centaine ou un millier de planètes

possédant la vie, si le cours de l'évolution de l'univers eût été un peu différent, ou il aurait pu n'y en avoir aucune. Ils ajouteront peut-être ceci, c'est que si la vie et si l'homme ont été produits, cela montre que cette production était possible; c'est pourquoi, sinon maintenant, du moins à une autre époque, sinon ici-bas, du moins sur une autre planète ou sur un autre soleil, nous sommes certains d'être venus à l'existence à l'état où nous sommes, peut-être un peu meilleurs ou peut-être pires.

L'autre groupe de savants, et probablement le plus nombreux serait représenté par ceux qui estiment que l'esprit est essentiellement supérieur à la matière et indépendant d'elle, et qui ne peuvent pas croire que la vie, la conscience de l'identité, l'esprit, sont des produits de la matière. Ils affirment que l'ensemble complexe et merveilleux des forces qui paraissent contrôler la matière, sinon la constituer actuellement, sont et doivent être des résultats de l'esprit; et, lorsqu'ils voient la vie et l'esprit surgir de la matière et donner à ses formes multiples une nouvelle complexité, entourée d'un mystère insondable, ils voient dans ce développement une preuve additionnelle de la supériorité de l'esprit.

De telles personnes croient volontiers, à l'exemple du grand maître du dix-huitième siècle, le Dr Bentley, que l'âme d'un seul homme vertueux surpasse en valeur et en excellence le soleil, les planètes et les étoiles des cieux, et lorsqu'on leur signale les fortes raisons qui amènent à penser que l'homme est l'unique et le suprême produit de ce vaste univers, elles n'auront aucune peine à faire un pas de plus, et à croire que l'univers a été créé dans ce but.

Étant donné l'espace infini qui nous entoure, le temps illimité derrière et devant nous, cette conception n'a rien d'insolite. Un univers aussi vaste que le nôtre, créé dans le but d'amener à l'existence des myriades d'êtres vivants, intellectuels, moraux et spirituels, avec des possibilités illi-

mitées de vie et de bonheur, n'est sûrement pas plus dis-
proportionné que la machine compliquée, le travail, l'ingé-
niosité et l'esprit d'invention mis en œuvre par nous pour
la fabrication de la simple, de la commune épingle.

De plus, la perte apparente d'énergie dans l'univers
n'atteint pas, relativement, celle des millions de glands,
produits par un chêne, sa vie durant, mais dont un seul,
après plusieurs centaines d'années, peut donner naissance
au seul rejeton qui doit remplacer l'arbre ancestral. Et si
l'on objecte que les glands servent à nourrir les oiseaux et
les bêtes, il n'en est cependant pas de même des spores des
fougères et des graines des orchidées, dont il se perd d'incalculables millions pour un seul qui reproduit le type originel. Le même processus se manifeste dans tout le règne
animal, surtout chez les types inférieurs.

Nous ne discernons pas l'utilité de la grande proportion
de ces entités, ni de l'énorme variété des espèces ni des
vastes hordes d'individus.

Pour les coléoptères seuls, il en existe actuellement cent
mille espèces distinctes, tandis que, dans certaines parties
méridionales de l'Amérique du Sud, les moustiques sont
parfois si abondants qu'ils obscurcissent le soleil. Et lorsque nous songeons aux myriades qui ont existé durant les
vastes périodes géologiques, l'esprit reste stupéfait de cette
vie, en apparence inutile.

La nature entière nous redit sans cesse la même loi mystérieuse, sur l'exubérance de la vie, son infinie variété, sa
quantité inimaginable. Toute cette vie terrestre culmine et
aboutit à l'homme. C'est une conviction générale et volontiers admise que, durant le processus complet de l'éclosion,
de la croissance et de l'extinction des formes passées, la
terre s'est préparée pour son couronnement — l'homme.

Une grande partie de l'exubérance de la création vivante,
l'infinie variété des formes et des structures, l'exquise grâce
et la beauté des oiseaux et des insectes, des feuillages et

des fleurs, peuvent n'avoir été que les simples produits accessoires du grand mécanisme que nous appelons nature — l'unique et seule méthode pour le développement de l'humanité.

N'est-elle pas en parfaite harmonie avec cette vaste conception (s'il y a eu conception), sur une échelle aussi grande, de ce merveilleux processus de développement à travers les âges, l'idée que cet univers matériel, destiné à produire le berceau de la vie organique et d'un être appelé à une existence plus haute et permanente, soit construit sur une échelle aussi proportionnée de grandeur, de complexité et de beauté ?

Même si l'évidence que je me suis efforcé de mettre en lumière, pour prouver la position unique et les particularités exceptionnelles qui distinguent la terre, n'existait pas, l'ancienne opinion que toutes les planètes sont habitées, et que toutes les étoiles existent pour le bénéfice d'autres planètes, qui, à leur tour, existent pour développer la vie, serait déclarée, par le fait de nos connaissances actuelles, être absolument improbable et incroyable. Cela introduirait de la monotonie dans un univers, dont le grand caractère est la diversité. Cela inciterait à croire que, pour produire l'âme vivante dans le merveilleux et glorieux corps humain — l'homme, avec ses facultés, ses aspirations, son pouvoir pour le mal et pour le bien — que cette œuvre, dis-je, était chose facile à reproduire partout, dans n'importe quel monde. Cela supposerait que l'homme n'est qu'un animal et rien de plus, sans importance dans l'univers, qu'il n'a pas exigé pour sa venue de grands préparatifs, tout au plus un démon de second ordre et une terre de troisième ou quatrième catégorie.

Si nous étudions la lente croissance de la nature qui précéda l'apparition de l'homme, l'immensité de l'univers stellaire, avec ses mille millions de soleils et les longues périodes durant lesquelles s'est effectué son développement, toutes ces choses, dis-je, paraissent être les satellites appropriés et harmonieux, le laboratoire nécessaire, l'atelier spacieux pour la production de cette planète, qui devait produire tout d'abord le monde organique et ensuite l'homme.

Dans l'une de ses plus belles pages, notre plus grand poète nous donne sa conception de la grandeur de la nature humaine :

« Quel chef-d'œuvre que l'homme ! combien sa raison est noble ! Combien infinies ses facultés ! Comme forme et comme mouvement, qu'il est admirable et précis ! Combien, dans l'action, semblable à l'ange ! En clairvoyance, combien pareil à un Dieu ! »

Qu'est-ce donc, pour le développement d'un être pareil, qu'un univers tel que le nôtre ? Tout vaste que ce dernier nous apparaisse, il n'est qu'un atome dans l'océan de l'infini. Dans l'espace illimité peuvent exister des univers sans nombre, mais je doute qu'ils soient tous des univers composés de matière. Ce serait vraiment une conception bien vulgaire du pouvoir infini.

Sur la terre, nous voyons des millions d'espèces végétales distinctes, chaque espèce consistant souvent en plusieurs millions d'individus, deux d'entre eux n'étant pas même pareils; et, lorsque nous contemplons les cieux, il n'y a pas deux planètes, pas deux satellites pareils; la même loi persiste en dehors de notre système: il n'y a pas deux étoiles, deux amas ou deux nébuleuses semblables.

Pourquoi y aurait-il donc d'autres univers faits de la même matière et sujets aux mêmes lois ? C'est pourtant ce qui résulterait de la conception que les étoiles sont infinies en nombre, et s'étendent par delà des espaces illimités.

Il peut, certes, y avoir, et il existe probablement d'autres univers, peut-être composés de matières différentes et soumis à d'autres lois, se rapprochant peut-être davantage de notre conception de l'éther, peut-être immatériels, peut-être réalisant ce que nous comprenons sous le nom de spirituel. Toutefois, à moins que ces univers, même si chacun d'eux était cent fois plus vaste que le nôtre, et fussent-ils même en nombre infini, ils ne pourraient remplir l'espace qui s'étendrait de tous côtés au delà d'eux, de telle façon qu'un million de millions de tels univers serait réduit à un atome comparé avec l'au delà.

Nous ne connaissons réellement de l'infini aucun de ses aspects, sinon qu'il existe, et qu'il est incompréhensible. Cette pensée est écrasante et nous dépasse. Cependant, beaucoup en parlent avec volubilité, comme s'ils savaient ce qu'elle signifie, et se servent même de cette connaissance supposée comme d'un argument contre des aperçus qui leur déplaisent.

Pour moi, l'infini est absolu, mais impossible à définir — l'esprit se perd dans ce domaine.

Terminons par l'une des plus belles citations se rapportant à cet infini, dont je me suis occupé : elle est de la plume de feu M. R. A. Proctor :

« Elles sont, sans doute, incompréhensibles ces infinités du temps et de l'espace, de la matière, du mouvement et de la vie. Incompréhensible la pensée que l'univers peut être, en tout temps, le théâtre d'œuvres d'une puissance omniprésente et omnisciente. Il est absolument impossible de saisir comment le dessein éternel peut être associé avec l'évolution matérielle sans fin. »

L'idée n'est cependant pas nouvelle — elle n'appartient pas aux découvertes modernes — que nous sommes absolument incapables de concevoir la notion d'un Etre infini, tout-puissant, omniscient, omniprésent, éternel, dont l'univers matériel est la manifestation non expliquée d'un but insondable.

La science se retrouve en présence de l'antique mystère; la vieille question se pose à nouveau:

« Peux-tu, ô homme, en cherchant bien, trouver Dieu ?

Dans la perfection, peux-tu découvrir le Tout-Puissant ? Il est aussi élevé que les cieux, que peux-tu faire ? Plus profond que l'Hadès, que peux-tu savoir ? »

Et comme aux jours d'autrefois, la science répond :

« En contemplant le Tout-Puissant, nous ne pouvons le définir. »

INDEX ALPHABÉTIQUE

NÉBULEUSES ET GROUPES
DU CIEL AUSTRAL

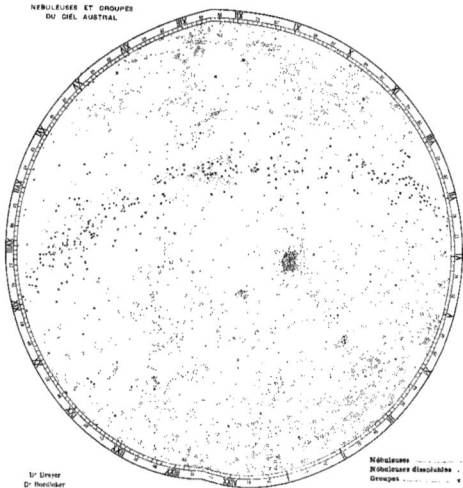

NÉBULEUSES ET GROUPES
DU CIEL BORÉAL

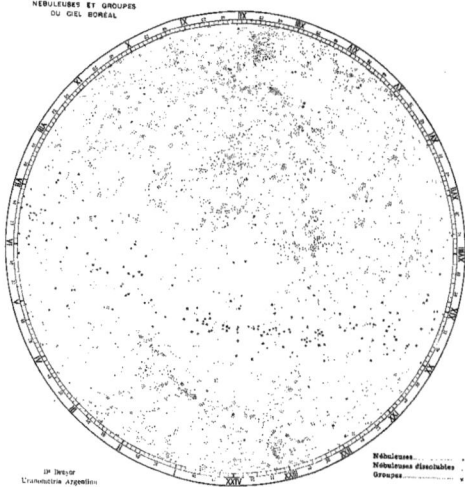

Dr Dreyer
Dr Hoelcker

Nébuleuses
Nébuleuses dissolubles
Groupes

Dr Dreyer
L'ramométria Argentina

Nébuleuses
Nébuleuses dissolubles
Groupes

4985 — IMPRIMERIES RÉUNIES, LYON.

www.ingramcontent.com/pod-product-compliance
Lightning Source LLC
Chambersburg PA
CBHW060138200326
41518CB00008B/1071